风险灾害危机管理丛书

环境污染与农民环境抗争

——基于苏北N村事件的分析

ENVIRONMENTAL POLLUTION AND RURAL PEOPLE'S ENVIRONMENTAL PROTEST:

A Study Based on Case of N Village in North Jiangsu Province

朱海忠/著

社会科学文献出版社
SOCIAL SCIENCES ACADEMIC PRESS (CHINA)

目　录

第一章　绪论 ………………………………………………… 1

第一节　研究背景 ……………………………………………… 1

第二节　研究意义 ……………………………………………… 17

第三节　研究设计 ……………………………………………… 31

第二章　文献综述 ………………………………………………… 40

第一节　美国学术界关于草根环境抗争问题的研究 ……… 40

第二节　国内相关研究 ………………………………………… 56

第三章　环境污染的生成机制：一个二维分析框架 ………… 68

第一节　社会变迁维度：工业化是环境污染的根源 ……… 69

第二节　社会转型维度："政经一体化开发机制"是环境污染的催化剂 ……………………………………… 77

第四章　农民环境抗争：一个初步的描述类型学 …………… 98

第一节　农民环境抗争的类型描述 ………………………… 98

第二节　农民环境抗争与城市民众环境抗争的比较 ……… 107

第五章　农民环境抗争的政治环境：基于政治机会结构的理论观照 ……………………………………………… 114

第一节　政治机会结构理论研究概述 ……………………… 115

第二节　政治机会结构：一个本土的分析框架 …………… 132
第三节　分析框架的初步运用：苏北N村铅中毒事件的个案分析 …………………………………… 136

第六章　农民环境抗争的内在动力机制：以N村铅中毒事件为例 ……………………………… 167
第一节　环境危险的认知 ……………………………… 168
第二节　农民环境维权与抗争过程中的动员机制 ……… 195
第三节　环境抗争中农民的心态与情感 ……………… 207
第四节　几个问题的讨论 ……………………………… 223

第七章　农村环境冲突的防范与治理 ……………… 239
第一节　环境冲突事件的风险预防 …………………… 240
第二节　环境冲突事件的治理 ………………………… 257

参考文献 ……………………………………………… 274
附录1　N村铅中毒儿童名单及血铅含量表 ………… 293
附录2　N村维权精英访谈摘录 ……………………… 294
后　记 ………………………………………………… 318

第一章　绪论

第一节　研究背景

一　污染的“内殖民”与“农村化”趋势

改革开放之后，随着乡镇工业的发展，特别是21世纪以来，随着重化工业进入中后期阶段，中国环境污染问题变得越来越严重。2006年初，国家环保总局局长周生贤指出，我国目前正面临“三个高峰”：一是环境污染最严重的时期，未来15年将持续存在；二是突发性环境事件的高发期；三是群体性环境事件的迅速上升期。① 国家环保总局副局长潘岳指出：“我国目前有1/4的人口饮用不合格的水，1/3的城市人口呼吸着受到污染的空气，70%死亡的癌症患者与污染相关。污染对公众健康的危害将引发社会强烈不满。据统计，因环境污染引发的群体性事件以年均29%的速度递增。目前，我国已提前进入了环境事故高发期，自松花江水污染事件以来，全国平均每两日就发生一起水污染事故。”②

伴随着环境污染的加剧，污染问题日益呈现两大发展趋势，一是污染的“内殖民”。随着沿海地区环保产业政策的收紧，

---

① 转自张玉林《中国农村环境恶化与冲突加剧的动力机制——从三起“群体性事件”看“政经一体化”》，吴敬琏、江平主编《洪范评论》第9辑，中国法制出版社，2007，第2页。

② 潘岳：《以环境友好促进社会和谐》，《求是》2006年第15期。

环境污染正在由东部向中西部转移。据媒体报道，浙江长兴县2004年开始大规模整治铅酸蓄电池企业，总共关停125家污染严重的铅酸蓄电池企业，并规定不再新批同类型企业。长兴县的整治被中西部一些省份的地方政府看作招商引资的良机，于是，江西、湖北、安徽等省的一些地方政府部门纷纷前来长兴洽谈。[①] 与长兴接壤的安徽广德县一度成为长兴落后电池企业的接受地。落后的工艺很快引发了环境危机，一直到2008年广德县领导要求全面关停，污染接力才告一段落。21世纪以来中国重大污染事故的发生地点也可以反映出这种“污染接力”的状况。2010年8月，《南方周末》借报道松花江再陷化工梦魇、福建上杭县紫金矿业污染事件，以及南京栖霞区化工管道爆炸事件之机，列出了近十年来中国发生的20多起重大污染事件，其中包括：[②]

2002年南盘江水污染事件（云南）；

2004年沱江“3·20”特大水污染事故（四川）；

2004年龙川江楚雄段水污染事件（云南）；

2004年农江水污染事件（湖南）；

2005年重庆綦河水污染（重庆）；

2005年沱江磷污染（四川）；

2006年白洋淀死鱼事件（河北）；

2006年忙牛河水污染事件（吉林）；

2006年湖南岳阳砷污染事件（湖南）；

2006年甘肃徽县血铅超标事件（甘肃）；

2006年湖南岳阳砷超标事件（湖南）；

2006年贵州遵义钛厂氯气泄漏事故（贵州）；

2007年太湖水污染事件（江苏）；

---

① 傅丕毅：《警惕产业转移背后隐藏的“污染接力”》，《中国高新技术产业导报》2008年1月14日，第5版。

② 《南方周末》2010年8月5日，C10版。

2007 年巢湖、滇池蓝藻暴发（安徽、云南）；

2007 年江苏沭阳水污染（江苏）；

2008 年贵州独山县重大水污染事件（贵州）；

2009 年中石油渭河污染（陕西）；

2009 年江苏盐城特大水污染事件（江苏）；

2009 年吉林化纤集团千人中毒（吉林）；

2009 年武冈千人铅超标（湖南）；

2009 年湖南浏阳镉污染（湖南）；

2010 年广东普宁化工发生液体泄漏（广东）；

2010 年湖北荆州化工有毒物质泄漏（湖北）；

2010 年兰州石化液化气爆炸（甘肃）；

2010 年大连输油管道爆炸事故（辽宁）。

在这 20 多起重大污染事件中，大部分发生在中西部。同东部相比，中西部生态环境更加脆弱，稍加扰动即可能产生剧烈影响，加上地方政府环境治理能力较弱，治理技术又不占优势，因此具有更高的环境风险。

第二个趋势是污染的农村化。由于城市居民环境意识的提高，城市污染所波及的人群范围较广，因此容易招致社会舆论的指责。城市政府基于各种需要（包括发展旅游、创建“文明城市”与“卫生城市”、申办各种形式的国际会议等）而对城市污染加大治理力度，一些城市的污染状况逐步好转。与此相对，居住分散、环境阻力较小的乡村越来越成为很多污染企业的理想栖身之处。在这种情况下，农村这块巨大“磁铁”[①] 的强大磁力——洁净的空气、清澈的水源和优美的环境在很多地区消失殆尽。根据统计，中国农村有 3 亿多人喝不上干净水，其中 60% 的

① 〔英〕埃比尼泽·霍华德：《明日的田园城市》，金经元译，商务印书馆，2000。

超标是由于非自然因素导致的饮用水源水质不达标。[①] 山西省有关部门的一份调查显示，截至 2005 年 11 月，该省共有农村饮水不安全人口 1092.13 万人，占总人口的 37.2%。其中饮用氟含量超标的有 346.76 万人，饮用砷含量超标的有 7.01 万人，饮用苦咸水的有 95.83 万人，三者总计达到近 450 万。[②]

二 “生存权的危机”：环境污染给农民带来的伤害

张玉林曾对 2003 年之前的中国农业和农村环境污染状况做过总体描述，对农村环境污染造成的损失做过估算，对被污染环境下农民的生存状况做过许多案例。[③] 笔者通过如下几个事实对张玉林的描述做一些补充。

第一，全国各地不断涌现的“癌症村”。

2004 年，新华社记者偶正涛等人在“暗访淮河”过程中，先后走过河南沈丘、安徽阜阳、安徽宿州等地的 10 多个“癌症村”，留下了令人触目惊心的现状描述，现摘录一些如下：[④]

> 在河南沈丘县北郊乡东孙楼村，村民王子清一边抹着泪水，一边告诉记者，自己的哥哥、弟弟、婶婶和叔叔都死于食道癌。“我们这个 100 多人的大家族，有 30 人左右是死于消化系统癌症。得食道癌的最多，不用医生检查就知道，因

---

① 苏杨：《中国农村环境污染调查》，《经济参考报》2006 年 1 月 15 日，第 3 版。

② 据卫生部门调查，长期饮用高氟水，轻者形成氟斑牙，重者造成骨质疏松、骨变形甚至瘫痪；长期饮用砷超标的水将造成砷中毒，导致皮肤癌和多种内脏器官癌变；长期饮用苦咸水则导致胃肠功能紊乱，免疫力降低。详见丁志军《山西：450 万农民期盼安全饮用水（记者调查）》，《人民日报》2005 年 11 月 25 日，第 16 版。

③ 张玉林、顾金土：《环境污染背景下的“三农问题”》，《战略与管理》2003 年第 3 期。

④ 偶正涛：《暗访淮河》，新华出版社，2005，第 192～199 页。

为大家看这病看惯了，一看症状就晓得怎么回事。”在北郊乡马塘村，记者在村民刘永军家的院子里看到一口棺材，它是为57岁的刘永军准备的。记者采访时，刘永军已经穿好白色的寿衣，瘦得只剩骨头。他唯一能做的便是等待死亡。

在沈丘县周营乡孟寨村，村支书孟村田介绍说，近10年来，村民患食道癌、胃癌、肠癌、肝癌、肺癌死亡98人，有的人家因消化道癌症死绝；村民患心脑血管疾病的300多人，村民常年拉肚子的占80%以上。在周营乡黄孟营村，村支书王林生告诉记者，他们这个有2400多人的村子，14年来已有114名村民因患癌症去世，其中年龄最小的只有1岁。由于死人太多，以至于“乡里的寿衣店都产业化了”。

在安徽阜阳市岳湖村，村长范泓然告诉记者：“这些年来，队里得癌症的人特别多，年龄也越来越小，20～50岁的居多。”

10多个癌症村的共同特点是：破败而萧条。这里的家庭一旦有人患了癌症，要么四处举债，让患者多活几天；要么拒绝治疗，等待死亡；要么选择自杀早点结束生命。有很多个案见其容、闻其声者不由得潸然泪下。孟寨村的孟宪鑫患胃炎至直肠癌近20年，家里一贫如洗，他告诉记者：“我对不住两个孩子，家里还是过年的时候吃了顿肉。孩子晚上做梦老是嚷着要吃肉，可我哪有钱买肉给他们吃？”黄孟营村的孔贺芹因患直肠癌欠了一大堆债务：“今年收到粮食还没来得及晒干就卖掉了，一点口粮都没留。”“我早就想死了，死了干净，免得拖累家人。但又舍不得两个孩子，但不死的话哪还有钱看病！就是现在欠下的债一辈子也还不上啊。”

……

除了淮河流域之外，全国其他地区同样存在严重程度不等的癌症村，其中，经媒体报道的有：新疆呼图壁县乱山子村、陕西华县龙岭村、湖北襄樊市翟湾村、河南浚县北老观嘴村、天津市北辰区西堤头镇刘快庄村和西堤头村、山东肥城肖家店村[①]、江苏盐城阜宁洋桥村、江苏无锡广益镇广丰村、浙江钱塘江南岸萧山钨里村、广东翁源上坝村等。2005 年，广东上坝的横石水入选央视《经济半小时》的《寻访中国污染最严重的 5 条河流》节目。[②]

第二，2009 年 5 月，中央电视台《经济与法》栏目记者在福建和长江中下游地区进行环境采访。这些采访证明，即使在东部较发达省份，环境问题依然非常严重。我们可以选择几篇报道了解一下这些地区的污染现状及其危害。

江苏省江阴镇：早年富饶美丽的江阴镇兴化湾因为附近工业集中区企业的排污，现在已经变成死海，跳跳鱼、章鱼等鱼类几乎全部死光，万亩海滩肮脏不堪。江阴镇村民天天忍受发黑的污水在明沟里肆意流淌，一股股恶臭随风四处飘散。江阴镇工业集中区始建于 2001 年，2002 年之后，福抗药业等一批化工、制药等企业先后落户于此，致使周边环境迅速恶化，江阴镇的南曹村、西林村、张厝村等村庄的村民陷入污染的痛苦深渊，并由此导致村民与工业园区的多次冲突。[③]

江苏镇江市：记者来到长江边的幸竹村、祝赵村时发现，村子被大大小小的化工厂包围。从 2001 年开始，随着各种化工企业的陆续引进，这里逐渐变成镇江新区国际化学工业园区，村民的生活由此彻底改变：水稻枯瘪、蔬菜泛黄、玉米只开花不结果、水果“夭折”、得癌症死去的村民逐渐增多。镇江市下辖的丹阳市，区域内原本河道纵横、水网密布，一派江南水乡景色。由于各个河道遭受不同程度的污染，市民饮用水源受

---

① 对于肖家店村因为环境污染致使大量村民患癌症死亡的报道可参见 2005 年 6 月 22 日中央电视台《经济半小时》播出的《揭秘“死亡名单”》节目。

② 汪澎：《当前新农村建设中的环境问题》，自然之友编《2006 年：中国环境的转型与博弈》，社会科学文献出版社，2007，第 64 页。

③ 中央电视台《经济与法》“环境保护系列节目”（一）：《“藏污纳垢”的工业区》，2009 年 6 月 8 日。

到威胁，丹阳市不得不将饮用水取水口由市内的九曲河改为25公里之外的长江。1996年，长江取水工程开始建设，整个工程历时近两年，总耗资7800万元。1997年，80万丹阳市民终于喝上了让人放心的长江水，但这种安宁仅仅维持了几年。2001年开始逐渐出现的国际化学工业园的污染再一次威胁到取水口的安全。2007年，丹阳市被迫投资近两亿元将取水口向江心延伸1700米，但如果上游城市有污染物排入长江，这里同样不太安全。

江苏扬州市：在丹阳取水口上游30公里的江北地区隶属扬州市下辖的仪征市。2003～2004年，原先在扬州市区的优士、瑞祥两家化工企业进入仪征经济开发区。2004年底，扬州市政府下发名为《关于加强扬州化学工业园区建设的若干意见》，将扬州化工园区移址仪征经济开发区。由于当时仪征经济开发区没有配套排污设施的规划与建设，因此，政府的这一选址和规划显得有点不伦不类，同时颠倒了工业项目必须先做环评而后才能报批建设的正常程序。随着化工园区日渐形成规模，周边环境发生巨大变化，市民纷纷反映“平常熏得人难受”“靠化工厂周边很多人得病”“房子卖不掉”等等。出于对子孙后代生存环境的担忧，在开发区任纪工委书记和党工委副书记的侯宜中从2004年起不断举报两家污染企业；2004年底任仪征市环保局党组书记后又多次对两家企业进行查处，并数次向扬州政府和省政府反映情况，请求解决。由于企业有政府撑腰，侯宜中的努力换回的结果是“四年告不倒两家化工企业”。

江苏江阴市：2009年5月中旬，位于长江边的江阴市璜土镇一家化工厂发生毒气泄漏，导致附近学校至少100多名学生中毒，而只有3万多人口的璜土镇里竟有大大小小化工企业二三十家，并且大多建在镇中心。村民反映，这些化工企业一般都是在晚上放毒气，让人闻着难受、头昏。由于化工企业建厂没有规划，因此他们一直遭受化工企业的困扰。[①]

第三，近年来频繁爆发的血铅事件。

浙江长兴县开了此类事件之先河。2004 年，有“蓄电池之乡”之称的长兴县发生了“500 儿童血铅中毒”事件。由于坐落在该县林城镇的天力蓄电池公司违规排污，导致周围大云寺村、上狮村、太傅村、东港村等村庄数百名儿童血铅含量超标。[②]

继浙江之后，经媒体曝光并产生重大社会反响的首推 2006 年甘肃徽县水阳乡的铅中毒事件，涉及污染企业周边新寺、牟坝两个村 7 个组共 2000 人左右，有 368 位村民血铅含量超标，其中 14 岁以下儿童 149 名。主要污染源是采用国家明令淘汰的烧结锅工艺生产铅产品的徽县有色金属冶炼有限责任公司。

2008 ~ 2011 年，全国各地血铅事件层出不穷、此起彼伏。如前所述，2008 年下半年，苏北 P 市发生严重的铅中毒事件，涉及周边 3 个村民小组共约 800 人。根据环保部的统计，2009 年，环保部接报 12 起重金属污染事件，致使 4035 人血铅超标，182 人镉超标，引发了 32 起群体性事件。经媒体报道的主要铅中毒事件包括：

陕西凤翔事件：2009 年 7 月，凤翔县长青镇孙家南头村、马道口村的许多儿童在一次微量元素检查中均发现血铅含量严重超标。造成污染的是距离村庄仅 300 米之遥的宝鸡东岭集团凤翔锌冶炼公司。8 月 7 日和 10 日，陕西省卫生厅指派西安中心医院医护人员先后两次对两村 14 岁以下的 731 名儿童进行血样采集，11 日，血铅普查工作延伸到距离企业稍远的高咀头村，共采集血样 285 份。根据凤翔县政府 13 日晚公布的数字，在距离企业较近的两个村庄中，有 615 名儿童血铅超标，其中高铅血症 305 人，轻、

---

① 中央电视台《经济与法》“环境保护系列节目”（二）：《令人担忧的化工厂》，2009 年 6 月 9 日。

② 详见简光洲、兰奕涵《“蓄电池之乡”长兴：500 儿童铅中毒事件调查》，http://www.zjol.com.cn/05zjnews/system/2004/06/25/002967314.shtml。

中、重度铅中毒分别为144人、163人和3人；高咀头村的血铅检测结果是：228人高铅血症，8人中度铅中毒。长青镇3个村1016名儿童中，血铅超标者共计851名。①

湖南武冈事件：继凤翔爆出数百名儿童血铅超标之后，武冈市也查出一起因企业污染造成儿童血铅超标的事件。当地近2000名14岁以下的儿童当中有1354人血铅疑似超标，其中17人中度铅中毒。造成污染的企业位于文坪镇，是一家没有办理过任何环评手续的精炼锰矿厂。②

河南济源事件：济源是我国重要的铅生产冶炼基地。吸取凤翔前车之鉴，济源市政府于2009年10月中旬对可能存在铅超标问题的3个重点镇的10个重点村进行排查，结果发现，3000多名14岁以下儿童中有1008名血铅超标，需要立即进行驱铅治疗。与此同时，政府责令32家小型涉铅企业停业整顿。③

福建上杭事件：2009年8月，上杭县蛟洋乡卫生院的护士邱海燕带着健康异常的幼子来到福州市儿童医院检查，发现孩子血铅含量超标。消息传播之后，邱海燕所在的蛟洋村以及相邻的崇头村村民纷纷带着孩子外出检查，多名儿童被查出血铅超标，一时群情哗然。9月中旬，政府组织专家赶赴蛟洋乡抽检249名14岁以下儿童，公布的数字显示，有108人血铅含量超标，1人轻度铅中毒。造成污染的华强电池厂是2005年在上杭县实施“项目带动发展”规划中被引进蛟洋工业区的，主要生产铅酸蓄电池及铅钙极板，2006年10月竣工投产，年产值3亿元，年上交县财政4500万元。在这样的经济诱惑下，重量级的污染企业经历

---

① 东方卫视：《陕西凤翔血铅超标儿童增至851名》，2009年8月19日；另可参见中央电视台《新闻1+1》播报的《铅中毒：招商莫成招伤》，2009年8月14日。

② 东方卫视：《湖南武冈：千余名儿童疑似血铅超标》，2009年8月22日。

③ 东方卫视：《河南：免费救治血铅超标儿童》，2009年10月18日。

了最低级的环评程序。[①]

2010年1月初，有“麋鹿之乡”之称的江苏盐城大丰市竟也发生大规模儿童铅中毒事件。大丰市经济开发区河口村共有16岁以下常住儿童132人，其中110人接受了血液检查。根据市政府对外公布的数字，有51名儿童被查出血铅含量超标，污染源是附近的盛翔电源有限公司。[②] 此后，各地相继曝光的血铅事件主要发生在以下地区。

江西上饶市弋阳县栗桥村：位于弋阳县城南的志敏工业园区自2003年正式筹建之后，近在咫尺的栗桥村村民的健康受到了很大的影响。从2007年开始，栗桥村就卷入了一场“儿童铅超标”风波。村委会提供的资料显示，栗桥村多个自然村共200多名儿童存在铅超标现象，其中中度铅中毒者有60多名，重度中毒者有7名。2009年下半年，弋阳县政府组织人员对工业园区周围土壤、水源进行调查，并做出搬迁工业园区的决定，但政府坚持声称暂不能确定铅污染与工业园区企业有关；搬迁是城市规划的一部分，与铅污染没有任何关系。[③]

四川内江市隆昌县周家寺村等：根据隆昌县政府3月中旬公布的数字，在可能受铅锭生产企业影响的4个村12个社1756人中，1599人接受了体检，已出报告854份，其中血铅含量异常94人，有7名儿童在成都接受住院治疗，81名儿童在家实行营养干预，6名成人在家观察。[④]

湖南郴州市嘉禾县金鸡岭村等：根据嘉禾县政府提供的数

---

① 郭宏鹏、范传贵：《福建血铅超标事件三悬疑未了，听证被指走过场》，http://news.sohu.com/20091021/n267579599.shtml。

② 东方卫视：《江苏大丰：儿童血铅中毒“祸首”为蓄电池厂》，2010年1月6日；北京电视台：《江苏大丰一村庄大批儿童血铅中毒，政府表示严肃调查追究》，2010年1月6日。

③ 陈尚平：《弋阳一村庄200多名儿童铅超标调查》，http://club.jxnews.com.cn/?uid-315538-action-viewspace-itemid-147124。

④ 东方卫视：《四川隆昌：94名村民血铅异常，责任企业停产》，2010年3月15日。

字，2010年2月，广发乡金鸡岭村和附近的尧凤村、白觉村参加体检的397名14岁以下儿童中，有250人血铅超标，属于轻度铅中毒的有4人。引发中毒事件的炼铅企业腾达公司建厂于2007年，最初名叫鸿发有色金属回收公司，在被市县两级环保局几度叫停中更名并维持生产状态。①

江苏新沂市高流镇高二村：《现代快报》2010年7月4日报道，自6月份以来，高二村王庄组陆续有儿童出现啼哭、厌食、呕吐、吵闹、拉肚子等症状。一家前来推销药品的企业提供的免费检测使村民们首次意识到，孩子异常的健康状况可能是血铅含量超标所致。接下来，许多村民纷纷托关系到外地大医院检查，结果显示，部分孩子血铅含量超标。村民们怀疑，距离他们的住宅区仅150米的新沂市耐尔蓄电池有限公司是事件的罪魁祸首。②

云南鹤庆县北衙村：2010年7月，北衙村多名儿童血铅严重超标。政府派专人进村做血铅检查，有36个孩子因铅中毒而住院治疗。这些孩子中，血铅含量最少的每升200多微克，最多的每升751微克。记者在实地调查发现，北衙村周围被各种铅厂和铁厂包围。村民认为，污染就是这些工厂造成的。③

山东泰安市宁阳县罡城镇吴家林村：2010年下半年以来，吴家林村村民陆续被查出血铅含量超标。8月13日，村委会邀请山东省职业病防治医院对村中145位留守老人、儿童进行查体，结果血铅超标者有121人。超威电源是该村周边唯一一家铅作业单位。据村民反映，自超威电源建厂后，村里人发现每天下午到夜

① 褚朝新：《湖南嘉禾250名儿童血铅超标，污染公司屡关不停》，http：//news. sohu. com/20100316/n270845952. shtml。

② 《江苏多名儿童疑因污染致血铅超标，最小者仅1岁》，http：//news. 163. com/10/0704/06/6ANQUM4H0001124J. html。

③ 中央电视台《东方时空》：《云南鹤庆北衙村儿童铅中毒事件调查》，2010年7月23日。

里，企业的烟囱就会冒出大量浓烟，味道刺鼻。受超威电源铅污染影响的还有江苏滨海县阜中村。[①]

2010 年底，安徽怀宁县高河镇新山社区爆出“血铅超标事件”。根据记者调查，12 月 24 日，新山社区有 3 名儿童在安徽省儿童医院被检测出血铅超标。事故主要责任者是位于社区附近的一家没有通过环保验收却能违规“试生产”的电池生产企业——博瑞电源有限公司。此后，怀宁县委、县政府先后组织企业附近的 206 名儿童赴省立儿童医院进行血铅检查。截至 2011 年 1 月 5 日，有 28 名儿童被检查出血铅水平超过每升 250 微克，属于中度铅中毒，他们中的 24 名陆续住进省立儿童医院观察治疗，还有更多的孩子属于血铅含量超标或轻度铅中毒。[②] 2010 年的铅中毒阴影尚未消失，2011 年，湖北崇阳、浙江德清县新市镇孟溪村、广东河源市紫金县临江镇井水村等地再度爆出血铅中毒事件。

严重的污染破坏了农民原本恬静的生存家园，极大地摧残着他们的身心健康和经济基础。有毒废物污染曾被美国学者比喻为“当代瘟疫”（modern equivalent of plague）。[③] 上述事实表明，污染瘟疫正在中国大地上蔓延，即使是东部相对发达的地区，很多村庄的居民依然面临污染的威胁。美国学者布朗和麦可森（P. Brown and E. J. Mikkelsen）在研究马萨诸塞州伍本（Woburn）镇的污染事件时曾向当地民众提出这样一个问题：“你们为什么不搬到其他地方去呢?”他们得到的回答是：“哪里安全呢?”偌

---

① 详见百度词条“血铅中毒”和凤凰网《江苏滨海多名孩子现铅中毒症状，涉事企业被村县重点保护》，http：//finance. ifeng. com/news/20101206/3005740. shtml。

② 熊润频、朱青：《安徽怀宁高河镇儿童“血铅超标事件”追踪》，http：//www. gov. cn/jrzg/2011 -01/07/content_ 1780270. htm。

③ 参见 Vyner，Henry，1988. *Invisible Trauma*：*The Psychosocial Effects of the Invisible Environmental Contaminants*，Lexington Books；Edelstein，Michael R.，1988. *Contaminated Communities*：*The Social and Psychological Impacts of Residential Toxic Exposure*，Westview Press。

大的美国，怎么会“无安全之地”？原先我有这样的困惑，后来想想，中国不也一样吗？我们现在能确定每天所吃的大米、蔬菜在生长过程中没有被含有工业废水的水源灌溉过吗？我们能确定自己每时每刻所呼吸的空气中不含有工业粉尘，所饮用的水源不含重金属或化学成分吗？布朗和麦可森说得很对，“无安全之地”的概念不仅指污染受害家庭搬迁的机会受到限制，而且暗指有害物质在人体内的存留，以及使人类和野生动植物均深受其害的整个环境危机。[①]

三　“庄稼人的呐喊”：环境污染诱发了农民的环境抗争

农民环境抗争的事件在改革开放之前就已经出现。比如，1973 年，河北省沙河县褡裢乡赵泗水村发生了村民抗议该县磷肥厂废气废水污染村庄农作物并危害村民身体的事件。村民曾多次到厂、乡和县反映污染受害情况，但均被驳回。于是，村民聚集到村管委会门口，强烈要求立即采取措施，制止该厂继续污染环境。村干部于是派人去电站关闭了磷肥厂的电闸，以示抗议。县委接到磷肥厂报告后，责成该村向磷肥厂供电并把此事件定性为“反革命破坏事件”。村委两人被开除党籍，逮捕法办，游街示众，分别判处有期徒刑 3 年和 7 年。村民为此连续 6 年不断向上级有关部门申诉，直到 1979 年才在当时的国务院环境保护领导小组的干预下为两人平反，分别补助了 100 元、300 元生活费。[②]这个事件反映出了农民环境抗争的勇气和恒心。由于这个时期的环境问题被意识形态遮蔽，决策者错误地认为社会主义社会是没有社会问题的社会，包括环境污染在内的社会问题都是资本主义生产畸形发展的结果，受到意识形态部门严格控制的媒体不可能

---

① Brown，Phil and Edwin J. Mikkelsen，1990. *No Safe Place*：*Toxic Waste*，*Leukemia*，*and Community Action*，University of California Press，Ltd，pp. 75 – 76.

② 赵永康编《环境纠纷案例》，中国环境科学出版社，1989，第 195 ~ 196 页。

让此类问题见诸报端，由此成为遮蔽相关议题的制度性力量；[①] 此外，也由于大规模工业化实施的时间还不是很长，环境污染并没有在全国各地普遍开花，在这些因素的综合作用下，环境抗争并没有引起普遍重视，环境冲突也并非影响中国社会稳定的重要因素。

随着国家经济建设从阶级斗争转向经济建设和全力推进工业化，特别是21世纪以来，中央政府对于民生和农村地区的重视，日益严重的环境污染及其所引发的农村环境冲突不再被遮蔽，也不能被遮蔽。于是，一桩桩激烈程度不等的环境冲突事件不断被媒体披露：2003年，广西壮族自治区富川县白沙镇因为政府招商引资将一家砒霜厂建到村民水源地，引发了当地数百群众与警方的大规模冲突，造成1人死亡，多人受伤；2005年三四月间，浙江省东阳市画水镇发生了因为环境污染导致的政府执法人员与村民之间的大规模冲突，造成30多人受伤；2005年六七月间，浙江省新昌县发生逾万名农民抗议当地一家制药厂污染环境的事件；2005年6~8月，浙江省长兴县农民与污染企业和警方发生大规模冲突事件；广东省汕尾市东洲镇因为发电厂建设征地补偿问题发生严重警民冲突，造成多人伤亡；2006年2月，贵州省铜仁市铜仁振兴铁合金厂因浓烟污染导致与附近村民的冲突，100多名村民聚集在工厂门口要求工厂停工，并决堤放开工厂的生产用水；2006年5月，国家级贫困县山西省大同市灵丘县发生污染企业灵丘县银龙贵金属有限责任公司与附近东驼水村村民的冲突；2008年8月，云南省丽江市华坪县兴泉镇兴泉村发生村民因环境问题与污染企业300多人的冲突，造成6名村民受伤和13辆汽车受损；2009年，媒体报道了全国多个不同地区因企业环境污染而导致的严重铅中毒事件，铅污染的受害者与

① 周晓虹：《国家、市场与社会：秦淮河污染治理的多维动因》，《社会学研究》2008年第1期，第148页。

污染企业和地方政府发生多次冲突；2011 年 5 月，因村民反对垃圾焚烧发电厂投入运营，江苏省无锡市黄土塘村爆发了警民冲突……这些环境事件造成了非常严重的后果，以至于有学者认为，环境污染与冲突已经与“三农”问题紧密联系在一起，并成为后者的重要内涵。[①]

20 世纪 90 年代中叶以来，中国民众环境信访和环境上访[②]的激增可以从另一个侧面反映环境纠纷与环境冲突的严重性。根据张玉林对全国及江苏、浙江、广东三省环境信访状况所做的统计，1996 年，全国环保系统收到的有关环境问题的信件只有 6 万多封，到 1997 年增加到 10 万封，1999 年、2002 年和 2005 年，分别骤然增加到 20 多万、40 多万和 60 多万封，增长速度之快令人咂舌。同样，江苏、浙江、广东三省的环保部门在 1999 年接收有关环境问题的信件分别为 2.2 万封、2.6 万封和 3.5 万封，到 2005 年，这一数字分别激增到 5.4 万封、6.3 万封和 7.8 万封。[③] 环境信访是环境抗争的一种方式或策略，因此可以作为环境抗争事件的一个重要指标。由于缺乏更详细的资料，这些涉及环境纠纷的事件在城乡之间的分布状况无从考察，但张玉林基于两方面的资料推测，由“环境信访”和“群体性环境事件”所代

① 张玉林、顾金土：《环境污染背景下的“三农问题”》，《战略与管理》2003 年第 3 期。

② 张泰苏认为，近年来我国民间信访主要集中在两大类问题：一是涉诉信访，即对法院决定做出申诉的信访；二是行政纠纷信访，即直接针对下级政府部门的信访（见《中国人在行政纠纷中为何偏好信访?》，《社会学研究》2009 年第 3 期，第 140 页）。因环境污染导致的信访似乎不能完全归入其中的任何一类。以苏北 N 村的个案为例，首先，在整个事件的发展过程中，法院的力量根本没有介入，所以谈不上涉诉信访；其次，村民信访的对象主要是企业的污染伤害行为和其他违法行为，如非法征地，在此过程中可能涉及某些行政部门，如参与企业非法征地的 YH 镇政府，但后者不是村民信访的主要控诉对象。

③ 张玉林：《中国农村环境恶化与冲突加剧的动力机制——从三起“群体性事件”看“政经一体化”》，吴敬琏、江平主编《洪范评论》第 9 辑，中国法制出版社，2007，第 3 页。

表的环境冲突多数发生在农村。一是对江苏省环保厅1995～2001年受理的5102件信访案件进行的分析和梳理发现，来自农村的信访始终维持在总信访量的65%以上；二是国家环保总局阎世辉的报告披露，2005年上半年，在因环境问题引发的群体性事件中，农民占所有参与人员的70%以上。

除了通过写信向政府部门反映情况之外，各地民众还通过走访的方式进行环境维权和涉及环境问题的利益诉求。1995年以来我国环境上访的情况详见表1－1和图1－1。

表1－1　全国环境上访状况

年份	1995	1996	1997	1998	1999	2000	2001	2002	2003	2004	2005	2006
上访情况	94798人次	47714批次	71528人次/29677批次	93791人次/40151批次	89872人次/38246批次	139424人次/62059批次	80329批次	90746批次	85028批次	86414批次	142360人次/88237批次	71287批次

资料来源：选摘自童志锋《历程与特点：社会转型期下的环境抗争研究》，《甘肃理论学刊》2008年第6期，第87页。

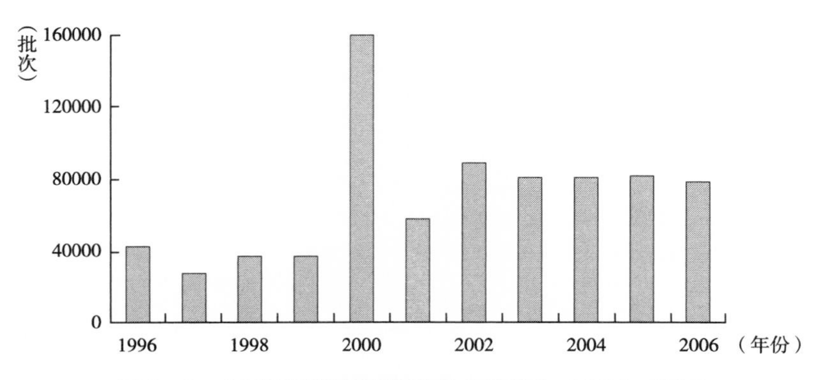

图1－1　全国因环境问题导致的上访批次（1996～2006）

资料来源：选摘自景军《认知与知觉：一个西北乡村的环境抗争》，《中国农业大学学报》（社会科学版）2009年第4期，第6页。

在具体数字上，不同学者之间可能存在些许差异，如按照童志锋的统计，2000 年，环境上访的批次虽然从 1999 年的 38246 批次增加到 62059 批次，激增了将近一倍，但并没有超过其后的年份，更不具备景军图表中所显示的鹤立鸡群特征。不过，从总体趋势来看，二人的统计结果是一致的。从 2001 年开始，基本每年保持在 80000 批次上下。

第二节　研究意义

一　突出社会风险的环境面向

先对“风险”“社会风险”和“风险社会”几个概念略做说明。

从吉登斯对于风险的阐述中，我们可以总结出“风险”的特征和发展趋势。

第一，风险是近代社会的产物。16 和 17 世纪，西方航海家在全世界航海时创造了这个概念，用来指航行到某个可能有危险或者触礁的海域。后来，风险转向了时间维度，用来指某个决策或行动可能带来的结果。在传统社会中，与风险相对应的概念是“运气”“命运”“上帝的意志”或“巫术”等。这些风险被人们看成是不可抗拒的、先定的。它们与包含“可能性”和“不确定性”的风险概念相悖，因此，传统社会不需要“风险”概念。①

第二，风险越来越来自人类自身而不是外部世界。吉登斯将“风险”分为两类：一是“外部风险”（external risk），即来自外部，由传统和自然的不变性所带来的风险，如糟糕的收成导致的饥荒以及瘟疫、自然灾害等；二是“被制造出来的风

① 〔英〕安东尼·吉登斯：《失控的世界》，周红云译，江西人民出版社，2001，第 17 ~ 19 页。

险”（manufactured risk），即由人类发明的科学知识所造成的风险，这种风险既涉及宏观层面的大灾难，如核泄漏、全球变暖、环境危机、全球经济崩溃等，也涉及个体层面的威胁，如食品与药品安全、婚姻解体等。自工业社会以来，“外部风险”的主导地位逐渐为“被制造出来的风险”所取代。现在，自然已经终结，因为物质环境没有哪个方面不受人类的干扰，即使是“外部风险”，如河流泛滥、气候变化等，也夹带着人类活动的诱因。[①]

第三，伴随着风险重心的转移，风险越来越变得不可计算。我们完全不知道“被制造出来的风险”的大小和程度。谁能说清楚切尔诺贝利核电站事故的长期后果？谁能知道英国的疯牛病在将来会对人类的健康产生什么样的影响？[②] 由于“被制造出来的风险”会产生许多意外的后果，人们对将来的控制和规范变得越来越困难。

“社会风险”属于“风险”的一种类型，它与“自然风险”相对。“社会风险”与“被制造出来的风险”并不完全相同。后者在吉登斯的定义中只是指人类知识的不断发展对世界产生了影响之后所带来的风险，“社会风险”的范畴与之虽有交叠，但并不完全重合，比如，统治者的专断或错误决策、各级官员的胡作非为极有可能激起民变从而造成社会动荡，这种结果并没有涉及知识的发展，但也属于“社会风险”。

国内学者在两个层面上理解“社会风险”概念。一是广义的社会风险，指所有由社会原因造成的风险或者可能带来灾难性社会后果、威胁社会稳定的事件。整个社会大系统内部由政治、经济、文化等子系统构成，任何一个领域内的风险都会波及整个社

---

① 〔英〕安东尼·吉登斯：《失控的世界》，周红云译，江西人民出版社，2001，第 22～24 页。

② 〔英〕安东尼·吉登斯：《失控的世界》，周红云译，江西人民出版社，2001，第 24～25 页。

会，造成社会动荡。[①] 二是狭义的社会风险，它与政治风险和经济风险相对，指所得分配不均、发生天灾、政府施政对抗、结社群斗、失业人口增加造成社会不安、宗教纠纷、社会各阶级对立、社会发生内争等因素引起的风险；政治风险是一个国家可能与另一个国家发生战争或因外敌入侵、内战、恐怖事件而造成动乱、意识形态分歧、经济利益冲突、地区性冲突以及党派斗争等因素造成的风险；经济风险则是经济萎缩、罢工、失业率增加、生产成本大幅上升、出口收入剧减、出口竞争能力低落、外销价格大幅滑落、粮食与能源进口大幅上升、外汇枯竭、货币大幅贬值等因素造成的风险。[②]

“风险社会”是乌尔里希·贝克提出的概念。按照贝克的说法，“风险社会”是指现代性发展到自反阶段的社会。我们当前的社会正处于从传统（工业）现代性向自反现代性的转型过程中，“风险社会”作为一种社会状态目前还没有完全成为现实，仅仅是露出了一些端倪。这样一来，我们只能先对不断涌现的“社会风险”进行研究，而后才能延伸到社会风险结构研究，即社会风险之间的互动关系研究，进而评估社会的结构性风险系统对于整个社会的影响。[③] 换言之，“社会风险”应该是“风险社会”理论的初始研究对象。只有将“社会风险”和“风险社会”看成是不同的社会发展阶段，看到“风险”的动态变化特征，才能理解为什么很多学者对“风险”的特征界定不一样，如宋林飞对“风险”的理解的三个要点之一是“可测定的不

① 童星、张海波：《中国转型期的社会风险及识别——理论探讨与经验研究》，南京大学出版社，2007，第 89 页。

② 宋林飞：《中国社会风险预警系统的设计与运行》，《东南大学学报（社会科学版）》1999 年第 1 期，第 70 页。

③ 陈磊：《“风险社会”理论与“和谐社会”建设》，《南京社会科学》2005 年第 2 期，第 45 页。

确定性”,[①] 而在吉登斯和贝克那里，“风险”则具有“不可计算性”。吉登斯从现代性的四个制度性维度将风险划分为极权的增长、生态破坏和灾难、经济增长机制的崩溃、核冲突和大规模战争,[②] 这里的风险也是指“风险社会”中带有全球性特征的风险。

国内学术界对于中国“社会风险”成因的归纳大多依据社会转型视角，在此列举几例。

（1）童星在20世纪90年代中叶指出，发展市场经济必将带来三大风险：一是人事风险。市场经济要求砸掉企业职工的“铁饭碗”、撤除干部的“铁交椅”、取消大中专学生的“包分配”、改革部队军官转业和士兵退伍的“包安置”。如果处置不当，这四类人员必将影响社会稳定。二是通货风险。启动市场经济之后，在很长时间内会出现物价上涨、通货膨胀。三是政治风险。市场原则向精神领域乃至政治领域延伸，从而威胁精神文明建设并导致政治腐败。此外，随着市场经济的发展，国家政权机构对社会经济活动的控制力会降低，无法保证市场经济的社会主义性质。[③] 在后来的著作中，童星将社会风险的根源进一步延伸至中国社会转型所带来的一些重大问题，如政府行为市场化与企业化、国家机器的钝化、金融体制与国企改革、突发性经济危机、失业、贫富两极分化等，并且从社会结构转型层面具体分析了三种风险来源，即来自社会冲突的风险、来自社会失范的风险和来自社会分层的风险。[④]

（2）李路路侧重于现代化和体制转型所导致的社会控制的削

---

① 宋林飞：《中国社会风险预警系统的设计与运行》，《东南大学学报（社会科学版）》1999年第1期，第69页。

② 〔英〕安东尼·吉登斯：《现代性的后果》，田禾译，译林出版社，2000，第150页。

③ 童星：《发展市场经济的社会风险》，《社会科学研究》1994年第3期。

④ 童星、张海波：《中国转型期的社会风险及识别——理论探讨与经验研究》，南京大学出版社，2007。

弱。从社会控制的角度看，体制转型带来的四种变化相当重要：一是单位制的弱化甚至解体以及利益多元化；二是市场化，因为它意味着国家直接控制的资源大大减少和命令式控制手段的失效；三是非集中化，即国家动员和调动资源的权力向下分散和转移到各级政府手中；四是各种社会资源（包括人力资源）的大规模流动。要防控以上四种变化所蕴含的社会风险，必须重建社会控制系统，如重建一套共享的价值观体系、形成弹性社会结构、重建组织体系、加强法治与沟通等。①

（3）孙立平、李强强调社会结构的“断裂”或“紧张”。孙立平认为，20 世纪 90 年代以来，中国社会结构呈现断裂趋势，表现在：第一，城乡断裂，户籍制度的限制使农业人口的下降速度非常缓慢，农民收入越来越低。农民以农民工的身份进入城市后带来另一种形式的断裂，即不能进入城市主流劳动力市场，不能享受城市居民的社会福利和社会保障。第二，城市下层越来越被甩到社会结构之外。体制改革和社会变迁使下岗职工无法回到稳定的就业体制和社会主导产业，单位制的解体又使他们失去了原先的社会福利和保障。第三，城市最先进的部分加入了世界市场的循环系统，与其他社会部分越来越失去了联系。② 李强以测量社会地位的国际社会经济地位指数（ISEI）对第五次全国人口普查资料进行分析，发现中国的社会结构呈现“倒丁字形”，比金字塔结构还要差。由于社会下层所占比例过于庞大，而且与其他群体之间属于一种两极式连接方式，因此整个社会处于一种“结构紧张”状态。③ 社会结构“断裂”或“紧张”的社会蕴含着极高的社会风险。

---

① 李路路：《社会变迁：风险与社会控制》，《中国人民大学学报》2004 年第 2 期。

② 孙立平：《断裂——20 世纪 90 年代以来的中国社会》，社会科学文献出版社，2003。

③ 李强：《“丁字型”社会结构与“结构紧张”》，《社会学研究》2005 年第 2 期。

上述归因中，对于社会风险的环境面向或者顺带提及，或者干脆撇在一边。造成这种状况的一种可能是，环境污染本身就是社会转型所带来的结果，因此“社会转型说”已将其涵盖。另一种可能是，环境社会风险只是众多社会风险中微不足道的一部分，目前尚不足以引起较大规模的社会动荡。纯粹的自然环境因素对社会造成的打击，如地震、海啸、飓风等带来的灾难，虽然也会带来暂时的社会混乱，但不被人们看成是社会风险，而被看成是不得不承受的命运的惩罚。[①] 如果没有人为因素的介入，如政府对灾民迟迟没有救援、赈灾款被侵吞等，社会动乱也仅限于灾难本身，不会进一步扩大。因此，如果是环境因素诱发了社会

① 美国学者鲍姆与达维德森曾就“技术灾难”与“自然灾害”的特征及其对受害者造成的社会心理影响做过比较。他们认为，虽然两者都具有突发性和强大的破坏力，但在以下三个方面存在差异：第一，从破坏的显性程度来看，“自然灾害”造成的破坏，如生存环境面目全非，家园被摧毁，能源、卫生设施和饮用水源被破坏等通常是看得见的；“技术灾难”所造成的破坏中，有些灾难的破坏性是显性的，如大坝崩塌、桥梁塌陷；另一些则是隐性的，如核辐射或有毒化学品泄漏等所导致的疾病。第二，从可预测性上看，“自然灾害”的预测虽然还不能做到精确，但根据自然灾害的发生频率以及事先的大体预测还是可以做出某些防范；与此相反，“技术灾难”是不可预测的，事故往往突然发生，极短的时间内人们很难紧急疏散。第三，“自然灾害”有一个可辨认的“低点”（low point），在这一点上，灾害造成的破坏最大；过了低点，情况开始好转，人们开始重建家园。因此，“低点”可被看成是“评估威胁性的大小”（appraisal of threat）向“清点损失”（appraisal of loss）的转折点。“技术灾难”有的有低点，有的则没有，特别是有毒化学品造成的灾难，当事故结束之后，各种情况不一定逐步好转。第四，从灾难控制的认知方面看，人们一般不认为“自然灾害”是可控制的，因此，灾害的发生凸显出自然因素的非控制性；与此相反，人们通常认为技术是可控制的，因此，事故的发生一般被认为是“失控”（loss of control）而非“缺控”（lack of control）。可以控制而“失控”，人们会意识觉醒并且有行动上的对抗；无力控制而“缺控”，人们会显得无助与被动。第五，“自然灾害”影响通常局限于受害者，而“技术灾难”所造成的信任与信心的丧失则不仅仅限于受害者范围。第六，“自然灾害”的影响相对短暂，当然，财产的损失和亲人的死亡对受害者的影响时间可能较长；“技术灾难”可能对很多人产生长期的影响，特别是涉及有毒物质时更是这样。详见 Baum, A. R. & L. M. Davidson, 1983. “Natural hazards and technological catastrophes”, *Environment and Behavior*, Vol. 15, No. 3, pp. 333 - 354。

风险，在环境因素的背后依然是人为因素，其中的逻辑是：人为因素—环境问题—社会风险。由此我们看到，环境问题只是原因与结果之间的中间环节，这也是学者们在对社会风险进行终极归因时忽略环境面向的可能原因。

尽管如此，笔者认为，环境污染所引发的社会风险因具有以下特征而不容忽视。

首先，从冲突的规模看，由于污染会牵连企业周边众多人口，因此，冲突具有集体性质，动辄数百上千人，有些地区甚至卷入人数逾万，如 2005 年 4 月浙江东阳市画水镇的环境冲突中，积聚的村民达两三万人，稍后发生的浙江新昌环境冲突中，与工厂直接冲突的村民加上从四面八方涌来的围观群众也有 1 万人左右。这些事件虽多已平息，但在局部范围内引发社会震荡，产生了社会风险。

其次，从冲突的类型上看，环境冲突中往往夹带大量的情感因素，因而容易演变为冲突强度和烈度更大的非现实性冲突。现实性冲突和非现实性冲突是科塞的划分，前者涉及具体目标或利益的实现，而后者则集中于情感的发泄或涉及抽象的价值、信仰与意识形态。环境冲突中的愤怒情感主要来自：①污染项目建设与投产时的违规操作与肆意妄为。本应环评而没有环评或者徒具形式；本应举行公众听证却对公众欺骗、隐瞒或通过各种方式操弄民意；[①] 本应依法征地补偿却任意克扣、拖延甚至侵吞补偿款；本应合理安置污染企业周边民众却迟迟不做安排；等等。这些做

① 如福建上杭县蛟洋乡血铅事件中，污染企业华强电池厂的二期工程上马听证会本应于 2008 年 8 月 13 日在乡里举行，但 8 月 12 日晚，村民接到通知，听证会改到了县里召开，这让众多原本报名参加听证会的村民们措手不及，只好推选个别代表赶往县里参加。在听证会上，村民代表问及企业是否经过环评，县环保局负责人说，只需县里环评即可，而根据国家《建设项目环境影响评价文件分级审批规定》和《建设项目环境影响评价分类管理名录》，重污染化工项目必须报省级环境保护主管部门批准。详见郭宏鹏、范传贵《福建血铅超标事件三悬疑未了，听证被指走过场》，http：//news. sohu. com/20091021/n267579599. shtml。

法往往使污染受害者产生被愚弄、被忽视和不公正的感受并因此产生怨恨。②污染企业为了利益故意隐瞒污染真相或推卸污染责任，置受害者的赔偿要求、健康和生命安全于不顾，给受害者"钱竟然比命还重要""店大欺客"的感觉并因此积累大量怨气。③地方政府作为污染企业的引进者和保护者对民众的环境上访置若罔闻甚至阻挠、弹压，容易导致怨恨情绪的加剧和升级。环境污染由于牵扯到身体健康与生命安全，再加上企业与地方政府的不恰当处置方式，导致环境冲突往往超出具体的利益补偿范围，出现污染者与受害者之间你死我活的争斗，如N村铅中毒事件中，村民的态度非常坚决："要么村民搬迁，要么企业搬迁。"双方不能共存于同一空间。

再次，从冲突数量上看，20世纪90年代中叶以来，我国环境纠纷和环境集体行动越来越多。张玉林对全国及苏、浙、粤三省环境信访状况所做的统计以及童志锋对1995年以来我国环境上访所做的统计大体上可以说明这个事实。根据专家预测，2020年之后，中国可能出现大规模产业结构调整。那时工业、原材料、制造业产能趋近顶峰，不可能再大幅增长，更多的投资会逐渐转向服务业。到2035年前后，第三产业的比重将达到55%～64%。因此，2020年极有可能是中国环境污染的"拐点"。[①]这就意味着目前环境污染的格局还将延续甚至进一步加剧，因环境污染而引发的社会冲突在一定时期内也会频繁出现并且对社会稳定构成严峻挑战。

随着人类活动的加剧，环境问题所引发的社会风险有朝风险社会演化的趋势。美国学者邓拉普和卡顿（R. E. Dunlap and W. R. Catton）曾提出过一个"竞争性环境功能模型"，认为环境对于人类而言有三种功能，即提供居住空间、提供生存资源、提

① 徐楠：《中国环境污染"拐点"在哪里?》，《南方周末》2010年8月5日，C10版。

供废物储存场所（如图 1－2 所示）。[①] 环境破坏的根源在于人类对这三种功能的过度使用以及三种功能之间的冲突，比如，提供居住空间功能的过度使用会导致过度拥挤、堵塞和其他物种生存环境的破坏；提供生存资源功能的过度使用会导致耕地、空气、水源、森林、矿物等资源的短缺；提供废物储存场所功能的过度使用会导致废物淤积超过生态系统自身的吸纳能力，从而造成生态系统的紊乱并且对人类健康造成伤害。三种功能会彼此竞争，如城市的扩张（第一种功能）导致可耕地的减少（损害第二种功能）；盲目扩大耕地面积（如西欧 11～13 世纪的拓殖运动，第二种功能）可能带来生活空间的破坏（损害第一种功能，如 14 世纪西欧大范围流行黑死病）；建设一个垃圾填埋场（第三种功能）会破坏这个地区的土地，使它不能生产粮食（损害第二种功能）；废物过多排放会影响周围居民的正常生活（损害第一种功能）、污染地下水（损害第二种功能）。因此，任何一种功能过度使用都可能导致其他功能不能正常发挥作用。

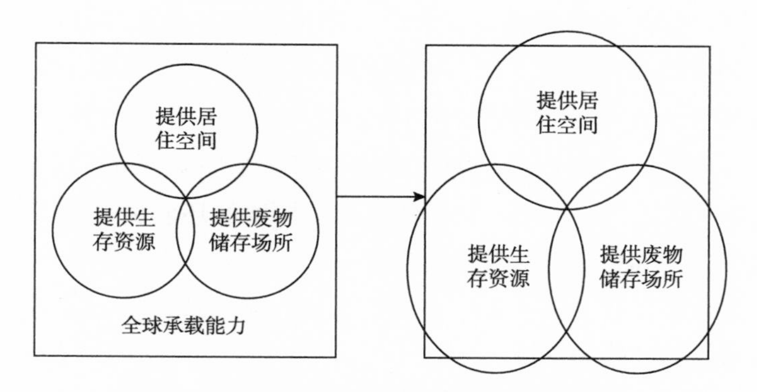

图 1－2　邓拉普和卡顿的“竞争性环境功能模型”

近些年来，环境的三种功能的冲突增加，并且已经超过了全球环境承载力；另外，某些区域生态系统层次的环境功能冲突已

---

① 〔加〕约翰·汉尼根：《环境社会学》（第二版），洪大用等译，中国人民大学出版社，2009，第 19 页。

经对全球环境产生了影响。也许，这就是风险社会来临在环境层面上的根本原因。

二 推进环境污染与环境冲突事件的治理

自20世纪70年代中央政府开始重视环境保护以来，我国环境污染的治理一直维持政府主导型格局。政府在这方面投入很多，但收效并不明显，典型例证是淮河治污。1994年国务院在蚌埠召开环境保护会议，淮河流域治污开始启动。1995年，国务院颁布《淮河流域水污染防治暂行条例》，明确了淮河流域水污染防治的两个目标：①1997年实现全流域工业污染源达标排放；②2000年流域各水体水质变清。为了实现治污目标，中央直接领导“零点行动”，[①] 国务院安排了3亿元特定贷款，用于削减COD排放，国家环保总局还在大厅内挂倒计时牌，在全局抽调干部专家组成4个督察组，分赴豫皖苏鲁四省检查督促。中央政府如此重视污染治理，可结果如何呢？2004年，淮河水利委员会透露，4月，淮河水质污染进一步加重，省界河段五类和超五类水比例达到58.1%，水质达标率已经不足四成。从1994年启动到2004年的污染险情，10年治污竟然又“回到‘原点’”。[②] 这让人怀疑政府主导型的环境保护到底能起多大作用。环境社会学者洪大用提出，“如果说中国政府主导型的环境保护取得了什么实质性成效的话，那就是它扩大了公众对于环境问题的认知。”[③]

政府主导型的环境保护有两个固有缺陷。

在宏观层面上，政府同时承担了两个相互矛盾的任务，一是

---

① 1997年12月31日零点，是淮河流域工业企业达标排放的最后期限，后简称“零点行动”。

② 偶正涛：《暗访淮河》，新华出版社，2005，第55页。

③ 洪大用：《社会变迁与环境问题》，首都师范大学出版社，2001，第89页。

经济发展，二是环境保护，在实际操作过程中往往顾此失彼。尤其是在目前的“政经一体化”格局下，地方政府和企业集团更可能为了利益而牺牲环境。在环境灾难发生的情况下，对受害者的疾苦充耳不闻，不去及时采取成功的补救措施。

在微观层面上，政府在治污过程中难以掌握足够的信息，并且无法实现帕累托最优。这里所涉及的信息主要指生态环境信息和排污企业的大量信息，包括企业的工艺流程、污染源的产生、污染排放的种类和数量等。一方面，政府没有足够的精力搜寻足够的信息，以制定合理的行动标准；另一方面，政府制定出这些标准之后，现实状况又发生了变化，标准滞后。我们可以以排污许可证的发放为例来说明帕累托最优的丧失：从治污成本角度考虑，优良方案应是，将排污许可更多分配给排污成本低廉的厂商，这样可节约总排污成本。

如图 1－3 所示，这里假设只有两家厂商 a 和 b，Qa Qb 为总污染水平。假定在 a 和 b 两个厂商之间分配排污许可。由于 a 厂的排污边际成本小于 b 厂，因此理应分配更多的排污量，即 QaQ2，b 厂的排污量是 QbQ2，此时总排污成本最低，即图形 FCGQbQa 的面积，因此 Q2 为排污最佳分配点。然而现实中政府由于信息不明朗、官僚主义作风等原因而任意分配，或者企业与政府之间不同的讨价还价能力，再加上托关系找后门之类的情况，排污分配点可能是在 Q1，总排污成本变成图形 FEDGQbQa 的面积，这样便增加了三角形 CDE 的面积，这个面积就是多出来的排污成本。

中央政府完全知道仅仅由政府来推进环保事业具有很大的缺陷，因此，从 20 世纪 80 年代中期以来，政府在环境管理方面开始从直接管制向间接管制方向发展，通过环境政策和法律法规的制定逐步引入市场机制和公共参与机制。1985 年，我国开始实行排污许可证交易制度试点；90 年代中期，开始实行环境标志和 ISO14000 系列环境管理体系标准；2002 年以来，国家相继出台

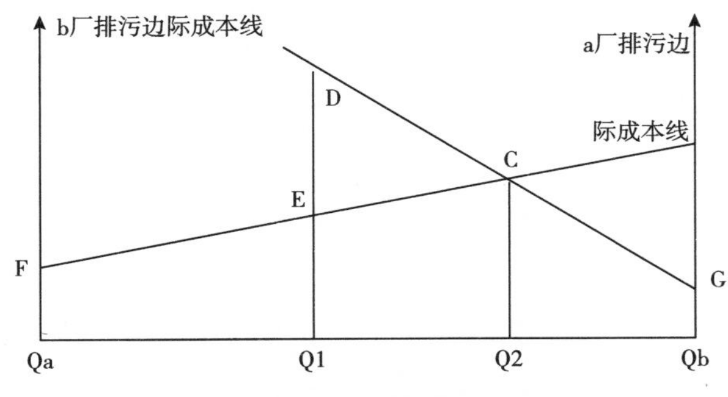

图 1－3　a，b 两企业排污边际成本

《环境影响评价法》《环境影响评价公众参与暂行办法》和《环境信息公开办法（试行）》。

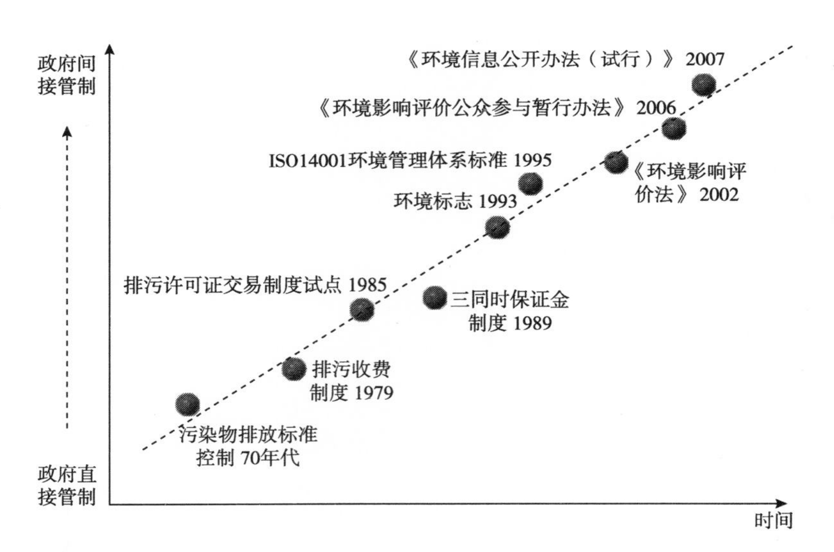

图 1－4　中国环境政策的演变

资料来源：笔者在吴狄、武春友的研究基础上改绘而成，见《建国以来中国环境政策的演进分析》，《大连理工大学学报（社会科学版）》2006 年第 4 期。

尽管市场与社会的力量受到了一定程度重视，但政府主导的格局并没有被打破。以秦淮河治理为例，1950～2005 年，秦淮河前后经历了五次较大规模的治理。其中，2002 年前的四次治理中，政府一直是唯一的行为主体，在第四次治理过程中嵌入了开发秦淮河风光带、发展旅游业和带动第三产业发展的市场因素。从2002年起，政府唱“独角戏”的状况发生了变化，例如，第五次治理所需的30亿元资金，有相当一部分是通过融资方式获得的，这使得一部分企业及其他社会组织和人士能够以“融资”方式参与秦淮河治理。[①]

目前，污染治理的政府主导地位只是在松动而并没有被取代。在推进治理主体多元化的过程中还有很多问题需要解决。比如，很多污染企业与村民相距很近，达不到国家环保法律或者环评报告书中规定的环保距离，这种状况反映了环境影响评价落实不到位。为什么会这样？在很多地区，村民基本上不知道企业生产会造成何种污染，污染对他们的健康会带来何种损害，比如广东河源市紫金县村民是在知道了浙江德清血铅事件之后才去医院做检查，苏北N村村民在事发之前压根就没想到会有“铅中毒”这种事情，这些情况反映了我国现阶段环境信息公开不足。为什么2007年我国已经颁布了《环境信息公开办法（试行）》，很多地区却得不到执行？如何才能使政府决策咨询和公众听证不是仅仅流于形式？

在环境冲突事件的解决方面，目前的体制和机制都有问题。污染事件发生之后，受害者都希望去找手里握有权力、能够解决问题的部门或组织。如果政府握有实权，并且确实能解决问题，民众就去找政府；如果司法部门握有实权，能够很快平息事端，民众就去找法院。20世纪90年代以来环境信访和上访的数量激增说明政府把处理环境纠纷的主要权力抓在手里，所以民众都希望政府来解决问题，这种状况蕴含着极大的危险性，表现在以下几个方面。

第一，信访制度所承载的需要解决的问题的数量与其实际解

① 周晓虹：《国家、市场与社会：秦淮河污染治理的多维动因》，《社会学研究》2008年第1期。

决问题的能力之间存在巨大差距，或者按照蔡禾等人的话说是“不断增长的行政诉求与有限的行政调节能力”之间必然存在紧张[1]，这种矛盾导致信访的效率非常低下。根据一份广受引用并由政府出资支持的全国性调查报告，只有0.2%的信访获得了成功解决。[2] 既然受民众“偏好”的体制内路径无法解决问题，环境信访的数量激增即意味着大量的体制外行为的产生。在上文列举的铅中毒事件中，村民与企业之间的暴力冲突屡见不鲜。

第二，地方政府往往是污染企业的强大政治支柱，因此，环境信访在地区层面上获得解决的可能性不大。很多地方政府都参与制造反面证据，甚至对信访和上访者进行弹压，结果导致基层民众失去对地方政府的信任和认同，地方治理面临危机。

第三，对地方政府的失信导致直接向中央越级上访的剧增，使各种问题和矛盾焦点向中央聚集。于建嵘提供了这样一组对比数字：2003年国家信访局受理群众信访量上升14%，省级只上升0.1%，地级上升0.3%，而县级却下降了2.4%；中央和国家机关受理群众信访量上升了46%，省、地、县直属部门增幅较小，有的还是负增长。[3] 这些数字表明，信访者对中央政府尚怀有一定的希望，对地方政府则失去了认同。托克维尔对法国大革命的研究表明，中央政府对社会事务包揽过多，容易形成民众对中央权威的迷恋心态。在中央权威与个体之间没有自由的空间，只有一望无垠的旷野时，一旦发生动荡，民众会直接将中央政府作为冲击对象。这样的社会具有极高的社会风险。[4]

很多污染事件都出现了以下情况：受害者先与企业交涉；交

---

① 蔡禾、李超海、冯建华：《利益受损农民工的利益抗争行为研究：基于珠三角企业的调查》，《社会学研究》2009年第1期，第156页。

② 转自张泰苏《中国人在行政纠纷中为何偏好信访?》，《社会学研究》2009年第3期，第147页。

③ 于建嵘：《中国信访制度批判》，《中国改革》2005年第2期，第27页。

④ 〔法〕亚力克西·德·托克维尔：《旧制度与大革命》，冯棠译，商务印书馆，1992。

涉不成便到政府上访，但政府没有采取措施；受害者诉诸媒体；媒体曝光、群体性事件爆发之后政府才重视治理。这种状况反映了地方政府突发事件应急管理机制存在较大缺陷。那么，这种缺陷表现在哪里？如何解决？

上述内容表明，中国政府目前对于环境污染以及因污染而导致的环境冲突的治理方式有很多问题。通过对具体个案的不断解读，不仅可以揭示环境污染与冲突的形成与内在演化机制，而且可以暴露出政府在解决和治理过程中存在的诸多问题，在此基础上可以寻找到有效的对策。

第三节　研究设计

一　相关概念辨析

（一）“维权行动”“社会运动”与“集体行动”

这三个概念具有很大的重叠性。“维权行动”指城乡基层社区民众在利益或权利受到侵害之后以制度内手段，如反映、投诉、诉讼、信访等；或者制度外手段，如罢工、示威、静坐、堵马路、集体上访等进行抗争的行为。“维权行动”的目标常常局限于具体问题的解决，一旦受到侵犯的利益或被侵犯的权利得到承认和相应的补偿，维权行动就会终止。

“维权行动”与下面一组概念的区别在于它以理性的利益或权利诉求为主，但是，当制度性诉求屡遭挫折时，在情感因素的推动下，维权行动也可能会越来越具有群体性事件的暴力与违法性质。因此，“维权行动”与“群体性事件”在某些情况下可能无法截然分开，某个抗争事件从整体上讲，可能兼具两种性质。

应星认为，在西方学界，“维权行动”常常用“社会运动”一词，包括集体上访、抗争性聚集以及伴随有集体上访或抗争性聚集的群体性诉讼。[①] 本书认为，这两个概念还是有区别的："维权行动"既包括集体行动，也包括个体行动。集体层面的"维权行动"与应星所说的"群体利益的表达行动"具有大体相似的概念范畴；"社会运动"则只能在集体层面上使用，波及范围广，参加人员多，可能来自不同社会阶层，通常会有一个指导运动目标与行动策略的主导框架，并涉及正式组织的运作或者有不同地区的抗争者结成的联盟。社会运动的目标在很多情况下比维权行动广泛，常常指向重大的社会与政治改革。

一方面，集体层面的"维权行动"可以被纳入"社会运动"的范畴，与"社会运动"部分叠合，如巴黎同性恋者大游行可以被看成是维权行动，也可以被看成是社会运动；再一方面，这两个概念又各自有自己的指涉领域，"集体维权行动"不一定是"社会运动"，如某个村庄的农民选出几名代表到政府部门上访，或者聘请律师到法院对某个污染企业提起赔偿诉讼，这样的行动谈不上是"社会运动"；另一方面，有些"社会运动"与维权没有任何关系，如美国"地球日"运动或者 20 世纪 60 年代的反文化运动只能被看成是社会运动，不能被当成是维权行动。

"集体行动"是一个更宽泛的概念。不管行动的理由有没有合理性，行动的策略是合法还是非法，行动的目标是否挑战现存基本制度的合法性，凡是由多人参加的有目的的行动都可以叫"集体行动"，比如网友通过网络相互约定在某个时间和地点到街头拥抱行人的"抱抱团"行动，或者某个班级同学集体到红十字会进行义务献血的行动，等等。这些行动既不是维权行动，也不是社会运动。需要指出的是，"集体行动"概念常常被混同于"集体行为"，如赵鼎新给集体行动下的定义是"有许多个体参加

① 应星：《"气场"与群体性事件的发生机制——两个个案的比较》，《社会学研究》2009 年第 6 期。

的、具有很大自发性的制度外政治行为”。[1] 实际上，这两个概念具有很大的区别。

（二）“群体性事件”与“集群行为”

应星对“群体性事件”定义为：“它是指由人民内部矛盾引发的、十人以上群众自发参加的、主要针对政府或企事业管理者的群体聚集事件，其间发生了比较明显的暴力冲突、出现了比较严重的违法行为，对社会秩序造成了较大的消极影响。显然，群体性事件不同于维权行动的特点在于，它具有较强的自发性、暴力性与违法性。”[2]

由此可见，“群体性事件”具有以下特点。

第一，“由人民内部矛盾引发”，不挑战社会基本制度的合法性，因此不同于“反叛”或“革命”；第二，驱动力是“情感”，因此，它与布鲁默和斯梅尔塞等人使用的“集群行为”概念比较接近；第三，具有“较强的自发性、暴力性和违法性”，但是，群体性事件本身具有某种合理性的行动渊源或背景，暴力与违法犯罪行为不是群体性事件的初衷，而只是行动“派生”的结果，因此它不同于“团伙犯罪”，也不同于较为理性的维权行动。

“集群行为”（collective behavior，为了突出它与“集体行动”的差异，本书认为不宜翻译成“集体行为”）长期以来一直是社会心理学关注的重要领域。它是指在一些特殊的情境中产生的“一些不受通常的行为规范所指导的、自发的、无组织的、无结构的、同时也是难以预测的群体行为方式”，表现形式包括暴乱、骚动、恐慌、大众性歇斯底里、狂热、时尚、流言、谣言等。“集群行为”具有自发性、不稳定性、无组织性、强烈的情绪性、

---

① 赵鼎新：《社会与政治运动讲义》，社会科学文献出版社，2006，第2页。

② 应星：《“气场”与群体性事件的发生机制——两个个案的比较》，《社会学研究》2009年第6期，第106页。

缺乏理智的思考、极易接受暗示等特征。[①] 根据这一定义，“群体性事件”应属于“集群行为”的一种特定类型。

尽管“社会运动的产生和一般的集群行为一样，它的基本原因乃是社会和心理压力所造成的社会不安”，社会运动也有可能是从集群行为发展而来，但集群行为只是“在不安状态下无组织地、自发地对社会和心理压力所做的瞬间反应”，而社会运动则是“立足于改变形成这种社会和心理压力的外部条件，旨在实现社会变革”。[②] 因此，本书认为不宜将社会运动看成是集群行为的一种特定类型。

上述各个概念之间的关系可表示为图 1－5。

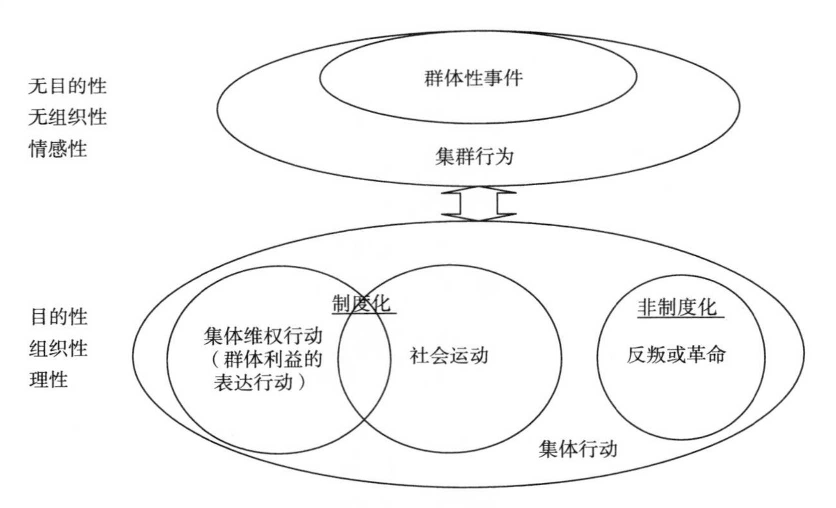

图 1－5　“维权行动”相关概念之间的关系

（三）“抗争政治”与“环境抗争”

“抗争政治”（contentious politics）这一概念是由麦克亚当（D. McAdam）、塔罗（S. Tarrow）和梯利（C. Tilly）三位美国学

① 周晓虹：《现代社会心理学》，上海人民出版社，1997，第 398～400 页。

② 周晓虹：《现代社会心理学》，上海人民出版社，1997，第 434～435 页。

者提出，指“诉求者和他们的诉求对象之间偶尔发生的、公共的、集体的相互作用。这种相互作用发生在①至少某一政府是提出要求者或者被要求的对象，或是站在诉求者一方；②所提出的要求一旦实现，将会影响到诉求者中至少一方的利益时”[①]。也许集体抗争事件大多会牵扯到政府，因此，麦克亚当等人把“抗争”与“政治”结合在一起。有学者尝试用“抗争政治”来统摄相关概念，并根据合法化和组织化两个维度，建立了一个当代中国抗争政治的分类图。[②] 本书认为，虽然“抗争政治”可以统摄“群体性事件”“维权行动”“社会运动”“反叛”或“革命”等概念，但无法统摄“集群行为”和“集体行动”。“抗争政治”包含不公平、非正义等含义，这些含义往往是抗争的深层原因；与此相反，“集群行为”和“集体行动”则不一定由不公平或非正义引发。

“环境抗争”是指因环境问题所引发，个人或集体通过制度化或非制度化手段提出诉求的行动。“环境抗争”包括三层含义，一是与环境问题有关；二是涉及环境不公；三是诉求者提出了某种诉求。环境上访、环境诉讼以及暴力对抗环境污染等都属于环境抗争。环境运动是一种更高层面的环境抗争，因为它可能超越了特定的环境利益，仅仅因为环境意识的高度觉醒而采取行动，希望引起公众对环境现状的注意，或者要求政府采取措施保护环境。

二　研究视角与方法

（一）研究视角

1. 底层研究视角

“底层研究”（subaltern studies）是一批研究现代南亚历史的

---

① 转自应星《“气”与抗争政治》，社会科学文献出版社，2011，第10页。

② 应星：《“气”与抗争政治》，社会科学文献出版社，2011，第21页。

学者于20世纪80年代初创造出来的一个学术流派。其基本旨趣是要研究农民底层政治相对于精英政治的自主性问题，以及底层意识的独特结构是如何塑造底层政治的问题的。比如，在学派代表人物查特吉看来，既有的国家与市民社会的分析架构不足以解释第三世界的底层人民是如何在实际的社会关系中创造非主流政治的民主空间的。这些底层人民既不是国家的主体，也不是市民社会的主体，而只是社会精英动员的对象，一旦权力分配完成，则继续成为被支配的对象。在与国家以及市民社会的周旋过程中，底层人民不是要夺取国家机器，或者取得市民社会的领导权，而是要开启一个介于两者之间的“政治社会”。[①]

尽管“底层研究”有其局限性，如关注焦点在于农民革命和起义等宏大事件，过于强调农民的集体团结力，这与农民通常只满足于“日常抵抗”的事实存在一定差距，但是，“底层研究”强调农民底层政治的自主性问题，对于我们分析中国农民的环境抗争问题很有启发意义。从政治治理的角度考虑，底层生存状况的恶化会影响整个社会的稳定。但是，如果仅仅站在精英的立场，把农村作为治理和防范对象自上而下进行关注是不够的，还必须深入底层社会生活的内在结构中去寻找事件发生的真正原因。不断出现的环境维权与环境冲突事件为我们在草根层面上理解普通民众参与环境政治及其带来的影响提供了一个独特的机会。

2. 社会运动的政治机会结构理论视角

政治机会结构理论产生于20世纪70年代，是西方社会运动理论逐渐从资源动员理论中分化出来的一个理论流派，主要用来解释某个社会运动之所以产生的外部政治环境，关注政体为社会运动者提供了哪些机会空间。尽管目前该理论遭遇了研究“瓶

---

① 应星：《草根动员与农民群体利益的表达机制——四个个案的比较研究》，《社会学研究》2007年第2期，第3页。

颈”，但在解释社会运动的外部条件方面仍然是其他理论所无法替代的。在研究农民抗争事件时会发现，同样是污染造成了生存环境被破坏，有些地区出现了抗争，而另一些地区的受害者选择了沉默；有些地区的抗争取得了成功，另一些地区却遭遇到了失败，为何会有不同的行动格局和行动结果？政治机会结构理论可以提供很好的解读。

（二）个案研究方法

个案研究法（case study）是指系统地研究个人、团体、组织或事件，以获得尽可能多的相关资料。梅里安（Merriam）列出了个案研究的四个特性：第一，特殊性（particularistic）。指个案研究着重于一种特定的情况、事件、节目或现象，从而有助于研究现实中富有社会意义的问题。第二，描述性（descriptive）。个案研究的最终成果是一份关于研究课题的详细描述报告。第三，启发性（heuristic）。个案研究启发人们认识研究对象，寻求新的解释、新的观点、新的意义和新的见识。第四，渐进性（inductive）。多数个案研究运用归纳推理的方法检查和审视资料。许多个案研究的目标在于发现新的关联，而不是证明现存的假设。[①]

为了探讨农民环境抗争的内在动力机制，笔者选择了典型个案进行深入调查，力图用所谓“深描”性的“解读”来展示过程—事件的进展状况，以尽量再现当时农民们进行环境抗争的生态环境。本书所涉及的资料是笔者于2009年暑期赴P市调研时获得，主要内容涉及对N村的实地考察、与维权精英近5个小时的访谈录音以及笔者向维权精英和村民索取的一部分文字资料，其中包括52份儿童血检报告单，维权代表张思明等在2008年10月~2010年1月期间所写的网络日志16篇和举报材料3篇。另

① 转自童文莹《中国突发公共卫生事件管理模式研究》，社会科学文献出版社，2012，第37页。

外，笔者收集了 2008 年 10 月 ~2009 年 2 月媒体对 N 村铅中毒事件的 14 篇报道，作为实地所获得的材料的佐证和补充。2010 年 8 月，笔者对其中没有弄清楚的事实再赴 P 市，对维权精英又进行了两个多小时的访谈并做了录音。在调研和搜集资料的过程中，笔者遇到了两大难以克服的困难。一是调研因触及地方政府牺牲环境而追求经济业绩的敏感神经，因此很难得到政府机构与涉入企业的配合。笔者的一个学生家长是 P 市环保局副局长，原想通过他能掌握一些资料，但取得联系之后遭到拒绝。对方的回答是此事刚刚平息不久，环保局内部所有人对此都闭口不谈，他们不想有外人介入而再掀波澜。笔者的访谈甚至难以获得最基层的村主任的配合。当笔者面对村主任本人时，她竟然否认自己的身份，让笔者直接到市里找市委宣传部去打听相关事宜。二是无法现场体验农民的环境维权状况。于建嵘在谈到“实证研究”问题时说：无论教科书上如何界定实证研究，它绝不是靠从报刊上收集数个案例作为“论文”的填充素材，也不是为了获得“灵感”而到乡下去走马观花。“实证研究，它是一份笔录，是有关全部调研过程的真实记录；它又是一份证据，是对确定事实有效性的判断；它还是一份呈词，是建立在证据基础上的主张和说明。”① 笔者获知 N 村发生了环境冲突是因为媒体对事件的进展做了报道。当笔者深入实地调查之时，事件早已结束，直接观察与记录的良机已经失去，只能依靠当事人的事后回忆，这难免会造成访谈记录与客观事实之间的一定误差。

三　主要创新

第一，对西方学术界有关政治机会结构的研究进行了详细梳

① 于建嵘：《抗争性政治：中国政治社会学基本问题》，人民出版社，2010，第 61 页。

理，在此基础上建构了一个有关中国农民环境抗争的政治机会结构分析框架，并且结合具体个案来分析当前中国农民环境抗争的政治机会结构特征，力图展现农民环境抗争背后的结构性力量，以体现米尔斯所说的“社会学想象力”。

第二，以具体个案探讨了农民环境抗争的内在动力机制。在农民污染危险认知和抗争行动之间的关系方面总结出一些有普遍意义的特征。初次涉及农民环境抗争中的心态问题、认同问题、组织的必要性问题、农民环境维权精英能否被体制收编问题等。此外，能将农民环境抗争置于农民各种维权的背景下进行深入分析，强调环境抗争行为的自身逻辑。

第三，在分析了农民环境抗争的外部政治环境和内在动力机制的基础上，建构了一个从风险预防到危机治理的应急管理模式。

第二章 文献综述

第一节 美国学术界关于草根环境抗争问题的研究

美国草根环境运动始于20世纪70年代末期，一出现便迅猛发展。弗饶登博格和斯太因萨皮尔（N. Freudenberg and C. Steinsapir）认为，有三种因素促成了这种状况的生成。一是二战后美国石化产业的扩张导致环境状况的恶化；二是卡逊等人的著作、“地球日”运动的宣传、反对核能和地上核试验活动的开展、全国性环境组织的出现导致民众越来越认识到环境污染与人体健康之间的关系；三是六七十年代的社会运动在行动策略、组织与领导能力、资源动员等方面带来的帮助。[1]

在草根环境抗争事件增加的同时，美国学术界开始对此类事件予以关注。在80年代初期，从社会学视角研究美国草根环境抗争的成果屈指可数，其中最著名的个案研究是勒凡

① Freudenberg, N. and C. Steinsapir, 1992. “Not in our backyards: The grassroots environmental movement”, In *American Environmentalism: The U. S. Environmental Movement*, 1970 - 1990, eds. Riley Dunlap and Angela Mertig, 27 - 37. Philadelphia: Taylor and Francis, p. 28.

（A. G. Levine）对拉芙运河事件的考察。[1] 从80年代后半叶开始，研究地区性草根环境运动（local grassroots environmental movements or LGEMs）[2] 的成果越来越多。比较重要的有：埃代尔斯坦（M. Edelstein）的《被污染的社区》（1988）[3]、布拉德（R. Bullard）的《迪克西的倾泻：种族、阶级与环境质量》（1990）[4]、邓拉普和墨提格（R. Dunlap and A. Mertig）编著的《美国环境主义：美国环境运动（1970～1990）》[5]、凯博和本森（S. Calbe and M. Benson）的《地区行动：环境正义和草根环境组织的兴起》（1993）[6]、谢弗安（E. Chevian）等人的《严重的境况：人类健康与环境——一份履行社会责任的医学报告》（1993）[7]、沃尔什（E. Walsh）等人的《后院、邻避与焚化炉安

---

① Levine, Adeline Gordon, 1982. *Love Canal: Science, Politics and People*, Toronto: Lexington Books. 对“拉芙运河”事件的中文介绍可参阅 Miranda Schreurs & Robert Percival:《环境危机管理经验研究》，载于《环境科学研究》第19卷增刊，2006；洪大用、龚文娟《环境公正研究的理论与方法述评》，《中国人民大学学报》2008年第6期。

② LGEMs 指在某一特定地区反对某个污染事件的运动，其目标有限，仅限于某个具体的污染问题。比它层次更高的两种集体行动类型是“社会运动”和“抗议圈”（a cycle of protest）。前者通常波及全国范围并涉及正式组织的运作或者有一个松散的成员网络组成的联盟，其目标广泛，并指向重大的社会与政治改革；后者通常由波及不同地区和不同社会部门的多个社会运动构成，反映了特定时期社会运动的范围和程度的扩大与加深。见 Almeida, Paul & Linda Brewster Stearns, 1998. “Political opportunities and local grassroots environmental movements: The case of Minamata”, *Social Problems*, Vol. 45, No. 1, pp. 37－60。

③ Edelstein, Michael, 1988. *Contaminated Communities*, Boulder: Westview Press.

④ Bullard, Robert, 1990. *Dumping in Dixie: Race, Class and Environmental Quality*, Boulder: Westview Press.

⑤ Dunlap, Riley and Angela Mertig, eds., 1992. *American Environmentalism: The U. S. Environmental Movement, 1970－1990*, Philadelphia: Taylor and Francis.

⑥ Cable, Sherry and Michael Benson, 1993. “Acting locally: Environmental injustice and the emergence of grass－roots environmental organizations”, *Social Problems*, Vol. 40, No. 4, pp. 464－477.

⑦ Chevian, Eric, Michael McCally, Howard Hu, and Andrew Haines, 1993. *Critical Condition: Human Health and the Environment: A Report by Physicians for Social Responsibility*, Cambridge: MIT Press.

置：对社会运动理论的启示》（1993）①、萨兹（A. Szasz）的《生态民众主义：有毒废物与生态正义运动》（1994）②、泰勒（B. R. Taylor）编著的《生态抵抗运动：全球激进的民众环境主义的兴起》（1995）③、古尔德、施耐伯格和温伯格（K. Gould, A. Schnaiberg and A. Weinberg）的《地区环境抗争：生产永动机中的公民激进主义》（1996）④、寇奇与克洛尔－史密斯（S. R. Couch and S. Kroll－Smith）编著的《危险的社区》⑤ 等。到了90年代中叶，很多期刊，如《社会问题》（*Social Problems*）、《定性社会学》（*Qualitative Sociology*）、《现代社会学》（*Current Sociology*）、《社会学探索》（*Sociological Inquiry*）、《社会学视野》（*Sociological Perspective*）、《交锋》（*Antipode*）、《美国社会学家》（*American Sociologist*）等都辟有关于草根环境主义的专栏。

弗饶登博格和斯太因萨皮尔从总体层面上对美国草根环境运动的特征做了概括，如草根组织的成立者、抗争过程、策略选择、成员构成、草根环境主义者所共同信奉的观念等，对草根环境运动的成就进行了评估，同时指出了许多草根环境团体从“邻避”（NIMBY）到“力避”（NIABY）的发展趋向。⑥

---

① Walsh, Edward, Rex Warland and D. Clayton Smith, 1993. “Backyard, nimbys, and incinerator sitings: Implications for social movement theory”, *Social Problems*, Vol. 40, No. 1, pp. 25－38.

② Szasz, Andrew, 1994. *Eco－Populism: Toxic Waste and the Movement for Eco－Justice*, Minneapolis: University of Minnesota Press.

③ Taylor, Bron Raymond, ed. 1995. *Ecological Resistance Movements: The Global Emergence of Radical and Popular Environmentalism*, New York: State University of New York Press.

④ Gould, Kenneth, Allen Schnaiberg and Adam Weinberg, 1996. *Local Environmental Struggles: Citizen Activism in the Treadmill of Production*, Cambridge: Cambridge University Press.

⑤ Couch, Stephen Robert and Stephen Kroll－Smith, 1991. *Communities at Risk*, New York: Peter Lang.

⑥ NIMBY是“not in my back yard”的缩写；NIABY是“not in anyone's back yard”的缩写，见N. Freudenberg and C. Steinsapir, 1992。

根据笔者的初步阅读，美国学术界对于草根环境运动的研究可以归纳为以下几个方面。

一　有关草根环境组织的探讨

20世纪70年代末，美国出现了抵制环境污染的草根团体。自1978年美国第一个草根环境组织——尼亚加拉瀑布市（Niagara Falls）拉芙运河社区的"拉芙运河业主协会"（Love Canal Homeowners Association or LCHA）成立之后，为抵制环境污染而成立的市民团体如雨后春笋般涌现。这些组织的具体数目不详。总部设在波士顿、为全国各地草根组织提供技术支持的"美国有毒物质运动"（the National Toxic Campaign or NTC）的通讯录中列有1300个草根环境团体；拉芙运河社区抗争领袖吉布斯于1981年成立的全国性组织"公民危险废物信息交换所"（Citizens' Clearinghouse on Hazardous Wastes or CCHW）则声称与全国7000个保护社区免受污染危害的团体共事。[①]

谢莉·凯博和迈科尔·班森（Sherry Cable and Michael Benson）讨论了草根环境组织的形成与"环境不公"（environmental injustice）之间的关系。两位学者认为，环境问题出现之后，污染受害者通常会向政府部门反映情况，希望政府能够帮助他们解决问题。在与政府交涉的过程中，受害者对政府日益感到失望，认为政府的法定程序不能解决问题，因而越来越感受到"环境不公"。他们认识到，只有自己联合起来抗争，才可能摆脱困境，草根环境组织由此应运而生。典型个案是肯塔基州东南的"黄溪谷"（Yellow Creek Valley）居民于1980年成立"关注黄溪的公民们"

① Freudenberg, N. and C. Steinsapir, 1992. "Not in our backyards: The grassroots environmental movement", In *American Environmentalism: The U. S. Environmental Movement*, 1970 - 1990, eds. Riley Dunlap and Angela Mertig, 27 - 37. Philadelphia: Taylor and Francis, pp. 28 - 29.

(Yellow Creek Concerned Citizens or YCCC)。此外，美国法律文化正孕育一种新的基本准则——“终极正义”（total justice）。这一基本准则构成了草根环境组织纷纷出现的深层文化背景。科技进步和生活水平的提高为“终极正义”的产生提供了社会基础，因为科技进步使生活变得更加可以预测和得到控制，而经济上获得了保障则使人们不大愿意容忍企业打着经济繁荣的旗号而恣意妄为。人们现在不再认为那些由工业事故、有毒食品，以及环境污染等带来的痛楚与苦难是生活中不可避免的，因此希望对企业行为进行进一步规制。在这种背景下，美国人越来越接受将企业的不端行为定性为犯罪，有关企业环境刑事责任的法律也在酝酿。[①]

艾蕾、傅奥佩尔和贝蕾（K. D. Alley，C. E. Faupel and C. Bailey）以亚拉巴马州萨姆特县（Sumter）的一个小型环境组织——“追求洁净环境的亚拉巴马人”（Alabamians for a Clean Environment or ACE）为例，讨论了草根环境组织的转型问题。他们发现，当草根组织与全国性组织建立联系之后，并没有走向官僚化和制度化，而组织成员资源动员能力的增强也没有使组织更加强大，相反，却使组织的凝聚力降低并最终趋于瓦解。ACE 本是一地方性草根环境组织，因为其频繁的环境抗争活动引起了一些全国性组织，如绿色和平组织、西拉俱乐部（Sierra Club）、公民危险废物信息交换所等的注意。这些组织为 ACE 提供了更广阔的活动空间、资源、信息、技术、活动策略、法律建议、媒体宣传、政治游说援助等，ACE 的主要人物也因频频亮相和媒体的宣传而成为全国性的知名人物。由于组织领袖积极介入跨地区的环境组织事务并相继加入另一全国性组织，ACE 终因元气大伤而解体。[②]

---

① Cable, Sherry & Michael Benson, 1993. “Acting locally: Environmental injustice and the emergence of grass - roots environmental organizations”, *Social Problems*, Vol. 40, No. 4, pp. 464 - 477.

② Alley, Kelly D., Charles E. Faupel and Conner Bailey, 1995. “The historical transformation of a grassroots environmental group”, *Human Organization*, Vol. 54, No. 4, pp. 410 - 416.

诺里斯和凯博（G. L. Norris and S. Cable）涉及了草根环境组织的发展路径问题。他们认为，20 世纪 60 年代以来，美国社会涌现出很多基于社区的草根运动组织，这些组织的生命周期由四个阶段构成：第一是动员与招募成员。草根组织产生于社会地位阶梯中的下层人员，因为他们最容易遭遇到不平等或者非正义。悲愤情感因为某个强化事件（如技术事故等）而凝聚并进而催生了草根组织的形成。这时候的草根组织是由非精英组成并且采取民主的组织结构。第二是组织成员请求精英解决问题。他们决策方式民主，采取抗议、请愿、宣传等方式对精英的统治构成了一定的挑战，但他们的目标只是要解决特定问题，而不是要求更大范围的政策变革。第三是诉讼。当草根组织成员的解决特定问题的要求没有得到满足时，他们的不满往往超越孤立的地方性问题而与更广泛的不公正感受联系在一起。但诉讼对草根组织不利，因为诉讼策略使组织成员的行动特征由招募与对抗转变为筹集赠款和出席听证会。这样一来，很多人觉得留在组织里不起多大作用因而纷纷退出，留下来的人则志愿变成了组织的全职工作者。第四为转型。与米歇尔斯（R. Michels）认为组织人数的增多必然带来寡头统治①的观

① 米歇尔斯认为，组织的发展与规模增长必然导致寡头统治的出现。他的基本逻辑是：从结构上看，组织规模越来越大之后，通过成员普遍参与来解决组织内部所有纷争，无论在技术上还是机制上都是不可能的。这样，代表制便应运而生。组织的决策被认为是只有领导者才具备的才能，这一权力逐渐集中于领袖，导致领袖从原初的“公仆”变成大众的主人；从智识上看，领袖所受到的正规教育和实践中积累的领导技能对于普通组织成员而言是没有机会或能力获得的。工作、家庭等私人事务占据了普通大众的大部分时间和精力，许多需要做出决断的公共事务只能激起极少数人的兴趣，这使他们在政治领域内常常表现出一种普遍的无能状态。领袖的权威由此获得理论上和实践中的正当性依据；从心理层面看，获得权力和长期在位将使领袖的心理发生根本性转变，他们往往变得日益自负，产生过高评价自己能力的本能冲动。在潜藏于每个人心灵深处的权力意志的激发下，获得权力的人总是想方设法巩固并扩大自己的权力，采取各种手段维护自己的领导地位，领导层由此形成封闭的小型寡头集团。详见罗伯特·米歇尔斯《寡头统治铁律——现代民主制度中的政党社会学》，任军锋等译，天津人民出版社，2003。

点相反，草根运动组织人数的减少导致了寡头政治，因为组织的权力落在了少数全职的志愿者手中，而组织的目标也常被置换为相对保守的议题。两位作者发现，他们所考察的对象——田纳西州考克县（Cocke）的一个环境组织“死亡的鸽子河委员会”（the Dead Pigeon River Council or DPRC）与上述发展方向正好相反。起初，这个组织是由关注旅游发展和工业投资环境的社区精英发起成立，采取非正式组织结构，但拒绝招募草根会员，权力和决策非常集中。后来由于核心成员在组织发展策略问题上产生分歧，DPRC 最终瓦解，少数成员另行组织了一个面向草根的民主组织——“追求洁净环境的美国人”（Americans for a Clean Environment or ACE）①。

草根环境组织精英的发展趋向问题引起了一些学者的关注。参加抗争前，很多草根环境组织的精英并不是政治活跃分子，如“拉芙运河业主协会”的领袖路易斯·吉布斯（Lois Gibbs）原先只是一名不关心政治的家庭主妇。推动她成为环境积极分子的原动力是她的两个孩子因污染得了非常严重的疾病。后来她成立 CCHW，为其他地区的公民团体提供援助。同样，新泽西州南布隆斯维克某社区的环境抗争领袖弗兰克·卡勒（Frank Kahler）原先也只是一个不关心政治的画家，因为附近一所有毒物质倾泻点污染了社区的水源，他的家人健康状况日趋恶化，卡勒由此卷入了环境抗争并逐渐成为一名政治活动家。抗争经历了三个阶段：找相关负责机构、参加市政会议、到法院发起诉讼。在每一个阶段，卡勒所经历的事实都与他原先的政治信念（如民主政治体制为人民谋利益，法院是正义原则的体现等）发生了冲突，这使他逐渐认识到了美国权力机制运作的真相并进一步形成了批判性的

① Norris, G. Lachelle & Sherry Cable, 1994. “The seeds of protest: From elite initiation to grassroots mobilization”, *Sociological Perspectives*, Vol. 37, No. 2, pp. 247 - 268.

政治姿态。环境抗争胜利之后，卡勒没有重新做一个普通人，而是继续活跃于政治舞台，如在大学和社区组织中演讲，领导正义斗争，帮助像他一样的人认识有毒废物的危害及政治权力的滥用等。[①]

克劳丝（C. Krauss）认为，社区环境抗争以及抗争精英形成积极参与的民主意识，这是由美国政治生活的结构矛盾所导致的。美国政治体制在同时追求两种相互冲突的目标：一是干预私人经济，推动资本积累和经济增长；二是以民主原则为自己的权力提供合法性。但是，国家干预只会对少数人有利，与民主是相矛盾的。为了模糊积累与合法性的冲突，国家拿出的解决方案是：①向公众允诺承担积累所带来的经济与社会成本，如失业、通货膨胀、邻里社区的恶化、环境污染等等。这种允诺造成了民众这样一种心理预期：国家会保护他们不受私人经济的不当伤害。换言之，国家通过扩大了民主预期的方式弥补了它对私人经济越来越多的干预。②维持民主的表面形式，将被动参与（即将公民的作用限于每年参与投票）制度化，以此“能确保大多数人的忠诚但避免实质性参与”。政治生活的官僚化（即将高度政治决策限定为技术与行政问题）使积极的民主参与进一步受到限制。被动的公民状态不可能总是能成功维持。当私人经济侵犯了社区民众利益之后，国家自己造就的民主心理预期会引导民众寻求政府的支持。一旦出现这样的状况，国家追求的两种目标的内在矛盾便立刻暴露无遗。社区抗争精英在感受到国家权力的实际运作与其合法性宣称的不一致之后，便会形成对民主政治体制的批判性视角，并因此而积极介入民主生活，而不是仅仅充当一个

① Krauss, Celene, 1988. “Grass – root consumer protests and toxic wastes: Developing a critical political view”, *Community Development Journal*, Vol. 23, No. 4, pp. 258 – 265.

被动的投票者。[①]

二 草根环境抗争的内部动力机制与外部政治环境

E. 沃尔什、R. 华兰德和 D. C. 史密斯（E. Walsh，R. Warland and D. C. Smith）通过对比费城和蒙哥马利县建造垃圾焚烧厂所遭遇的不同抵抗透视民众环境抗争的内在动力机制。20 世纪 80 年代，两地民众同样掀起过反对建造垃圾焚烧厂的斗争，但费城地区反对成功，而蒙哥马利地区反对失败。作者认为，只有综合考察个体行动者、团体，以及更大的社会结构之间复杂的相互作用，才能理解为何两地会有不同的抗争结果：从结构条件上讲，南费城地区不是一个单独的政治实体，因此垃圾焚烧厂的建造没有特别的赔偿，这就使费城人接受焚烧厂缺乏经济上的刺激。从组织层面上讲，费城民众有过前期组织抗争的经历。此外，很多外来人员如全国反焚化炉发言人、地区自助学会成员、绿色和平组织成员、环境保护基金会成员等卷入抗争，他们使费城环境抗争在政客及公众中获得了合法性。从个人层面上讲，费城抗争中出现了专职活动家，使抗争

① Krauss，Celene，1989. “Community struggles and the shaping of democratic consciousness”，*Sociological Forum*，Vol. 4，No. 2，pp. 227 – 239. 克劳丝在宏观层面上论述了美国社区环境抗争以及抗争精英形成积极民主意识的原因，笔者从微观层面上将其思想更形象地表述如下：政府公开宣称实行民主原则，帮助民众解决问题。但是，当你的环境受到企业污染之后，你去找政府，公共卫生局或环保局的人说：“你们社区的环境没什么污染，水、空气、土壤的检测结果都是合格的。”你去找议会，议员们说：“我们不会在污染问题上采取行动，这是要过上更好的生活所必须付出的代价。”你去法院起诉，法院告诉你：“案件审理要花一大笔钱，要审理很长时间，另外，你还要找专家提供证据。”结果，大部分专家可能因各种原因不愿意帮你，你好不容易花钱聘请了一个专家调查取证并在法庭上为你的陈述提供支持，但是，企业却聘请了数名专家进行反驳。最后，法院判你败诉。其中的一个理由是：“你是一个环境科学的外行，由于你及你的邻居们不懂环境知识，所以，周边环境的污染在很大程度上是你们自己造成的。”在经历了这些挫折之后，你原先所接受的一些政治理念可能会彻底改变，并因此以一种批判性的视角看待现实权力运作机制。

获得了市议员的支持，由此可以在市议会及“邻避”之外推动抗争，抗争被提升到整个城市层面上的争执。此外，费城抗争的行动框架中引入了宣扬再循环思想，由此获得了更多民众的支持。与费城相反的是，蒙哥马利县拥有更集权的政治结构和支持焚烧厂建设的官员；市民没有前期组织抗争的经验；抗争者遇到了一个强劲的对抗性法官；此外，蒙哥马利县抗争者在地理上集中于普利茅斯镇（Plymouth），他们只是一味抵制建造焚烧厂，因此给人一种自私的“邻避”形象。作者最后强调，与静态的变量（如抗争社区的社会经济状况、组织化程度、不满程度、地区对项目的支持、企业规模等）相比，动态的变量（如抗争出现的时间、行动者的指导框架等）对抗争的结果可能更有意义。①

当单一的环境议题不足以激起民众的兴趣时，如何才能吸引民众加入环境抗争的行列？加德纳和格瑞尔（F. Gardner and S. Greer）以加州南部艾肯县（Aiken）民众的环境抗争经验为例对这一问题做了回答。领导抗争的是一个州级经济正义组织“卡罗莱纳州公平雇佣联盟”（Carolina Alliance for Fair Employment or CAFE）设在加州的一个支部，环境抗争的直接目标是要求污染企业对一个约300英亩（合1214058平方米）的池塘进行清污。池塘的污染并没有对公众健康带来直接的或大范围的威胁，因此，如果仅以污染问题进行动员，效果必定有限。况且，在要求企业清污的过程中，CAFE还面临着双重压力：一是企业会以停产加以胁迫，使一些当地人失去收入来源和工作机会；二是当地商会的警告——如果在清污问题上逼得太紧，他们可能失去美国赛艇队为备战亚特兰大奥运会将池塘作为训练场所带来的经济发展机遇。在这种情况下，CAFE之所以能获得持久抗争动力和广泛的支持，是因为它将环境抗争与其他

① Walsh, Edward, Rex Warland and D. Clayton Smith, 1993. “Backyards, NIMBYs, and incinerator sitings: Implications for social movement theory”, *Social Problems*, Vol. 40, No. 1, pp. 25 – 38.

经济正义斗争，如工人权利、公平就业、反对腐败等结合在一起，同时在成员中构建了多种族的“劳动人民”（working people）的认同。[①] 换言之，CAFE 在其他很多问题上帮助“工人大家庭”（working families）的兄弟姐妹们，并且反对种族主义，（黑人）兄弟姐妹们当然会在环境问题上支持 CAFE。

一些学者注意到了外部政治环境对草根环境抗争产生的影响。如艾蕾（K. D. Alley）等人指出，20 世纪 80 年代早期，里根政府的反环境主义姿态导致美国全国性环境组织的规模与影响扩大，但这些组织倾向于诉讼、政治游说以及技术评估等行动策略，而不是动员大众进行游行示威和签名请愿等，这种行动策略选择使环境组织对特定社区的需求不能做出有效回应，这是“追求洁净环境的亚拉巴马人”（ACE）加入全国性环境组织网络之后趋于衰落的一个重要原因。[②]

从外部政治环境角度探讨草根环境抗争的典型研究成果是阿尔梅达和斯蒂恩斯（P. Almeida and L. B. Stearns）对日本水俣病事件的考察。作者发现，20 世纪 50 年代后半叶到 60 年代初，水俣病患者环境抗争的政治机会非常有限，各级政府都倾向于企业，他们所能获得的唯一外部联盟——熊本大学的研究者后来也因政府压力而退出。到了 60 年代中叶，政治机会扩大。1967 年，日本政府颁布《环境污染控制基本法》，中央政府机构内部在污染问题上产生分裂，而主张环境保护的候选人在地方选举中纷纷获胜；与此同时，全国性的反对污染运动兴起，科学家、劳工、学生、文化工作者、媒体等都对水俣病事件给予了关注。60 年代末到 70 年代中叶，政治机会达到最高点。污染引发了国家的合法

---

① Gardner, Florence and Simon Greer, 1996. “Crossing the river: How local struggles build a broader movement”, *Antipode*, Vol. 28, No. 2, pp. 175 – 192.

② Alley, Kelly D., Charles E. Faupel and Conner Bailey, 1995. “The historical transformation of a grassroots environmental group”, *Human Organization*, Vol. 54, No. 4, pp. 410 – 416.

性危机并促动“污染会议”的召开。政府通过了13条新的环境法规，1971年设置了环境省，1973年又修订了《赔偿法》。70年代中叶之后，政治机会逐渐消失，政企精英围绕持续增长政策再度联手；此时，全国性反污染运动消退，而民众大多相信政府已经对水俣病问题做了处理。不同的政治机会对水俣病患者的“扰乱性策略”效果产生了重大影响，也直接决定了他们的环境抗争结果。①

三　妇女与草根环境抗争

美国很多社区的环境抗争中都活跃着女性的身影，女性甚至占据着领导者的地位，这是美国草根环境抗争的一大特色。根据美国“环境健康网络”（the Environmental Health Network or EHN）的估计，在地区以及州级抗议有毒废物的团体中，女性积极分子占了70%，在国家级团体中，女性积极分子也占30%的比例。这些数字或许还低估了女性在社区环境抗争中的实际活跃程度。②长期以来，在美国占支配地位的社会与政治意识形态将政治与公共领域看作男性的专利，而女性的关注点主要集中在家庭和私人领域，③女性在环境抗争尤其是抗议有毒废物运动中的活跃身影与她们传统的角色形象形成了鲜明的反差。在这种情况下，妇女与草根环境抗争之间的关系便引起了学术界越来越多的关注。

女性是否比男性更加关心环境问题？美国学者在这个问题上存

---

① Almeida, Paul and Linda Brewster Stearns, 1998. “Political opportunities and local grassroots environmental movements: The case of minamata”, *Social Problems*, Vol. 45, No. 1, pp. 37 – 60.

② 转自 Brown, Phil and Faith I. T. Ferguson, 1995. “‘Making a big stink’: Women's work, women's relationships, and toxic waste activism”, *Gender and Society*, Vol. 9, No. 2, pp. 145 – 172, 149。

③ Elshtain, J. B., 1981. *Public Man, Private Women: Women in Social and Political Thought*, Princeton University Press.

在分歧。勒凡（Levine）[①]、麦克斯特与邓拉普（J. R. McStay and R. E. Dunlap）[②] 等人认为，女性因为“母性特质”（motherhood）而比男性更加关注环境问题。哈密尔顿（L. C. Hamilton）对新罕布什尔州的米尔福德（Milford）社区[③]、马萨诸塞州的爱克屯（Acton）社区和佛蒙特州的威廉姆斯堂（Williamstown）社区的污染事件[④]的研究结果支持这一结论。但是，布洛克与艾克伯格（T. J. Blocker and D. L. Eckberg）认为，女性只在地区性环境问题上比男性更为关注，“母性特质”与环境关注之间没有相关性[⑤]；凯博（S. Cable）对肯塔基州黄溪谷社区的研究则发现，污染并非只是妇女们关心的问题，男性对污染同样关注，此外，“母性特质”对污染抗争动员的影响同样缺乏证据。[⑥] 也许，性别与环境关注之间可能不存在直接关系，需要借助于一些中介变量才能发生关联。[⑦] 笔者在N村调查时发现，当村民们知道自己的孩子因企业污染而铅中毒之后，父亲至少和母亲一样焦虑万分。

凯博基于“黄溪谷”的YCCC个案，讨论了“结构自主性”

---

① Levine, Adeline Gordon, 1982. *Love Canal: Science, Politics and People*, Toronto: Lexington Books.

② McStay, J. R. and R. E. Dunlap, 1983. “Male - female differences in concern for environmental quality”, *International Journal of Women's Studies*, Vol. 6, pp. 291 - 301.

③ Hamilton, Lawrence C., 1985. “Who cares about water pollution? Opinions in a small town crisis”, *Sociological Inquiry*, Vol. 55, No. 2, pp. 170 - 181.

④ Hamilton, Lawrence C., 1985. “Concern about toxic waste: Three demographic predictors”, *Sociological Perspectives*, Vol. 28, No. 4, pp. 463 - 486.

⑤ Blocker, T. Jean and Douglas Lee Eckberg, 1989. “Environmental issues as women's issues: General concerns and local hazards”, *Social Science Quarterly*, Vol. 70, pp. 586 - 593.

⑥ Cable, Sherry, 1992. “Women's social movement involvement: The role of structural availability in recruitment and participation processes”, *The Sociological Quarterly*, Vol. 33, No. 1, pp. 35 - 50.

⑦ 洪大用、肖晨阳基于2003年中国综合社会调查的数据指出，在中国社会背景下，性别与环境关心之间发生关联是通过“环境知识水平”这一重要中介变量。详见《环境关心的性别差异分析》，《社会学研究》2007年第2期。

(structural availability) 对于妇女参与草根环境抗争的作用问题。所谓“结构自主性”，是指不存在其他一些会限制个体卷入社会运动的责任与义务。如果一个人卷入大量的社会事务，那么，他就没有时间和精力参加社会运动了。作者发现，“结构自主性”不仅影响了草根环境组织的成员招募（有大量空闲时间和精力的妇女是 YCCC 最初的招募对象），而且改变了妇女的参与性质和性别角色分工。男子们平时必须忙于各自的工作，这就把拥有“结构自主性”的妇女推向了 YCCC 组织工作的前台。她们承担了本应由男子承担的任务，如开会并发言、参加听证、与媒体接触、健康调查等。这些行为提升了妇女的自信和责任感，加深了妇女对自身的认知，并改变了她们传统的女性角色形象。①

克劳丝（C. Krauss）强调性别、阶级和种族背景对于妇女卷入有毒废物抗争的影响。首先，她强调妇女抗争有毒废物的活动与“主流”环境运动之间的差别。后者主要由中产阶级男性控制，所关注的问题对她们而言过于遥远；妇女卷入环境抗争的最初动力来自她们传统的性别角色行为，即对于家（庭）和孩子的关注。其次，环境正义观在不同阶级和种族的妇女那里是不一样的：白人工人阶级妇女对于环境正义的定义根植于阶级议题。她们一开始对民主体制非常信任，但当政府未能保护她们的家人时，她们感受到了失望、背叛和伤害。于是，传统的民主价值观和“母性特质”转化为抗争的资源。她们宣称：抗争是实现真正的民主和保护自己孩子的途径。黑人妇女则将环境正义与种族主义联系在一起，有毒废物抗争被置于一个更宽泛的政治背景中并且被看成是环境种族主义。她们要求解决的不仅是污染问题，还有其他社会不公，如工作、住房、犯罪等。印第安妇女卷入有毒废物抗争是基于土著人的权益，同时融入了印第安文化因素。印

---

① Cable, Sherry, 1992. “Women's social movement involvement: The role of structural availability in recruitment and participation processes”, *The Sociological Quarterly*, Vol. 33, No. 1, pp. 35 - 50.

第安人赋予土地的意义和对大地母亲的宗教信仰成为妇女们抵制垃圾填埋场的重要文化资源。①

布朗和佛古森（P. Brown and F. I. T. Ferguson）探讨了抗议有毒废物运动中的性别问题，他们认为学术界的相关研究只是集中于个案考察，没有人从总体上把握抗议有毒废物的女性活动家的特征。两位作者首先对两个层面上的研究状况进行梳理，一是地区行动主义（activism）的个案研究，二是有关环境关注的性别差异的态度调查成果。借助于这些研究成果，他们从"认知方式"的视角追溯了女性在抗议有毒废物运动中的行动主义的根源。在认知方式上，女性更倾向于以"文化理性"（cultural rationality）反对"技术理性"（technical rationality），即她们主要关注个体的痛苦、被破坏的关系、日常经验、对健康后果的直接感知等。她们主要依靠日常生活中的"主观感知"而非"客观理性"提出各种观点。社会对于女性的文化偏见给女性的抗争带来很大的困难，仅仅因为自己的性别和家庭主妇的身份，女性的声称被忽视，她们从事有关健康与疾病研究的主体身份受到嘲笑，她们在科学面前被区别对待。但是，正是特定的认知方式和作为家庭主要照料者这种社会角色要承担的责任和义务促使女性勇敢地面对社会的质疑。她们借助于"大众流行病学"研究逐渐把自己变成一个"认知者"（knowers），为自己培力，并促进社区变迁。②

四　简要评论

美国虽然崇尚自由与民主原则，但国家站在企业背后支持经

① Krauss, Celene, 1993. "Women and toxic waste protests: Race, class and gender as resources of resistance", *Qualitative Sociology* Vol. 16, No. 3, pp. 247 - 262.

② Brown, Phil and Faith I. T. Ferguson, 1995. "'Making a big stink': Women's work, women's relationships, and toxic waste activism", *Gender and Society*, Vol. 9, No. 2, pp. 145 - 172.

济增长并由此带来环境污染，这一点与其他国家非常相似。美国政府在污染受害者奋起抗争的过程中也总是敷衍、推诿，甚至阻挠。但相比而言，美国民众在工业项目的建设与生产过程中有更高的参与度，如项目的选址必须有一个与当地民众协商的过程，建设前后要有各种听证会等等。公民对于环境决策的逐步参与既是草根环境组织追求的目标，也是他们不断抗争的结果。

美国草根环境抗争的最大特色是各个层面的环境组织相当发达。既有数量众多的基于社区的小型草根组织，也有小组织联盟构成的中层组织，如新泽西州的“草根环境组织”（Grass Roots Environmental Organization）、纽约州的“公民环境联盟”（the Citizens Environmental Coalition）、加利福尼亚州的“硅谷有毒物质联合会”（the Silicon Valley Toxics Coalition），以及“得克萨斯人联盟”（Texans United）等，还有全国性的环境组织。美国允许社区民众成立环境抗争组织，这有利于整合社区的各种资源，也有利于各地草根组织之间的相互交流，无疑对增强社区居民同污染制造者抗争的能力大有帮助。美国妇女之所以能在草根环境抗争中非常活跃，也与社区能够建立环境抗争组织有很大的关系。

美国草根环境抗争的另一个特点是，很多社区的环境抗争明显带有追求“环境公正”（environmental justice）[①] 的色彩，因为有毒废物设施大多建在工人阶级、低收入群体、有色人种等所在的社区。这样一来，环境抗争就与阶级、种族等问题联系在一起。从底层视角对“环境公正”问题进行审视的代表性研究是谢娜·福斯特（Sheila Foster）对宾夕法尼亚州切斯特（Chester）社区的考察。该社区以穷人和黑人为主，社区居民极力抵制各种

① 洪大用和龚文娟认为，如果仅仅从伦理学角度，environmental justice 可以译为“环境正义”，因为“正义”强调的是道义上的选择和行为，以道德力量为支撑；但如果从社会学角度研究，应该将环境问题纳入社会结构和过程之中加以考察。如此一来，“公正/社会公正”作为社会学的主流概念比“正义”更加合适。详见洪大用、龚文娟《环境公正研究的理论与方法述评》，《中国人民大学学报》2008 年第 6 期。

商业垃圾设施的涌入。[①] 有些草根环境组织的领袖拥有早期社会运动的经验，这使他们很容易将两者相结合。

第二节 国内相关研究

一 关于农民维权的研究

农民的维权抗争最初作为影响农村社会稳定的因素而受到关注，时间集中在20世纪90年代后半期，[②] 但这些研究因为总体上的非实证性质而对农民维权的学理性推动意义不大。真正从实证的角度研究农民维权问题的代表性学者有于建嵘、应星、吴毅、董海军、折晓叶等人。

于建嵘主要的研究对象是湖南农民，其主要的研究成果包括：《农民有组织抗争及其政治风险——湖南省H县调查》《当前农民维权活动的一个解释框架》《岳村政治：转型期中国乡村政治结构的变迁》《终结革命：背弃承诺抑或重构价值——解读20世纪中国工农运动》《当代中国农民的维权抗争——湖南衡阳考察》等等。在这些成果中，于建嵘一方面试图改变早期相关研究者只有泛泛之论的状况，另一方面力图进行当代中国农民维权抗争的学术建构。由于深受李连江教授的影响，于建嵘在其“依法抗争”的解释路径基础之上进一步提出了“以法抗争”的解释性框架，并且从发展和变迁的视角提出，自20世纪90

---

① Foster, Sheila, 1998. “Justice from the ground up: Distributive inequities, grassroots resistance, and the transformative politics of the environmental justice movement”, *California Law Review*, Vol. 86, No. 4, pp. 775 – 841.

② 如张厚安、徐勇：《中国农村政治稳定与发展》，武汉出版社，1995；方江山：《非制度政治参与——以转型期中国农民为对象的分析》，人民出版社，2000；程同顺：《当代中国农村政治发展研究》，天津人民出版社，2000，等等。

年代以来，中国农民的反抗相继经历了以“弱者的武器”进行“日常抵抗”到“依法抗争”再到“有组织抗争”或“以法抗争”的过程。①

也许湖南农民在维权活动中的组织性确实很强，但是，于建嵘对组织的过于强调以及将农民维权活动简单政治化和激情化的倾向受到了学术界的质疑，如应星认为，以成立组织的形式进行维权活动目前仍然具有“合法性困境”，因此，农民维权行为表现出了非政治化和弱组织化的特征。② 吴毅同意应星关于非政治化是农民维权的基本特征的观点，但同时认为，由“合法性困境”为基点推导出农民维权的弱组织和非政治化特征与于建嵘的激情化想象一样，在思维逻辑上都陷入了“民主—极权”这一泛政治化陷阱。转型的中国政治表现出了复杂性与过渡性特征，现实中利益表达机制的制度化建设、政治文化开放以及“和谐社会”建设等极大地舒缓了农民对维权活动合法性的忧虑，因此，“合法性困境”将更多复杂和场景化的维权经验片面化了。事实上，农民利益表达之所以难以健康和体制化成长，更直接导因于乡村社会中各种既存“权力—利益的结构之网”的阻隔。③

应星的《大河移民上访的故事》是一部以农民集体上访为研究对象的学术性专著。它要“通过对平县山阳乡长达20多年的移民上访及政府摆平过程的细致展现，来揭示当国家与农民在土地下放、人民公社制度瓦解后的新时期发生集体上访这样的正面

---

① 于建嵘：《当前农民维权活动的一个解释框架》，《社会学研究》2004年第2期。

② 应星：《草根动员与农民群体利益的表达机制——四个个案的比较研究》，《社会学研究》2007年第2期。

③ 吴毅：《“权力—利益的结构之网”与农民群体性利益的表达困境》，《社会学研究》2007年第5期。

遭遇时，权力是如何在自上而下和自下而上的双向实践中运作的”[①]。由于水库移民具有群体特殊性，而且，应星所研究的上访只是农民抗争的一种表现形式，因此，他的研究结论和解释范围必然带有很大的局限性。

在其后的研究中，应星将自己的关注对象延伸到农民群体的利益表达问题上。他区分了“群体性事件”和“群体利益的表达行动”两个概念，认为前者是那些发生了明显的暴力冲突，出现了严重的打砸抢烧等违法犯罪行为的群体行动；后者是采用法律法规所允许的或没有明确禁止的方式来表达意愿的群体行动。[②]应星在这两种不同类型的集体行动方面都有重要的研究发现。

首先，“气场”是“群体性事件”的重要发生机制，它包括6个层面，即结构问题层、道德震撼层、概化信念层、次级刺激层、情境动员层、终极刺激层。结构层的“气”由“结构性利益失衡”造成，并且弥散在事发地区。由于没有“足够充分的利益诉求机制”，同时“安全阀”制度缺乏，加上基层政府处理利益纷争习惯于使用高压手段，利益受到损失或威胁的群体在心中积累的怨气无法通过制度化手段释放，只能寻求非制度化的释放时机。在道德震撼层，由于某个具有“道德震撼”性质的事件爆发，使弥散之气凝聚。“概化信念”是人们对某个社会问题的归因和共同认识，它与事件的真相无甚关联，而是对既有的结构性怨恨和相对剥夺感的提升。次级刺激指处置者的言行失当引爆了已经处于高压状态的“气”。原先有正当性的道德震撼转变为失去正当性的情绪发泄。情境动员层的动员不是依靠草根精英，而是直接通过人群聚集的场景，通过群众的情绪感染和行为模仿自发完成。人多时所获得的力量感，以及意识到“法不责众”的去责任感等

---

① 应星：《大河移民上访的故事》，生活·读书·新知三联书店，2001，第314页。

② 应星：《草根动员与农民群体利益的表达机制——四个个案的比较研究》，《社会学研究》2007年第2期。

都使集群表现出一些群体特有的情绪和行动。在终极刺激层，政府临场处置的失当、不及时、控制不力，或者控制过头都会导致“气”以大规模骚乱的方式彻底释放。[①] 尽管从总体而言，当代中国乡村集体行动再生产的基础并非利益或理性，而是以“气”为表现形式的伦理，[②] 但维权行动中的“气”受到了某种程度的控制，而群体性事件中有节制的“气”则扩展为失控的“气场”。

其次，在农民群体利益表达方面，应星发现，这种集体行动类型往往都有“草根行动者”的“草根动员”过程。草根行动者作为农民群体利益代表具有两面性，一方面固着于底层，但行动逻辑有时又更接近于精英类型。由于有“草根动员”，农民群体利益表达机制在表达方式的选择上本着实用主义精神交替使用各种方式，因而具有权宜性；在组织上具有双重性，农民群体利益表达行动既可能自发出现，草根行动者的出现也可能使之具有“弱组织化”特征；在政治上具有模糊性，农民群体利益表达行动如果控制不好，容易演化成较严重影响社会稳定的群体性事件，而草根行动者的存在有利于防止这种演化的发生。[③]

董海军和折晓叶的研究涉及了农民维权活动中的行动策略问题。董海军认为，研究农民维权抗争能够反映社会弱者的维权抗争的机制。研究者往往落入俗套地强调强势者力量的强大决定作用，而对弱者在维权抗争中的力量却未予以足够重视。实际上，在农民维权过程中，弱者并不必然处于弱势地位，“弱者身份”作为一种符号，也可能被当作维权“武器”来利用。“作为武器的弱者身份”之所以成为可能，是因为弱者身份蕴含着道德潜力，能吸引社会力量的关注和支持；弱者抗争的行为暗含着反抗

① 应星：《“气场”与群体性事件的发生机制：两个个案的比较》，《社会学研究》2009 年第 6 期。

② 应星：《“气”与中国乡村集体行动的再生产》，《开放时代》2007 年第 5 期。

③ 应星：《草根动员与农民群体利益的表达机制——四个个案的比较研究》，《社会学研究》2007 年第 2 期。

不平等，带有伸张正义的意味；从安全性角度看，就算在一定程度上违规，弱者也能享受制度性或政策性庇护。把弱者身份当成武器可以用来将抗争事件“问题化”，在利益表达渠道不通畅的社会现实情境下，可以用来表达自身的利益主张，可以用来为自己“不合规”的行为辩护，也可以博取他人同情并保护自己。①折晓叶提出了“韧武器”概念。她认为，在中国当前政治社会和经济体制条件下，面对非农化压力、城市化暴力和工业私有化运动所造成的不确定的生存和保障前景，农民既不是采取激进的集体行动方式，也不是采取常规的、分散的日常抗争方式，而是运用“韧武器”的基本策略，即采取非对抗性的抵制方式，选择“不给被‘拿走’（剥夺）的机会”的做法，并且借助于“集体（合作）力”的效应，使他们面临的问题公共化，从而获得行动的合法性。对“非正式规则进行正式运作”是农民自下而上解决问题的常用手段。②

以上梳理表明了中国学者的一种学术愿望，即力图在研究农民维权抗争的基础上，揭示出中国底层政治的独特运作逻辑。于建嵘强调农民维权行动的组织性和政治性；应星强调“草根动员者”对造就农民独特维权机制的影响；董海军强调在塑造底层政治的机制时农民可以使用的一种独特抗争武器，即自身弱者的身份；折晓叶则强调农民抗争“韧武器”的非对抗性和集体互助特征。

二　关于环保自力救济的研究

所谓环保自力救济，是指公民的合法权益在受到污染企业的损害但又不能及时获得公权力帮助或公力救济的情况下，采取诸

① 董海军：《“作为武器的弱者身份”：农民维权抗争的底层政治》，《社会》2008年第4期。

② 折晓叶：《合作与非对抗性抵制：弱者的“韧武器”》，《社会学研究》2008年第3期。

如街头抗议、阻断交通、拆毁企业围墙、阻碍企业生产，甚至冲进工厂砸毁设备等非法手段强迫侵害者停止污染或破坏的行为。学者们围绕环保自力救济出现的原因、化解策略，以及环保自力救济的性质等问题展开了讨论。我国台湾地区的环保自力救济现象相对于大陆而言，出现的时间较早，且数量众多。郑少华认为，台湾环保自力救济的深层原因在于台湾民众环境意识的觉醒（心理基础）、政治环境的相对宽松（社会氛围），以及环境法制的不健全和环境政策的失误（制度根源）。要正确化解环保自力救济事件，必须从法制层面着手。[①] 此外，环保自力救济的历史根源在于我国特有的"厌讼""无讼"的文化氛围。我国环保法中应该确立环保自力救济权，但必须界定行使条件。[②] 环保自力救济有制度上的诱因，其中最突出的问题是公民参与环境事务的渠道不畅以及法院在环境问题上的功能缺位。针对自力救济事件揭示的制度缺陷，引入美国的环境公民诉讼制度可以使之部分得到解决。[③] 郎友兴通过对2005年浙江东阳市画水镇和新昌县两起农民暴力抗议环境污染事件的分析，指出这两起以"不得已的暴力"形式抗议的社会自力救济不是简单的环境保护事件，而是一个环境政治的问题，其根源在于地方政府、企业与农民在价值和利益上的冲突，而公众又没有参与事关自己生存权的环境决策的机会。[④]

三　关于草根环境抗争的研究

早在2001年，南京大学的张玉林教授就曾主持"环境问题

---

① 郑少华：《环保自力救济：台湾民众参与环保运动的途径》，《宁夏社会科学》1994年第4期。

② 钱水苗：《论环保自力救济》，《浙江大学学报》2001年第5期。

③ 吴国刚：《环保自力救济研究》，《科技与法律》2004年第2期。

④ 郎友兴：《商议性民主与公众参与环境治理：以浙江农民抗议环境污染事件为例》，广州"转型社会中的公共政策与治理"国际学术研讨会论文，2005年11月。

引发的社会冲突及防范机制研究”课题。但张玉林主要侧重于宏观描述与分析，并没有就某个具体个案进行深入探讨。在随后发表的一些文章中，张玉林提出，催生污染和冲突的根源在于“政经一体化”开发机制，环境冲突问题使“三农问题”复杂化并构成后者的重要内涵。[①] 其后，郎友兴涉及了浙江发生的两起典型的农民暴力抗议环境污染事件，但侧重点在于探讨商议性民主与公众参与环境治理的关系。稍后，浙江财经学院的童志锋主持了与前述张玉林的课题同名的研究课题。在其前期研究成果中，童志锋回顾了1949年以后环境抗争的进程与特点，然后重点分析了90年代中期之后环境抗争的增长趋势及其各阶段的特点。[②] 童志锋的另一篇文章涉及农民环境抗争中的认同建构问题。任何的对抗都涉及“我群”与“他群”的区分与边界问题，“我群”成员的高度认同和团结一致无疑对抗争的结果至关重要。那么，群体成员的认同如何可能？作者借用西方学者的分析框架提出，有三大因素非常重要，即社区（族群）的同质性、集体意识的形成和抗争中的仪式。首先，社区或族群的同质性是“边界”形成和认同建构的结构基础，而同质性的产生基于地理空间的接近（容易形成地域共同体）、人生经历的相似（容易形成身份共同体）、面临处境的相同（容易形成命运共同体），这些共同体的存在使群体成员容易形成地域认同、情感认同和利益认同；其次，集体意识的形成对认同建构具有重要意义，在集体意识形成的过程中，媒体、抗争精英，以及在集体行动参与中由“共识性危机”建构所导致的“意识提升”起到了重要作用；再次，仪式在集体认同建构中的作用表现在强化抗争者内部团结、使参与者的情绪

① 张玉林：《政经一体化开发机制与中国农村的环境冲突》，《探索与争鸣》2006年第5期；《中国农村环境恶化与冲突加剧的动力机制——从三起“群体性事件”看“政经一体化”》，吴敬琏、江平主编《洪范评论》第9辑，中国法制出版社，2007。

② 童志锋：《历程与特点：社会转型期下的环境抗争研究》，《甘肃理论学刊》2008年第6期。

亢奋，甚至产生同仇敌忾的效果等。[①]

童志锋对环境抗争中的农民的认同问题进行了开创性的探讨，有些概念如“循环反应前置”很有启发意义，但部分结论似乎并非是在实证研究基础上得出，而是基于想象，比如他将地理空间的接近、人生经历的相似与面临处境的相同这三个因素与抗争农民的群体认同想象成是正相关系。有时候，就算有了这三个结构性条件，农民也不一定产生集体认同；没有这三个条件，在“集体意识”的建构和仪式的作用下，可能也会产生集体认同。集体认同问题可能比作者所想象的更复杂，比如，从污染企业中获利较多的村民可能更加认同企业，如苏北 N 村铅中毒事件中，维权村民代表张思明的小学同学刘某任污染企业的总经理。在地域、人生经历方面，刘某与其他村民类似，但整个事件过程中他都站在企业一方说话。有些收了企业好处的村民虽然为企业通风报信，但在心理上可能更认同村民。

近几年来，有关草根环境抗争的研究进一步拓展，讨论的主题开始涉及环境行政诉讼与公众参与环境行政决策、环境集团诉讼、环境运动参与动机、地方文化与环境抗争的关系以及关系网络对于环境维权的作用等等。也有少数学者开始在实地调研的基础上力图详细描绘某个环境抗争事件的发展过程。

2004 年北京百旺家苑小区事件是我国第一起适用环境行政许可听证程序的环境维权案件，听证程序之后还引发了系列环境行政诉讼。张兢兢和梁晓燕梳理了案件经过，在此基础上指出，我国现有的环境影响评价制度存在着缺陷，环境行政诉讼中存在原告资格认定、公共利益的界定、环境权利的合法性等问题，事件更反映出我国公众强烈要求参与环境保护的心情和行动。[②]

---

① 童志锋：《认同建构与农民集体行动——以环境抗争事件为例》，《中共杭州市委党校学报》2011 年第 1 期。

② 张兢兢、梁晓燕：《北京百旺家苑小区环境维权事件》，梁从诫主编《2005：中国的环境危局与突围》，社会科学文献出版社，2006，第 203 ~207 页。

黄家亮基于华南P县的个案研究了农民集团环境诉讼问题。他认为，集团诉讼面临四大困境，即搭便车困境、合法性困境、体制性困境和环境权困境，在如此多的困境下，集团诉讼之所以还能够成为可能，其原动力在于村民们的切身利益和生命安全受到了威胁，以及诉讼精英的“公民勇气”和生存危机。为了克服四种困境，村民们采取了“选择性激励”的筹款方式，将行动严格控制在法律范围之内，但同时通过诉苦、弱者的武器、“问题化”和“携中央以抗地方”等构建合法性、引入媒体、寻求专业法律环保组织的支持、寻求环保网络的支持等各种具体的行动策略。①

周志家以厦门PX事件为个案研究了民众参与环境运动的动机问题。他在德国学者奥普的理论基础之上将个体参与环境运动的动机分为环保动机、社会动机和自利动机。民众对环境运动的参与分为信息性参与（如留意新闻报道、与他人当面谈论等）、诉求性参与（如发表网络评论、通过手机或E-mail互传信息、向媒体投诉等）和抗争性参与（指参与市民游行）。研究发现，社会动机是导致厦门市居民对PX环境运动各类参与行为最为重要的共同因素，环保动机和自利动机对各类参与行为也产生了不同程度的影响。由于在PX运动中没有一个明显的个人或者组织来进行动员和组织，因此，由社会动机所引发的广泛的各种类型的参与体现了一种独特的动员机制，周志家将其称为“群体动员”。②

环境集体维权行动离不开动员，高恩新以Z省H镇的环境维权案例讨论了关系网络在动员过程的作用问题。他将关系网络划分为横向关系网络、纵向关系网络和地方性市场网络，每一种网

---

① 黄家亮：《通过集团诉讼的环境维权：多重困境与行动逻辑——基于华南P县一起环境诉讼案件的分析》，黄宗智主编《中国乡村研究》第6辑，福建教育出版社，2008。

② 周志家：《环境保护、群体压力还是利益波及：厦门居民PX环境运动参与行为的动机分析》，《社会》2011年第1期。

络具有不同的功能，横向关系网络有助于人员动员和维持集体行动约束；纵向关系网络有助于资源动员，但同时又会对集体行动策略的选择产生约束；地方性市场网络则为集体行动的扩散提供了支持结构。①

罗亚娟从微观层面上对苏北东井村农民环境抗争事件的过程进行了细致的描述。该事件的过程依次经历了找污染企业—找政府—找媒体—打官司四个阶段。在这一过程中，农民采用了逐一试错的方法：当找污染企业和镇政府不能解决问题时，他们将希望寄托于上级政府；找上级政府不能解决问题时，他们寄希望于媒体；当媒体也不能解决问题时，他们想到了走法律途径。农民抗争的每一步，都经过了理性的考虑。从表面看，每一步独立的抗争都没有达到村民的预期目标，但从总体看，他们的抗争对于促使污染企业的搬迁以及地方政府和环保部门关注环境问题起到了很大的驱动作用。②

我国学者在分析环境抗争时常常落入一个实用理性的陷阱，即将分析焦点局限在索求经济或健康赔偿问题的表层，对环境抗争中的文化因素和文化力量不能做出深刻的解析。为了弥补这一缺陷，景军以我国西北地区的大川村村民环境抗争事件为个案，讨论了地方性文化在环境抗争中的特殊意义。他指出，推崇慎终追远、香火延续的宗族核心价值以及与此配合的宗教信仰、传统的“风水”文化观念等对大川环境抗争中的知与行起到了形塑作用。30 多年的环境抗争使大川村民经历了一个“生态认知革命”的过程，并且营造了一种涉及生态问题的“文化自觉”。认知革命和文化自觉对大川村民持续不断的环境抗争又起了重要的推动

---

① 高恩新：《社会关系网络与集体维权行动——以 Z 省 H 镇的环境维权行动为例》，《中共浙江省委党校学报》2010 年第 1 期。

② 罗亚娟：《乡村工业污染中的环境抗争——东井村个案研究》，《学海》2010 年第 2 期。

作用。[①]

由以上的梳理可以看出，从21世纪以来，国内学者才开始关注环境冲突和草根环境抗争问题。由于关注的时间不长，尽管研究的主题已经大大拓宽，研究成果的数量与环境污染及其引发的社会冲突的客观现状还是不相称的，比如，近年来全国各地频繁爆发的铅中毒事件目前还没有引起学术界足够的重视。笔者认为，其中一个重要原因可能是，调查农民环境抗争问题必然会触及地方政府牺牲环境而追求经济业绩的敏感神经，因此，这种调查一般很难获得政府机构与涉入企业的支持，这就使研究资料的获得变得比较困难。

总体而言，农村环境冲突并没有引起学术界的足够关注，如2008年出版的各种关于农村地区公共危机管理的著作中，作者没有将频频发生的农村环境冲突纳入农村公共危机的类型范畴。事实上，由环境污染和侵害问题所导致的农村环境冲突，已经成为影响农村社会稳定的重要诱因。张玉林认为，20世纪80年代以来，中国农村的社会冲突可以分为五个方面：由“农民负担”问题引发的税费冲突，围绕村民自治问题产生的民主化冲突，由乡村干部不合理的行政行为引起群众安全和利益受损而引发的冲突，围绕土地征用及补偿而发生的土地冲突，以及因为环境污染和侵害问题所引发的环境冲突。进入21世纪后，随着农村税费的减免以及国家各种惠农措施的实施，中国农村的冲突主要集中在乡村民主、土地征用和环境污染问题；[②] 中国社会科学院农村发展研究所的于建嵘以类似的口吻提出，目前中国农村发生的社会冲突中，土地问题是主要问题，占全部冲突的60%以上，其次

① 景军：《认知与自觉：一个西北乡村的环境抗争》，《中国农业大学学报（社会科学版）》2009年第4期。

② 张玉林：《中国农村环境恶化与冲突加剧的动力机制——从三起“群体性事件”看“政经一体化”》，载吴敬琏、江平主编《洪范评论》第9辑，中国法制出版社，2007。

是环境污染问题。两者相比，环境维权行动更有典型意义，因为土地问题一般是一个村庄的，很少有超越村庄的联合，而环境污染往往超越村庄，它所导致的公共事件规模相对较大。[①] 不断出现的环境维权与环境抗争事件为我们在草根层面上理解普通民众特别是农民受害者的思想、情感与行为方式提供了一定的条件，对于化解农村社会矛盾和稳定基层社会秩序也有一定的帮助。

裴宜理在批评当代西方社会运动理论时说：这个理论随着时间的流逝已经变得逐渐职业化、专业化、抽象化并脱离了政治，社会运动的学者无论在情感上还是政治上都逐渐脱离了研究客体。[②] 笔者想，中国目前的集体行动本身不具有职业化、专业化特征，对于集体行动的本土学术建构也才刚刚开始，因此在学术研究上呈现与西方不一样的面貌，既谈不上抽象化，也没有脱离政治。相反，研究者往往是从政治出发，要寻找到一种所谓的“防范机制”，最后也落脚于政治稳定。中国学者对研究客体非常关注，甚至带有一定的情感偏向，这一点从近几年来有关城乡居民维权抗争研究成果的剧增上可以看出。在未来若干年，随着社会矛盾的增多，有关抗争问题的研究还会进一步深入。

① 于建嵘、斯科特：《底层政治与社会稳定》，《南方周末》2008 年 1 月 24 日，E31 版。

② 裴宜理：《底层社会与抗争性政治》，阎小骏译，《东南学术》2008 年第 3 期。

第三章　环境污染的生成机制：一个二维分析框架

农村环境冲突一般都是由环境污染所导致，因此，分析环境冲突的生成必然涉及环境污染的根源问题。童星曾根据社会问题产生的根源和性质，将我国的社会问题分为三大类，即全球性社会问题、变迁性社会问题和转轨性社会问题，并且把环境污染问题纳入全球性社会问题之中。[①] 就其波及范围而言，环境污染确实是世界各国共同面临的问题，但在中国就其生成机制和严重程度而言，却与社会变迁和体制转轨密不可分。有鉴于此，本章从变迁和转型两个维度探讨环境污染和环境冲突的生成机制，基本思路如图 3－1 所示。

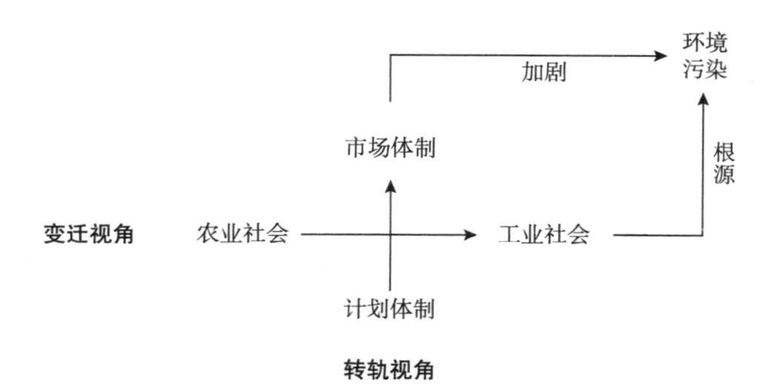

图 3－1　环境污染与环境冲突根源的二维分析框架

① 童星：《世纪末的挑战——当代中国社会问题研究》，南京大学出版社，1995，第 12 页。

第一节　社会变迁维度：工业化是环境污染的根源

有关环境污染与农村环境冲突的根源，人们可以提供多种解释，比如：生产力水平的制约与人类活动的初级性（因此，环境污染是人类发展的必经阶段）；政府的唯经济发展和 GDP 增长的政策导向；企业的利益导向与唯利益是从；“政企一体化”开发机制、官商勾结；监督机制的欠缺；环境教育不足，公众环境意识落后；不合理的国际分工格局，导致发达国家将重污染的产业转移到了欠发达国家；科技的负面作用，或者征服自然的思想观念等等。

这些回答都有一定的合理性，但同时都存在缺陷。从生产力水平的制约角度做出解释有三个内在弊端。第一，把污染的原因扩大化，因为前工业化阶段乃至原始社会都有生产力水平低下和初级性的问题，从这一角度解释可能太过宏观而忽视了产生污染的真正原因。第二，“生产力水平低下”“初级性”这些概念过于模糊，因而使人难以把握问题的实质，更不要说找到应对方案。生产力水平发展到什么阶段才不会产生消除污染的制约？人类活动的初级性何时才算结束？第三，“必经阶段说”并没有真正指出污染的原因，正如回答为什么会有资本主义时，说资本主义是人类社会的必经阶段一样，并且，“必经阶段说”似乎在为环境污染以及牺牲环境以求经济增长寻找借口，容易招致极端环保人士的批评。

政府和企业也不想要污染。哪一个领导人希望看到自己辖区内的民众今天这个人患了胃癌，明天那个人患了肝癌呢？所以，推动政府和企业相结合导致环境污染的应该是一些更深层的原因，比如，对政府而言，贫困（或者说力求使地方迅速脱贫）以及官员的任免与考核制度是重要原因；对企业而言，技术的落后是重要原因。发达国家不是拥有高新技术吗，他们为何不去帮助穷国呢？这里又涉及不合理的国际经济秩序问题。“政企一体化”开发机制的解释固然很有说服力，但它无法回答这样一些问题：19 世纪是西方市场自由主义鼎盛时期，但也是环境污染相当严重的时期。为什么政治与经济没有一体化的西方社会，也会出现环境污染？中国古代也有政经一体化现象，为什么没有环境污染？

将污染的根源归咎于监督机制的不健全和公众环境教育与环境意识的缺乏实际上是在污染的行动主体之外寻找污染的根源，有避实就虚之嫌。监督的缺位和环境意识的滞后可能恰恰是污染的制造者希望出现的结果。“不合理的国际分工说”无法回答发达国家为何也有污染，发展中国家为何不能拒绝污染转移，不合理的分工结构是如何形成的等问题。技术是一把双刃剑，关键是如何使用。所以，污染更主要的还是使用问题，技术只是替罪羊，况且，技术也可以用来解决污染问题。

将环境污染的根源归结为征服自然的观念相对而言更为深刻。这一观念可以追溯到 17 世纪的培根、笛卡儿和牛顿等人。培根首先提出要发明一种“新工具”，来回答“世界是怎样的”问题，也就是说，培根首先提出要对自然进行科学的解读，从而认识自然的真正面目。笛卡儿在培根的基础上提出，认识世界的唯一方法是“数学”，因为数学探讨的是“秩序和度量”，而世界万物都有一个度量的问题。如果说笛卡儿告诉了人们一个“信念”：数学可以用来解释世界的奥秘，那么，牛顿则告诉了人们具体的方法：万有引力定律。这一定律向人类展示：宇宙间的万事万物无论怎样复杂，都是统一由万有引力支配的，与上帝无关。在此之后，亚当·斯密和洛克将万有引力定律分别引申到经济领域和社会领域。斯密认为经济学里的万有引力是“看不见的手”；洛克则认为社会的真正基础是个人利益，社会的唯一目的是保护社会成员的私有财产，而积累财富的最重要途径就是对自然的无限攫取。洛克的名言是“对自然的否定，就是通往幸福之路”[①]。在这种被称为“机械论世界观”的支配之下，人类开始向自然宣战，而工业革命以来人类所取得的巨大经济与技术成就更加促使人们接受人类社会独立于自然的信念，并由此形成了一个相互强化的动力机制，严重的环境污染不可避免地出现了。由此可见，环境污染与人类征服自然的思想观念有很大的关系。但能否因此就将思想观念作为污染的根源呢？本书认为这一观点值得商榷，因为如果人类的技术足够先进，征服自然不一定需要破坏自然。况且，思想能否转化为行动，中间还有很多因素制约。就目前中国而言，人们的思想观念正在转变，1992 年，中央提出了可持续发展观，2003 年，中央又提出科学发展观。经过媒体的大力宣传，中国人对这些观念已经耳熟能详，但各地污染事件依旧不断出现。

环境污染在前工业化阶段问题不大，主要原因是：第一，前工业化社会的环境污染主要是生活污染，而自然的净化能力足以消弭这些污染，即使产生了环境问题，也仅限于小范围局部地区；第二，前工业化阶段的能源与技术水平不足以导致人口的剧增。因此，生活污染的程度不会太深。

与环境污染相比，在前工业化阶段，由人为因素所导致的其他环境破坏对人类的影响要大得多，主要表现在两个方面：第一，土壤因不恰当使用而导致盐碱化，或者因过度使用而导致肥力下降。比如，公元前 2000 年代初期，两河流域的苏美尔文明之所以走向灭绝，其中的一个重要原因是古苏美尔人只知道浇灌农田而不知土地中的盐分必须用充足的水加以过滤、排泄，结果导致土地的盐碱化。[②] 第二，大量砍伐森林而导致生态系统被破

① 关于征服自然的世界观的详细阐述可参见〔美〕杰里米·里夫金、特德·霍华德《熵——一种新的世界观》，吕明、袁舟译，上海译文出版社，1987，第 14～26 页。

② 吴宇虹：《生态环境的破坏和苏美尔文明的灭亡》，《世界历史》2001 年第 3 期。

坏，造成气候变迁、水土流失等环境问题。克莱夫·庞廷认为，造成苏美尔社会走向崩溃的灌溉与土地盐碱化因素同样也是古代印度河流域文明灭亡的原因之一，威胁到印度河流域环境的另外一个因素则是砍伐森林。因为印度河流域的居民使用烧砖建造房屋，而烧窑的过程需要数量极大的木材，这导致林木很快被砍光。土地暴露在风吹日晒雨打之下，导致了迅速的侵蚀，土壤质量下降。砍伐森林与盐碱化造成的环境退化直接导致了剩余粮食和军队规模的实质性减小，一旦面临外来征服，文明必定不堪一击。广泛地砍伐森林造成的环境破坏和文明衰退同样曾经出现于中国的黄河流域、德川幕府时期的日本、中世纪埃塞俄比亚基督教王国、地中海地区和近东各地、古代希腊和古代罗马帝国。[①] 14 世纪的欧洲之所以出现大范围的“黑死病”，其中的一个重要原因在于 11～13 世纪欧洲的拓殖运动中，大量的森林被砍伐用来增加耕种面积。法国年鉴学派历史学家拉迪里发现，无论是公元6 世纪的瘟疫，还是14 世纪的“黑死病”，一旦遇到森林地带的阻挡，就会受到遏制而成强弩之末。[②] 这从反面证明了瘟疫与环境破坏之间的关联。

工业化与资本主义的出现使环境破坏出现了新的动力机制，而且在程度与规模上都出现了实质性的飞跃。随着工业化和资本主义的发展，世界人口激增并且大量集中于城市。根据英国地理学家伊恩·西蒙斯的研究，1800 年的世界人口为 9.57 亿人，其中只有 2% 住在城市。但是，到了 1985 年，48.53 亿世界人口的一半左右居住在城市。由此伊恩·西蒙斯指出，产业革命后的两个世纪的时间里，城市人口的剧增成了世界性的现象。[③] 表 3－1

---

① 〔英〕克莱夫·庞廷：《环境与伟大文明的衰落》，王毅、张学广译，上海人民出版社，2002，第 82～88 页。

② 〔法〕伊曼纽埃尔·勒鲁瓦·拉迪里：《一种概念：疾病带来的全球一体化(14～17 世纪)》，载于《历史学家的思想和方法》，杨豫等译，上海人民出版社，2002，第 35～110 页。

③ Simmons, Ian G., 1994. *Environmental History*, Blackwell, p. 29. 转自〔日〕饭岛伸子《环境社会学》，包智明译，社会科学文献出版社，1999，第 40 页。

列出了一些具体城市的人口变化。

表 3-1　1600 年以来世界三大城市的人口变化

单位：万人

城市＼人口＼年份	1600	1700	1750	1800	1850	1900	1950
伦　　敦	18	55	68	86	230	650	850
曼彻斯特		0.8		8	40	125	190
巴　　黎	25	53	56	55	130	330	590

资料来源：根据饭岛伸子的描述整理而成，见饭岛伸子《环境社会学》，包智明译，社会科学文献出版社，1999，第 39～40 页。

无论是具体城市的情况，还是整个世界的发展趋向，都清楚地表明，在工业化之后，人类源源不断地涌向城市。这种状况对于环境而言造成了以下几种严重后果：一是马克思所说的“代谢断层”。在传统社会，人们从自然中获取生活资料，消费之后将废物排泄到原地，从而保持人与自然之间的代谢均衡。工业化以及由此出现的交通体系的改善改变了人口的分散居住状态。人口的聚集必然导致食物与棉布等生活资料的远程贸易，再加上诸如地主拒绝回收利用秸秆等因素使土壤的构成要素相分离，社会与自然的有机关系遭到了破坏。①

二是城市人口的聚集必然出现生活污染的加剧。在现代水处理设施和城市垃圾处理设施发展起来之前，这些生活污染使各地的城市环境变得极其糟糕。在这里摘录几段克莱夫·庞廷的描述来说明这个问题：②

19 世纪初的伦敦：“城市中有……成千上万的家庭没有

① Foster, John Bellamy, 1999. “Marx's theory of metabolic rift: Classical foundations for environmental sociology”, AJS, Vol. 105, No. 2, pp. 366-405.

② 〔英〕克莱夫·庞廷：《环境与伟大文明的衰落》，王毅、张学广译，上海人民出版社，2002，第 378～381 页。

排水装置，其中更多部分家庭污水都溢出了污水池。有数百条街道、院落和小巷没有污水管道……。我访问了许许多多地方，那里的污物撒满了房间、地窖和院落，有那么厚那么深，以致很难挪动一下脚步。”

19世纪中叶，恩格斯站在曼彻斯特的一座桥上这样描述他所看到的景象：“桥的下面，流动着或者毋宁说停滞着伊尔克河……［它］恰好容纳着附近下水道和厕所的内容。迪西桥底左边，可以看到一堆堆的垃圾废物，以及河流陡峭的左岸边院落的腐烂物。［这］……一条狭窄的、煤一样黑的恶臭河流，右岸的低地上充满者淤积的垃圾污物。天晴时，右岸边是长长的一连串最恶臭的深绿色软泥池，从这些池子的最深处，不停地发出瘴气泡，所造成的恶臭即使在离水面四五十英尺高的桥上都无法忍受。”

工业化世界，城市生活污染在得到缓慢的改变；在许多第三世界国家，由于缺乏建造卫生系统的资源，它们的城市景观在几个世纪中很少改变。比如，20世纪50年代的海得拉巴是这样一种状况：“绝大多数市民在公开场所随随便便丢弃废物……公共厕所很少，距离很远……［且］由吃食动物来清理，在一些街角，看到许多吃食动物在吃空木桶的废弃物，真是令人作呕。”

……

工业化与城市化的发展对环境造成的第三个严重后果是自然资源和能源的过度开采与消耗，以及与此相伴随的工业污染的加剧。最早进行工业化的英国最先遭遇到由工业化带来的严重环境污染。16～17世纪燃煤的巨大增加曾导致了伦敦第一次大规模污染问题。17世纪中叶的英国作家约翰·伊凡林这样描述伦敦：

……天底下竟然有像伦敦教堂和众议院这样听到咳嗽和喘气的地方，那里咳嗽吐痰声不绝于耳，实在令人讨厌……

> 正是这骇人的烟雾模糊着我们的教堂，使我们的宫殿看上去陈旧，是烟雾弄脏我们的衣服，污染着水，以至于不同季节降落的雨水都受到污染，所降落的这种肮脏雾气，以其令人讨厌的黑色物质，污损着所接触到的每一种东西。①

到了19世纪，随着工业化的推进，英国各个城市中的污染普遍恶化，而伦敦作为当时世界上最大的城市，情况尤为糟糕。19世纪中叶，伦敦一年中雾天的数量增加了3倍。空气中大量的煤烟造成令人恐怖的雾气成了常事，因恶劣的雾天而导致的疾病与死亡率急剧上升。1873年12月，大约500人因浓烟而死亡；1880年2月，因浓烟死亡的人数超过2000人。② 英国政府虽然早在1821年就制定了《烟尘防止法》，其后又陆续制定了许多防止烟尘污染的法律，但这些法律并没有发挥应有的作用。一直到1952年12月，大约4000人因连续5天的浓雾而死亡之后，英国政府才动了真格，成立了著名的巴比委员会对大气污染的状况进行调查，并于1956年颁布了《清洁大气法》。伦敦从此逐渐摘除了"雾都"的帽子。英国环境史学家克拉普在回顾这段历史时写道："伴随严重污染的浓雾，自17世纪至20世纪60年代，在冬日一直间歇性地威胁着城市居民的健康和安宁。"③

所有的工业过程都会产生废弃物。古代的冶炼、采矿等工业过程也会造成环境污染，但由于工业生产的规模很小，产生的环境后果不大。近代以来，随着工业规模的扩大，污染的严重程度加深。"开始于18世纪后期的集中的工业化阶段，就其将污染因

---

① 〔英〕克莱夫·庞廷：《环境与伟大文明的衰落》，上海人民出版社，2002，第382页。

② 〔英〕克莱夫·庞廷：《环境与伟大文明的衰落》，上海人民出版社，2002，第383页。

③ Clapp, Brian W., 1994. *An Environmental History of Britain: Since the Industrial Revolution*, Longman Group UK Limited, p. 12.

子释放到大气中的规模、浓度和种类来说，可算是一场革命。”①在工业化所波及的每一个地区，它都留下了数量巨大的污染因子。早期工业化国家的污染状况毋庸赘述，我们可以列举一些后发工业化国家的例子：

> 在苏联，20 世纪 20 年代后期的大工业化进程造成了严重的污染问题。“1989 年，苏联科学院宣布，整个国家人口的 16%，超过 5000 万人，受到工业和化学污染的严重影响，……苏联工业所形成的废弃物大约四分之三仍未经处理就排入河流。……”
>
> 在东欧，战后优先发展重工业的政策给环境带来致命性的影响。在东德、波西米亚北部和西里西亚上游地区，集中着大量的钢铁厂、其他金属工业和化学厂。几乎所有的工厂都使用劣质的有烟煤，造成大量的肮脏废品和污染因子。波兰政府将西里西亚上游描述为“环境灾难地区”，那里的大气中 SO_2 指数是官方安全指数的 100 倍，历史名城克拉科夫每年从大气中降落 170 吨铅、7 吨镉、470 吨锌和 18 吨铁。一年超过 1/3 的天数处于烟雾笼罩状况，这一地区所生产的粮食几乎有 2/3 受到污染，不适合人类消费，70% 的水不能饮用。1/3 的河流灭绝了所有生物，维斯图拉河有超过 2/3 的长度甚至无法供工业使用；巴尔干近海有 10 万平方公里的地区，由于这些河流的毒化，已成为生物学上的死亡区。
>
> 在日本，20 世纪 60 年代的东京河流有 3/4 不再有鱼；1972 年调查隅田河的官方报告指出，该河上曾经举行过的著名活动——游泳、赛船和烟火表演都消失了。从河中腾起的气体腐蚀金属，使铜器和银器变黑，使缝纫机和电视机的寿命缩短。

---

① 〔英〕克莱夫·庞廷：《环境与伟大文明的衰落》，上海人民出版社，2002，第 384 页。

> 在巴西，临近圣保罗的库巴陶被认为是地球上最污染的地方，这里的空气污染实际上是WHO规定的致命指数的2倍，河流全都没有鱼，80%的当地植物已被毁掉。[①]
>
> ……

综上所述，在传统社会中，人类所依赖的能源主要是木材，大量砍伐森林导致生态环境恶化，很多地区的文明因此而衰退。这一阶段的环境污染主要体现为生活污染。由于木材能源结构所能支持的人口数量有限，并且人口的绝大多数分布于农村地区，因此，生活污染基本上可以通过自然的净化得以消除。木材资源的渐趋耗竭迫使人类必须转变能源结构。为了适应煤炭与石油等新能源的使用，人类发明了机器，产生了工业革命。工业化的过程不仅导致人口的激增与城市化的加速，由此导致生活污染的加剧，而且本身产生了大量的污染因子。因此，工业化才是环境污染的根本原因。

第二节　社会转型维度："政经一体化开发机制"是环境污染的催化剂

美国学者斯耐伯格（A. Schnaiberg）较早从政治经济学角度提供环境破坏与环境冲突的原因。他认为环境污染的根源在于资本主义的"生产的传动机制"（a treadmill of production）。为了无限制地追求利润，资本主义把大量的资源投入生产，然后通过广告等途径劝说人们为追求新的生活方式而大量购买新产品，由此造成大规模生产—大规模消费—大规模浪费的永不停息的循环。由此可见，"生产的传动机制"是现代资本主义社会中促进经济扩张的一种复杂的自我强化机制，其原动力在于垄断经济部门的

---

① 上述事例见〔英〕克莱夫·庞廷《环境与伟大文明的衰落》，上海人民出版社，2002，第386～388页。

资本日益增大的支配作用。垄断部门为了获取高额利润，往往投资于资本高度密集的企业，由此引起的排挤劳动力问题、基础设施建设问题，以及因经济增长而导致的其他社会问题，则完全由国家来承担。国家为了获取财政资源，增加其合法性，又不得不促进垄断部门经济的发展。这样，在国家与垄断经济部门之间形成了一种合作关系并强化了经济扩张。①

斯耐伯格的观点尽管也有缺陷，② 但是从人类自身建构的政治经济体制的不公正角度解释环境污染，更加接近主流社会学理论的轨道。③

与斯耐伯格相似，中国学者张玉林也涉及政治与经济的结合对环境的影响问题，他用“政经一体化开发机制”④ 或“政治经济一体化权力格局”⑤ 的概念来描述转型期中国的行政权力与经济组织密切结合的状况，并将其作为目前中国农村地区环境污染及由此导致的环境冲突的主要原因。这两个概念更形象一点，就是童星和张海波所说的在中国社会转型过程中出现了“社会目标单一化（唯 GDP 增长是从），党政机关企业化，党委书记董事长化，行政首长总经理化”⑥。政经一体化并导致环境污染的典型例证是 2010 年 8 月爆发的福建上杭县紫金矿业污染事件。在该事件中，政府与企业的关系可以分解为两个方面：第一，为企业保驾

---

① 转自洪大用《西方环境社会学研究》，《社会学研究》1999 年第 2 期。

② 如吕涛认为，施耐伯格将经济上的考虑放在了人类行动的首位。实际上，社会系统对人的行动的影响是多种多样的，既会产生破坏环境的行动，也会导致阻止破坏环境的行动。见吕涛《环境社会学研究综述——对环境社会学学科定位问题的讨论》，《社会学研究》2004 年第 4 期。

③ 〔加〕约翰·汉尼根：《环境社会学》（第二版），洪大用等译，中国人民大学出版社，2009，第 22 页。

④ 张玉林：《政经一体化开发机制与中国农村的环境冲突》，《探索与争鸣》2006 年第 5 期。

⑤ 张玉林、顾金土：《环境污染背景下的“三农问题”》，《战略与管理》2003 年第 3 期。

⑥ 童星、张海波：《基于中国问题的灾害管理分析框架》，《中国社会科学》2010 年第 1 期。

护航，并且从企业得到巨大的经济利益。1993 年以前，上杭财政一直靠转移支付。1993 年之后，紫金矿业成为上杭最大的财税贡献企业，最高时，占到财政收入的近 60%。第二，政府在企业参股，在领导体制上，政府与企业合而为一。1998 年，企业改制时仅面向公务员个人和机关单位募股。企业拿出 1000 万股到县各部门兜售，各部门还分解了指标，最后卖出了 100 万股。代表上杭县国资委的闽西兴杭国有资产投资经营有限公司持有紫金矿业 28.96% 的股份，是企业第一大股东，公司董事长刘实民同时是上杭县财政局局长。像刘实民这样身兼两角色的官员还有很多，如上杭县原副县长郑锦兴，上杭县委常委、县委办主任林水清都曾担任过紫金矿业的监事会主席。更多退休的政界官员被紫金矿业聘用，领取高薪。[①] 基于上杭县政府和紫金矿业的这种关系，本书从宽泛的角度定义“政经一体化开发机制”，即不仅指政治精英与经济精英一体化、政府官员同时兼任经济集团负责人参与经济开发以谋取利益，而且指政治精英虽然没有在形式上直接扮演经济精英的角色，但是通过其他方式，如委托他人经营、在企业参股等获得同样结果，或者在背后强力支持经济集团追求利润，并从中获得大量好处。因此，用吴毅在论及目前中国农民群体性利益表达困境时所使用的“权力—利益的结构之网”[②] 的说法可能更加准确地说明环境污染背后的结构动因。

张玉林虽然指出了环境污染与“政经一体化开发机制”之间的关联，但没有进一步探讨“政经一体化开发机制”是怎么出现的，政治与经济为何会结合在一起，又是怎样结合在一起的。基于此，本节要回答的问题是，经济与政治原本属于不同的领域，后来是如何结合到一起去的，中国特色的“政经一体化开发机

① 吕明合：《“紫金就是上杭，上杭就是紫金”》，《南方周末》2010 年 8 月 5 日，C10 版。

② 吴毅：《“权力—利益的结构之网”与农民群体性利益的表达困境》，《社会学研究》2007 年第 5 期。

制”又是如何形成的。

一　西方社会政治与经济的关系

一般认为，生活在公元前5～前4世纪的古希腊哲学家和历史学家色诺芬在其《经济论》中最早使用了“经济”一词，而“经济”（economy）在古希腊语中意为“家计”（conomia），指为自己的需要而生产。亚里士多德在《政治学》导论一章中对“家计”和“获利”做了区分，认为家计经济的最本质特征是为使用（而不是逐利）而生产，尽管可能存在为市场而进行的附带性生产，但并不必然会破坏家计经济的自给自足。[①] 由此可见，经济在西方世界中最初属于私人领域，与政治所隶属的公共领域截然相对。就连柏拉图在他所建构的“理想国”中，也将政治和经济分开，让哲学家执掌政治，让农民、手工业者和商人专门从事经济活动，因为他认为这些人没有思考和参与政治的能力。经济的功能主要是满足需要，而不是面向市场追逐利润。

政治与经济的分离关系以及经济的自给自足性质在罗马时期依然如此。无论是共和早期的小农经济，还是后来使用大量奴隶劳动的大庄园，其生产与经营的具体运作都不是政治领域的主要关注对象。公元前1世纪的古罗马农学家瓦罗在《论农业》中声称：大土地所有者应亲自料理农庄，奴隶制庄园应保持自给自足，不仅奴隶所需用品在庄园中生产，而且奴隶主的各项需要也尽量在庄园中生产。[②] 罗马政府也曾采取过一些措施对经济活动进行干预，如在公路、港口、桥梁和其他地方设置关卡征收通行税，但这只是为了满足城市（特别是罗马）的生活需要而对资源进行的再分配。

---

① 〔英〕卡尔·波兰尼：《大转型：我们时代的政治与经济起源》，冯钢、刘阳译，浙江人民出版社，2007，第46～47页。

② 转自姚开建主编《经济学说史》，中国人民大学出版社，2003，第16页。

西罗马帝国崩溃之后，日耳曼各族瓜分了它的版图。公元5～8世纪，西欧在政治上处于分裂状态，但在经济上却呈现很强的连续性。地中海商业圈的继续运作是这种连续性的典型表现。众所周知，罗马帝国最强盛时期地跨亚非欧三大洲，地中海成了帝国的内湖。政治上的统一确保了地中海贸易的活跃。蛮族的入侵虽然造成了罗马文明的“粗俗化”，但没有改变经济的地中海特征。没有迹象表明“罗马帝国创建的从大力神柱到爱琴海，从埃及和非洲海岸到高卢、意大利和西班牙海滨的文明共同体的终结”①。法兰克王国的墨洛温王朝在很长时期内与东部拜占庭帝国保持货币制度的一致性，这一点足以证明罗马世界的经济组织在政治分裂之后继续存在。城市的存续是经济连续性的又一证明。尽管某些城市遭到抢劫和破坏，但很多城市依旧繁荣，如马赛、鲁昂、南特等。基督教会对于这种状况的出现起了重要的作用，② 地中海东西方的商业联系没有中断则是更深层的原因。

公元7世纪中叶，由于伊斯兰教的入侵以及基督教世界对入侵者的有效抵制（在地中海东部由拜占庭帝国完成，西部则由法兰克人的加洛林王朝完成），地中海分裂为东西两个部分，古代世界聚集起来的地中海共同体终结。随之而来的是9世纪的商业衰落和西欧历史发展方向的重大转变。如果说墨洛温时代的高卢还是一个航海的国家，那么，查理曼帝国基本上是一个内陆国家。“无论查理大帝时代在其他方面的成就看起来是多么辉煌，

---

① 大力神柱指欧洲的直布罗陀角和非洲的休达角，相传这两个海角是由大力神的臂膀分开的。见〔比利时〕亨利·皮雷纳《中世纪的城市》，陈国樑译，商务印书馆，1985，第5页。

② 罗马时期的基督教会按照帝国行政区划来划分教区，每个主教管区相当于一个城市，而教会组织在日耳曼人入侵期间几乎没有变动，因此，教会在保卫罗马城市的生存方面做出了很大贡献。见〔比利时〕亨利·皮雷纳《中世纪的城市》，陈国樑译，商务印书馆，1985，第7页。

从经济观点来看，它是一个倒退的时代。”① 可以说，经济上的虚弱无法维持帝国的行政结构，这是查理曼死后帝国迅速瓦解的主要原因。

采邑制度的推行加剧了政治的分裂。所谓采邑制度，即征服者将所获土地作为采邑分封给部下并要求受封者对其效忠。这种制度在蛮族各国征服过程中即已出现。公元8世纪，墨洛温王朝的宫相查理·马特将采邑制度大规模推广，其重要特征是土地占有权与政治统治权相结合。由于当时实行分封的原则是“我的附庸的附庸不是我的附庸”，因此，国家权力随着土地的层层分封逐渐扩散，最终落在大大小小的封建领主手中。由于商业联系的中断，不仅经济事务，就连政治事务也完全属于私人领域的范畴。如果仅仅从形式上看，各个领主在自己的领地中兼有政治统治权和经济垄断权，我们也可以称之为政经一体化，但是，由于领地经济完全是一种自给自足的经济，因此，这种一体化就像某个家族长既拥有家族内部事务的处理权，又拥有家族经济的控制权一样，与后来涉及公共治理的政治与面向市场，以营利为目的的经济的结合有着本质的不同。领地制度甚至不能被看作属于政治或经济领域的范畴。托克维尔将领地自由、城市自治、教区自由，以及司法独立当作封建时代法国的四大社会空间。②

到了10～11世纪，西欧商业开始复兴，这主要归因于基督教世界对伊斯兰教世界的军事征讨以及伊斯兰教对地中海控制的结束。随着海上贸易的发展，原先一直处于沉闷状态的古老罗马城市又恢复了生机。与此同时，由于人口的增长及随之而来的物质资料的不足，西欧普遍开始了拓殖运动以增加耕地面积；另一方面，多余的人口开始越来越多地离开土地，去过流浪和冒险的

---

① 〔比利时〕亨利·皮雷纳：《中世纪的城市》，陈国樑译，商务印书馆，1985，第17～18页，第25页。

② 〔法〕亚力克西·德·托克维尔：《旧制度与大革命》，冯棠译，商务印书馆，1992。

生活。比利时学者皮雷纳认为，西欧最早的专业商人阶级就是从这些人中间产生的，而且，这个时期的商业不是一种地方性的商业，而是一种远距离的国际贸易。[①] 由此可见，在10～11世纪，不仅在诸如威尼斯、热那亚、比萨等意大利沿海城市，而且在西欧大陆，都出现了以经商牟利为主要职业的社会阶层。但是，我们不能高估这种经济形式在整个社会中的重要程度。盈利思想至少受到双重的束缚：一是贵族对经商者身份的蔑视；二是基督教对商业复兴的敌对态度。面向市场的经济对社会可能带来的危害（如贫富严重分化与社会不平等的加剧等）被严格控制着，换言之，市场经济仍然处于附属地位。

在拓殖运动和商业冒险的双重刺激下，一些新兴的城市在一些交通便利之处诞生。如尼德兰，从10世纪起最早的城市开始在海边或默兹河（Meuse）和埃斯科河（Escaut）沿岸建立起来。到了12世纪，在两条河之间修建的道路两旁又出现了另一些城市。在这些城市中，所有与商业相关的人被称为“市民”。从11世纪初开始，市民阶级开始掀起针对封建领主和教会的斗争。这一斗争被称为“城市公社运动”。市民们提出了如下的要求：一是人身自由，以确保流动的便利，并且使他们自己及其子女摆脱对领主权力的依附；二是设立特别法庭，以摆脱他们所属的审判管辖区的烦琐以及旧法律程序给他们的社会与经济活动造成的麻烦；三是建立治安，即制定一部刑法以保证安全；四是废除与占有土地和从事工商业最不相容的捐税；五是拥有政治自治与地方自治的权力。[②] 需要注意的是，城市公社运动的目的是要在封建统治秩序中求得一块经济自主运作的空间，而不是要推翻这种秩序。所有的城市政治事务，诸如城市行政与司法机构的设立、市

---

① 〔比利时〕亨利·皮雷纳：《中世纪的城市》，陈国樑译，商务印书馆，1985，第70～75页。

② 〔比利时〕亨利·皮雷纳：《中世纪的城市》，陈国樑译，商务印书馆，1985，第105页。

政管理人员的选举、公共税收的征集、公共工程的修筑、工商业与财政的管理等，均围绕经济的有效运转而旋转。

12 世纪之后王权的崛起，特别是 15 世纪西欧君主专制的建立使经济与政治的关系发生了一些变化。经济不再仅仅是一个私人领域的事务或者地区性的事务，财富成为民族国家强大的最重要的基础，因此，经济领域一直成为王权力图控制的对象。起初，由于封建分裂势力过于强大，王权在确立自己至高无上的地位的过程中借助了市民的力量，如 12 世纪法国卡佩王朝的国王们支持城市公社运动，以此换取市民阶级对于王权加强的支持。随着羽翼的逐渐丰满，王权表现出对市民阶级的控制欲望，典型事件是法国王权严厉镇压了 1358 年巴黎市民起义。起义被镇压之后，法国的经济在相当长的时间内卑微地依附于政治。15 世纪中叶，法国三级会议批准国王永久征收交易税、盐税等间接税，数量由中央政府决定。大体同时，法国国王查理七世建立了常备雇佣军。常备军和固定税的建立，为王权的强大创造了条件。在 15 世纪中叶，英国、法国、西班牙大体同时建立了君主专制。

在群雄纷争的环境中建立起来的民族国家，只有依靠最有效的手段创造和积累财富，才能使国家强大，才能与其他国家抗争。为此，各国政府普遍采纳重商主义原则，大力推动工商业的发展。重商主义的基本信条有三：金银（即货币）是财富的唯一形态；大力发展本国工商业，一方面满足内需，减少进口，另一方面扩大出口，在国际贸易顺差中积累国家财富；殖民扩张，直接开采他国金银。在重商主义推动下，市场成为君主专制首要的关注对象。

商业和工业资本与专制政府的联盟是因为封建割据势力对商业贸易和经济发展构成了障碍，它们需要君主专制来为经济运行提供有利的外部环境，同时，君主专制大力推进工商业发展的举措也与它们的愿望相吻合。但是，君主专制由于其内在固有弊端，即将“国家利益”等同于“个人利益”，[①] 而这两种利益迟早要相互抵触，比如，推行重商主义所得来的财富不是用于投放在经济领域继续创造财富，而是被用于大量的宫廷耗费和无休止的王朝战争。因此，在君主专制消除分裂的政治任务完成之后，资产阶级必然反对专制政府对于经济领域的胡乱干涉。

按照波兰尼的观点，资本主义经济获得自主性经历了两个重要阶段，一是摆脱王权对于私有财产权的非法干涉，不能再有诸如亨利八世治下的世俗化、查理一世抢夺造币厂以及查理二世治下“关闭”财政部之类的事情发生。1694 年英格兰银行获得独立的特许状标志着政府与商业资本的分离，即商业资本赢得了针对王权的胜利。二是摆脱下层民众对于经济生活的干预，即力图剥夺人民掌控经济生活的权力。典型事件是英国统治者在 1836 ~ 1848 年宪章运动中拒绝给予工人阶级选举权。在英国内外，从麦考利到米塞斯，从斯宾塞到萨姆纳，所有的自由主义者都认为：大众民主对资本主义是一种危险。[②]

早期工业化给社会带来了很多困扰。19 世纪初，英国思想家发展出了市场自由主义理论应对这些困扰。这一理论的核心是：人类社会应该从属于自发调节的市场。英国的“世界工厂”地位又使这种理念成为世界经济的组织原则。

自我调节的市场机制到了 19 世纪达到了巅峰，并且出现使这一机制得以付诸实施的制度创新，即金本位制。1870 年左右，金本位制开始广泛采用，其作用非凡。波兰尼指出，从 1815 年到 1914 年，欧洲社会出现了百年和平，国与国之间的战争加起来总共只有 18 个月。这种局面之所以得以出现，在前期主要依靠神圣同盟，它借助于血缘关系和罗马教会的等级制度消除了战争；后期则依靠了“国际金融”这个凌驾于单个国家之上的独特

① 典型例证是法国“太阳王”路易十四的名言“朕即国家”。

② 〔英〕卡尔·波兰尼：《大转型：我们时代的政治与经济起源》，冯钢、刘阳译，浙江人民出版社，2007，第 191 ~ 192 页。

机构。这就意味着，普法战争之后，经济领域不仅在一国之内相对独立于政治领域，而且在全球范围内形成了一套自我运行的机制。[①]

市场自由主义基于这样一个信念：经济是一个由相互连锁的市场有机组成的均衡体系，这个体系能通过价格机制自动调节供给和需求。波兰尼认为，这个想法与人类社会的现实相背离，因为人类社会自产生以来，经济一直都是“嵌入”在社会之中运行的：

> 直到西欧封建主义终结之时的所有经济体系的组织原则要么是互惠，要么是再分配，要么是家计，或者三者之间的某种组合。这些原则在特定社会组织结构的帮助下得到制度化，这些组织结构的模式包括对称、辐辏和自给自足。在这个框架中，个人的动机可能有很多，但逐利动机并不突出。习俗和法规、巫术与宗教相互协作，共同引导个体遵从一般的行为准则。希腊—罗马时代虽然有发达的贸易，但它的特征仍然是在具有家计性质的经济上进行的大规模粮食再分配。因此，直到中世纪结束时，市场不曾在经济体系中扮演过重要角色。[②]

君主专制和重商主义出现之后，市场虽然变得越来越重要，但一直处于被规制的状态。到了18世纪末，被规制的市场开始向自发调节的市场转变，这种转变要求将工业生产所需的全部要素——劳动力、土地和货币都变成商品。但是，劳动力是构成社会的人类本身；土地是社会存在的环境，将两者纳入市场机制意味着使社会屈从于市场法则，从而改变长期以来人类经济与社会之间的关系。

---

① 〔英〕卡尔·波兰尼：《大转型：我们时代的政治与经济起源》，冯钢、刘阳译，浙江人民出版社，2007。

② 〔英〕卡尔·波兰尼：《大转型：我们时代的政治与经济起源》，冯钢、刘阳译，浙江人民出版社，2007，第46~47页。

劳动力、土地和货币都不是为了在市场上出售而生产出来的物品，将它们虚构为商品必然会带来社会的毁灭：劳动力不能被胡乱使用或弃置不用，否则会影响人类个体生活；土地也不能被胡乱使用，否则会造成环境破坏；对购买力的市场控制将周期性地扼杀商业企业，因为货币供给的涨落对企业产生的灾难如同洪水与干旱对原始社会产生的灾难。这样一来，社会必然会通过各种政策、制度等对与虚拟商品有关的市场行为进行抑制。①

英国在早期工业化过程中曾出现过一些保护性措施，如《工匠法》（1563）、《济贫法》（1601）、《安居法》（1662）、都铎王朝和早期斯图亚特王朝的反圈地政策等。18 世纪末至 19 世纪初英国工业革命最活跃时期，英国还出现过一个《斯品汉姆兰法令》（Speenhamland Law）以抗拒劳动力市场的建立。但是，这些努力在强大的市场资本主义面前都失败了。1834 年《新济贫法》的颁布标志着现代资本主义的起点，但几乎与此同时，社会的自我保护也已产生：工厂法、社会立法、政治性和产业性的工人阶级运动等。关税壁垒、帝国主义等也是抵制市场侵犯的重要手段。到了 20 世纪 30 年代，当自由主义无法解决自发调节的市场带来的各种问题时，法西斯主义便具备了产生的社会土壤。②

综上所述，在西方社会，经济原本属于私人事务，因此，经济领域具有相对独立于政治领域的历史传统。5～8 世纪，西欧政治倒退、分裂的格局下地中海商业仍然十分活跃是经济领域相对自主性的最有力证明。9 世纪，由于伊斯兰文明和基督教文明之间的冲突，地中海商业衰退，此后一直到 15 世纪君主专制的兴起，西欧经济以自给自足的领主制为主。此间，11 世纪地中海商业的重新活跃带来了古老城市的复兴与新城市的建立。城市通过

① 〔英〕卡尔·波兰尼：《大转型：我们时代的政治与经济起源》，冯钢、刘阳译，浙江人民出版社，2007，第 62～66 页。

② 市场自由主义运动和社会保护主义运动是 19 世纪以来现代社会发展的基本动力，这也是卡尔·波兰尼在其《大转型》中阐述的一个核心思想。

斗争获得自治使经济的自主性又获得了另一重要空间。君主专制建立之后，出于强国和竞争的需要加强了对经济的管制。商业资本由于生存与发展的需要起初不得不依附于政治，羽翼渐丰之后开始与王权做斗争。17 世纪末，英国的商业资本获得了胜利，同样的结果稍后出现在欧洲大陆。18 世纪，随着工业革命的开展，工业资本的力量增强，它要求经济领域完全由自发调节的市场来操控，市场逐渐从社会脱嵌并在 19 世纪后期由于金本位制的实行而达到顶峰。市场的脱嵌与扩展必然给社会带来灾难，普通人会被迫承受高昂代价。为了保证普通人承担这些代价而又不进行破坏性行动，政治的调节和干涉作用于是变得不可或缺。总体而言，西方社会的政治在历史长河中是利用、推动、调节、管制了经济，而不是与经济融为一体甚至取而代之。政治与经济形成了相互依赖的二元格局。

二　中国特色的“政经一体化开发机制”的形成

所谓一体化，就是指原先独立的领域结合在一起难以分开，比如欧洲一体化，就是指本来独立自主的各个主权国家在经济上实行单一货币，执行共同的经济政策；政治上“用一个声音说话”；军事上实行共同防务；社会层面上相互交融，成员获得单一的身份认同。“政经一体化”与此类似。政治领域本应以权力为轴心运转，经济领域以货币为轴心运转，两个领域应该相对独立，但是，如果政治领域同时加入了货币轴心，或者经济领域同时加入了权力轴心，两个领域就一体化了。

“政经一体化”表现为多种形式：从个体层面上讲，如果某个政治精英既掌握权力，又去经商赚钱，或者，如果某个经济精英成功之后通过捐纳、参加竞选等方式获得了政治权力并继续经商牟利，这就形成了政经一体化。从整体层面上讲，政经一体化开始于官商结合，经济界与政治界存在黑幕交易，形成利益上的共同体。最纯粹的形式是商人垄断了政府所有权力职位，或者政府官员垄断所有经济活动。如果政治精英动用国家力量介入经济发展，如禹建立了夏王朝之后建构了以冀州为中心，贯通九州的贸易网络，并制定了九州间“以有余补不足”的经济政策；春秋战国时代，各诸侯国为了成就霸业，纷纷采取强化商品经济方略以富国强兵；15 世纪之后，欧洲各国君主专制在本国奉行重商主义原则，推动工商业发展；法兰西第二帝国时期，路易·波拿巴按照圣西门主义原则大力加强铁路建设、鼓励银行等金融机构发展，并且绕过议会与英国等国签订“关税协定”等，如此种种，都不能算政经一体化，因为这些做法只是政治精英通过政策、制度、法律等手段对经济精英的经济行为进行导引或者控制，为他们建构了不同程度的自由行动空间。政治精英本身仍然围绕自己的权力轴心运转，并没有直接进行经济经营。打个比方，政治精英就像一个建筑师，不停地为经济精英盖起或大或小的房子，至于经济精英在房子里干什么，一般是不去过问的。政经一体化的含义可以表示为图 3-2。

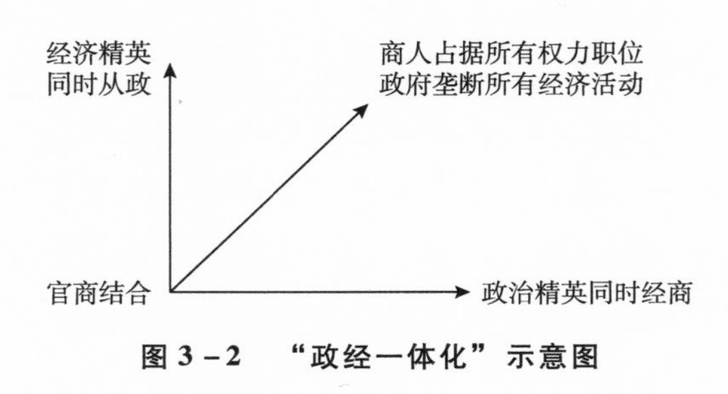

图 3-2　“政经一体化”示意图

按照这种理解，中国历史上最初体现政经一体化特点的应该是战国末年的吕不韦。在他之前的陶朱公范蠡是在辞职以后经商的，有“华夏第一相”和“世界重商主义创始人”① 之称的齐国

① 张高陵：《华夏第一相——世界重商主义创始人》，《中国商人》2011 年第 5 期。

管仲是在弃商之后从政的，而吕不韦则被认为是开创了商人与官场合作的经商之道、官商联姻的历史先河。[①]

吕不韦饮鸩自杀后，秦始皇厉行抑商政策，官商结合现象极少，最多也就是在巴蜀等边塞地区出现少数国家特批的官商而已。[②] 到了西汉初年，情况发生转变。刘邦虽然仍然强调抑商，但只不过是在政治上歧视商贾，经济上多收一些所得税而已。[③] 统治者对工商业采取的放任自流政策为商贾势力的发展提供了大好时机，也为政经一体化各种形式的发展提供了社会土壤。具体而言，表现在以下几个方面。

第一，官僚地主经商。[④] 由于工商业巨大利润的吸引，文景时期，已有很多官僚地主从事于经商，景帝为此还专门下诏命廷尉与丞相更议重令，加强惩处。到汉武帝时期，官员经商现象更加普遍，上至王侯公卿，下至普通小吏，几乎都有经商的。为了加强中央集权并积累财力彻底击败匈奴，汉武帝通过算缗、告缗、平准、均输等措施不仅将商贾，而且将官僚地主彻底逐出工商业，官僚经商受到沉重打击。汉武帝死后，主持朝政的大将军霍光继续推行汉武帝的既往国策，引起企望经商的官僚地主的不满，由此导致了官僚地主与封建国家之间围绕经商权益问题的一场公开论战，这就是西汉著名的盐铁会议。争论的结果是霍光罢除了酒榷并不再严格实施工商业官营。到了汉元帝时期，盐铁官营政策基本上废除，封建国家重新开放私营工商业，社会上由此逐渐出现集官僚、地主、商人于一体的豪强地主，造成西汉后期严重的社会危机。

第二，经济精英从政。这种情况无论在中外历史上都曾经存

① 张高陵：《开创官商联姻的历史先河》，《中国商人》2010 年第 11 期。

② 晋文：《关于秦代抑商政策的若干问题》，《中国经济史研究》1994 年第 3 期；《也谈秦代的工商业政策》，《江苏社会科学》1997 年第 6 期。

③ 晋文：《桑弘羊评传》，南京大学出版社，2005，第 15～16 页。

④ 详细内容可参阅晋文《从西汉抑商政策看官僚地主的经商》，《中国史研究》1991 年第 4 期。

在过，如封建时代的法国，经济精英不仅可以花钱购买官职，还可以世袭。波旁王朝开国君主亨利四世颁布过一个《布莱特敕令》（布莱特为财政大臣，是该项措施的提议者，故以其名命名），允许买官者在每年向国家交纳其官职价值1/60的年税之后，可以将其职位传承给后代。在西汉前期，经济精英从政由于不被国家法制所允许因而极少，但在特殊情况下还是出现了，如汉武帝时期为了解决财政困难，打破常规，任命大盐商东郭咸阳和大冶铁商孔仅为大农盐铁丞，分别负责盐和铁的官营事务。另外，桑弘羊为汉武帝理财的一个重要举措是继承商鞅以来“纳粟拜爵”的做法，这为有钱人从政提供了快速通道。①

第三，官商勾结。西汉初期，富商大贾不断涌现，并以其雄厚财力猛烈冲击原有等级制度。《史记·货殖列传》记载：“（商贾）为权利以成富，大者倾郡，中者倾县，下者倾乡里者，不可胜数。”《汉书·食货志》亦载：“富商贾或墆财役贫，转毂百数，废居居邑，封君皆氐首仰给焉。”此外，商贾致富之后，大量并购土地，由此造成与官僚地主和封建国家之间的深刻矛盾以及汉武帝时期严厉的抑商政策。② 遭受过“算缗”“告缗”令的致命打击之后，商贾阶层认识到与官僚地主调整关系的重要性，于是不惜以巨资贿赂权门，甚至与之联营分享利润，重新走上了吕不韦开创的官商联姻的大道。

第四，政府直接垄断工商业。汉武帝为加强中央集权并积累经济实力以彻底击败匈奴，任命桑弘羊为治粟都尉和大司农，相继推行盐铁官营、均输、平准、酒榷等政策。这些措施的实质是由政府来垄断全国的盐铁和酒类市场，掌控全国的物资转运和贸易，平衡物价，最终建立起一个由中央统一管理的官营商业网络。汉宣帝时期设立的“常平仓”，也有垄断关中及边郡地区粮

① 晋文：《桑弘羊评传》，南京大学出版社，2005，第113页，第134~137页。

② 有关富商大贾与封建政府之间矛盾的阐述可参见吴慧《桑弘羊研究》，齐鲁书社，1981，第20~38页。

食贸易的意图。

"政经一体化"的上述形式均有其内在弊端。政治精英经商必然导致以权谋利、欺行霸市，造成社会不公和社会不平等，加剧社会分化，从而引发社会动荡。西汉王朝的灭亡与官僚地主经商有极大的关联。经济精英从政后继续经商所带来的社会后果与此类似。官商勾结向来被称为"月光下的文化"，如任其蔓延，必然带来吏治腐败、道德沦丧、社会糜烂。至于政府越俎代庖，直接垄断工商业，则兼有积极和消极作用。拿汉武帝的盐铁官营、均输、平准等政策而言，一方面，它们推动了盐铁业的规模化经营，大大改进和推广了生产技术，为政府增加了巨额财政收入，同时起到了平稳市场、抑制豪强兼并、打击地方割据势力的作用；另一方面，市场垄断也造成官僚主义、强买强卖、乱发号令、以权谋私、缺乏市场竞争与活力、基层民众负担加重、生活困苦等严重弊端。[①]

秦汉以降，直至明清，中国封建专制逐渐达到顶峰，政治建立起对经济、社会、文化的绝对控制，特别是结合了理论体系相当完善、成熟、自足，调节功能相当健全的儒家思想之后，更是获得了掌控社会大系统的强大思想武器。同西方社会相比，中国的行政权一直支配着社会，经济的发展完全被纳入为政治服务的轨道，根本就没有自然发展的历史空间。

阐述"政经一体化"的历史渊源无疑有助于我们理解当代中国的"政经一体化开发机制"。这一机制可以追溯到毛泽东时代国家在政治和经济方面的高度集权。从政治上讲，中国共产党确立了一元化的领导地位及其相应的政治体制。这种政治体制的特点首先是党政不分，权力高度集中，尤其是集中于从中央到地方各级党委的一把手；其次是政经不分，国家对经济有绝对支配权。从经济上讲，中国共产党建立了社会主义公有制，包括全民

① 详见晋文《桑弘羊评传》，南京大学出版社，2005，第112～134页。

所有制和集体所有制；建立了中央计划经济体制；在城乡实行统购统销制度。全民所有制实际上由国家代表全体人民行使财产处分权；集体所有制实际上是集体经济组织的领导人代表集体行使财产处分权；计划经济形成国家对经济的绝对支配；统购统销则由国家垄断市场，对粮食、棉花、油料等重要农产品以及食糖、烤烟、木材、茶叶等其他农产品实行统一收购与供应，从而将计划经济体制没有包括进去的其他社会经济生活层面也纳入国家统制范围。这样一来，计划经济体制不仅完全控制了生产领域，也完全控制了人民的生活领域。[①]

毛泽东时代不仅是“政经一体化”，而且是“政经社一体化”。在农村，通过农业生产合作组织[②]及后来的人民公社体制控制生产活动，并且对农民进行整合。村落中的每一个成员，都属于集体成员或人民公社社员，都有责任和义务参加农业集体劳动，并将这种劳动形式作为唯一谋生手段；在城市，人民公社体制的实行没有成功，社会结构的主要特征是国家—单位—个人。国家通过单位将社会成员组织化并纳入自己的控制体系中，同时使单位成为主要的资源配置途径，市场等其他资源配置渠道基本被消灭。

“政经社一体化”的结果导致了中央政府的命令，甚至最高领导人的主观意志成为经济活动和生产组织的主要推动力。比如，1955 年到 1956 年的农村合作化高潮即与毛泽东个人的大力倡导有关；1958 年大炼钢铁时期，各级党委一把手挂帅，动员全

---

① 安贞元：《人民公社化运动研究》，中央文献出版社，2003，第 50～54 页。

② 新中国成立后的土地改革建立了农民个人土地所有制。从 50 年代开始，党为了避免农村两极分化，引导农民走共同富裕道路，开始引导农民成立生产互助组织，但此时的生产关系仍属私有制范畴。后来在生产互助组基础上成立的初级农业生产合作社开始将生产资料逐步转为集体所有。到了高级农业生产合作社时期，集体经济组织已经基本上掌握了农村基本的生产和生活资料，农民的附属性已基本形成。正是这种经济上的集体化构成了 1958 年实行的人民公社政社合一体制的经济基础。详见于建嵘《抗争性政治：中国政治社会学基本问题》，人民出版社，2010，第 186～188 页。

国9000万人上山，砍树挖煤、找矿炼铁，建起上百万个小高炉、小土焦炉，用土法炼铁炼钢。这种典型的政经一体化开发机制也与毛泽东亲自确定了1958年的钢产量要在1957年的537万吨基础上翻一番的目标有很大关系。

改革开放之后，随着国家的治理重心转向经济建设以及引入市场经济，政府行为的市场化和企业化倾向日益突出，政经一体化由此获得了新的动力机制。首先是企业化倾向：党政许多部门和官员直接从事经济活动，党委书记成了董事长，行政首长成了总经理；其次是市场化倾向，特别是在党的十四大确立了经济体制改革的目标模式是建立社会主义市场经济体制以后更加明显。“政府行为的市场化、企业化采用了多种形式：政府机构直接参与营利性的经营活动；用行政权力牟取部门或个人的经济收入；以各种各样冠冕堂皇的借口介入企业活动；层层下达经济增长指标，将经济增长速度作为衡量政府官员的基本标准；政府官员与企业的私下结合等等。”①

政治权力广泛介入经济存在体制上的原因。有人认为，地方政府在财政上对工业税收严重依赖，特别是农业税收从地方财政收入中隐退之后，财政收入成为地方政府与企业的强力黏合剂。但是，贺雪峰却提出，地方政府具有强大的招商引资积极性的主要原因不是出于增加财政收入的考虑，而是源自自上而下强有力的行政体制，上级给下级分配招商引资指标，并将招商引资作为考核各级官员主要政绩的指标，② 因此，整个社会科层制运作的量化考核与官员任免机制是地方政府积极介入经济的重要动力源。

除了体制原因之外，还有社会心理因素导致政经合一体制的

---

① 童星、张海波：《中国转型期的社会风险及识别——理论探讨与经验研究》，南京大学出版社，2007，第53页。

② 贺雪峰：《新乡土中国——转型期乡村社会调查笔记》，广西师范大学出版社，2003，第188～196页。

形成。改革开放之后，在国家再分配体制之外出现了一个新生群体和阶层，国家干部的收入水平与他们形成了鲜明对照，于是，强烈的失落感、不公平感和相对剥夺感成为政治精英向经济领域渗透的强大心理动力。

中央政府在改革开放之初即已认识到政经一体化的危害并颁布了多项文件对这种局面的形成加以制止。从1984年到1999年，国务院和中央纪委出台的关于禁止党政机关、党政干部经商、办企业的文件、规定不下10个，其中主要有：

1984年7月，中央办公厅、国务院办公厅发出《关于党政机关在职干部不要与群众合办企业的通知》。通知指出，经济体制改革必须坚持政企分开，官商、官工分开的原则。政企结合容易削弱党和政府对经济工作的全面领导，容易发生与民争利偏向，形成一批仗权牟利的垄断企业，不利于真正搞活经济。

1984年12月，中央、国务院发出《关于严禁党政机关和党政干部经商、办企业的决定》。

1986年2月，中央、国务院公布《中共中央、国务院关于进一步制止党政机关和党政干部经商办企业的规定》，明确各级党委机关和国家权力机关、行政、审判和检察机关以及各自隶属事业单位，一律不准经商、办企业。凡违反规定仍在开办的企业，包括应同机关脱钩而未脱钩或者明脱钩暗不脱钩的，不管原来经过哪一级批准，都必须立即停办，或者同机关彻底脱钩。

1989年7月，中央政治局通过《中共中央、国务院关于近期做几件群众关心的事的决定》。其中，首要的两件事便是进一步清理整顿公司和坚决制止高干子女经商。

1998年7月，中央做出了军队、武警部队、政法机关一律不再从事经商活动的决定。在此之后，中央再没有新的关于清理党政机关经商、办企业的规定出台。

尽管国家三令五申严禁经商、办企业，但政经一体化的现象仍然屡禁不止。根据2011年底公布的国家审计署第31号审计公告，被审计的53家中央部门单位，绝大多数都存在各种名目的下属企业单位，其中，16个国务院直属机构都拥有下属单位（集中了各类企业和事业部门）；14个国务院直属事业单位下属的企业众多，光中国科学院的全资及控股企业就有20多家，而且这些下属企业下面还有下属企业；国务院27个组成部门、8个办事机构，利用各种中心、协会开办企业的情况更为普遍，以物业公司、宾馆、疗养所居多，其中商务部的机关服务中心下属公司多达20多个，外交部、商务部、国台办的下属企业则多从事房地产、投资业。下属企业最多的部委包括工信部、交通部、商务部和水利部。[①]

为何企业与行政权之间的关联一直无法切断？这与行政权一直独大的历史惯性有关，也与市场机制的不完善需要借助行政权的推动有关。此外，齐美尔对于“二人组”与“三人组”特征的论述对于回答这个问题提供了一些启示。齐美尔论述说，“二人组”（dyad）是最紧密的人类群体，其紧密性来自互动对象仅限于两人；“二人组”是最不稳定的群体，因为它需要双方共同参与并承担全部义务，如果一方失去兴趣，“二人组”就会解体。“三人组”（triad）虽只增加了一人，但从根本上改变了群体关系。第三人的加入虽然会减少两个人之间的互动，增加成员关系之间的紧张，却使群体获得一种力量均衡而变得更加稳定，二人群体也会因为第三人的加入而产生联盟、调停、仲裁等互动形式。[②] 政企之间的紧密性关联来自在特定历史背景下它们的结合所能产生的作用，如目前有助于推动经济快速增长，最终实现压缩型现代化。在这个过程中，政企“二人组”因为没有社会力量的介入而无法实现社会对其中任何一方的监督与牵制，也无法实现社会与其中的一方联盟而对另一方的行为进行约束。

---

① 鞠靖：《部委办企业》，《南方周末》2011年8月25日，B10版。

② 转自〔美〕詹姆斯·汉斯林《社会学入门——一种现实的分析方法》，林聚仁等译，北京大学出版社，2007，第163～164页。

综上所述，目前中国“政经一体化开发机制”的形成最早可以追溯到西汉时期，经过中国封建王朝两千多年行政权支配社会的传统获得了强大的历史根基；毛泽东时代高度集权的政治与经济体制以及动用政治手段引导小农中国走向共产主义大同的实践奠定了新中国政经一体化的基本框架；改革开放之后，随着市场经济的引入，政经一体化又获得了新的推动力和更多的形式。“政经一体化开发机制”虽对当前中国经济的快速发展起到了极大的作用，但同时也伴随着盲目冒进、吏治腐败、环境污染加剧、贫富差距拉大等负面后果。逐步引入社会的力量，最终构成政治—经济—社会的三角平衡可以使这一机制趋于瓦解。

第四章　农民环境抗争：一个初步的描述类型学

第一节　农民环境抗争的类型描述

一　农民环境抗争的基本形式

根据农民环境抗争的规模大小和组织化程度，我们可以将农民环境抗争划分为三种基本形式。一是个体抗争，即环境污染的个体受害者单枪匹马进行抗争。这种抗争通常出现于非突发性的环境污染事件的初期，由于污染损害的严重性和普遍性尚未凸显，因此，往往只有污染危险意识相对较早觉醒的个人或极少数人进行抗争。二是集体抗争，主要指与某个污染侵害事件直接相关者纵向联合起来的抗争行动。三是联合抗争，指不同地区因为环境污染而受到侵害者横向联合起来的抗争行动，这种抗争可能是由同一污染问题所触发，如某个河流流域内的居民因河水污染而奋起反抗。根据污染波及面的大小，这种联合可能跨及多个村、镇、县、市，甚至多个省，其典型代表是湖南、贵州、重庆三省市交界处的清水江流域农民的环境抗争。根据中央电视台《经济与法》节目的报道，在湖南花垣县茶峒镇隘门村，村主任华如启为了改变清水江“用毛笔蘸上就可以直接在纸上作画写字”的状况，多年来一直领导村民与污染抗争。考虑到治理清水江污染绝不仅仅是边城一个地方的事情，华如启联合了清水江流域内所有受到污染危害村子的村干部，成立“拯救母亲河行动代表小组”，共几十名成员，清一色是村官。2005 年 5 月 26 日，清水江沿岸几十个行政村的村干部聚集在华如启家中。他们签署了一份集体辞职的报告，并盖上鲜红的印章。华如启坦言：“我几十个村的村干部全部辞职，看你这个地方你自己管去。你不需要我们去管嘛。我们管了，把这个社情民意反映给你们，你们不采取措施啊！”[1] 媒体对事件的集中报道引起了中央高层领导重视，清水江的污染治理被迅速提上日程并实质性地加以实施。

联合抗争也可能是由不同污染源的受害者之间的合作。比如，美国很多社区民众的环境抗争得到了全国其他社区在资金、知识甚至人员方面的帮助。当然，这种情况目前在中国很少出现。联合抗争还可以指污染受害者与那些虽然与特定的污染侵害事件没有直接利益关联，但对抗争者持同情态度的人，或者与一些环保人士之间的合作。

二 农民环境抗争的主要行动方式

（一）环境诉讼

【案例 1：华南 P 县“千人大诉讼”[2]】 华南 P 县历来山清水秀，鸟语花香。1992 年，P 县 A 村引进了龙舟化工厂，投产当年产氯酸钾 1 万吨。1999 年二期工程投产后，生产规模扩大了 1 倍，但对周围的污染也猛然增加。根据 2003 年中央电视台《新闻调查》的报道，当时村庄受污染影响，山上林木全部枯死，地里庄稼几乎绝收，河里鱼虾完全绝迹，居民常常感到头晕、腹痛、恶心、鼻塞、胸闷、皮肤瘙痒，癌症发病率大幅度增加。经

① 中央电视台《经济与法》“环境保护系列节目”（四）：《“锰三角”启示录》，2009 年 6 月 11 日。

② 本案例内容摘自黄家亮《通过集团诉讼的环境维权：多重困境与行动逻辑——基于华南 P 县一起环境诉讼案件的分析》，黄宗智主编《中国乡村研究》第 6 辑，福建教育出版社，2008。

济损失与健康伤害导致村民与污染企业不断发生冲突。早期的冲突换得企业对死亡作物和被征土地少量的补偿。此外，维权精英柳大元开始向县政府、地区政府甚至中央领导写举报材料。2001年，信访得到了回应。在收到国务院要求督办的公函后，柳大元继续向省地环保局投诉，结果换回县政府两年下拨附近两个乡镇43万多元的“农业灾情减免款”。

除了柳大元之外，另一个更重要的维权精英是章金山，一个在A村开了私人诊所的乡村医生。他在行医过程中发现村里健康异常的人越来越多，于是开始怀疑这种情况的出现与化工厂有关。1999年开始，他向P市环保局和P市市政府信访，向媒体投诉。2000年，他购置了一台电脑，并开始在天涯等大的论坛上频繁发帖，还通过电子邮件向各个媒体和政府机构大量投诉。2001年突然收到国家环保总局宣教中心发来的邮件，要求他向环保总局提交投诉材料；据说在2002年1月还收到国务院总理朱镕基的来信。中央来信成为章金山动员民众的极其有效的手段。此后，章金山按照“总理”建议，更频繁地向媒体投诉。不久，《方正》杂志记者杨大明来到P县，在调查之后迅速报道了龙舟化工厂污染事件。收到杂志之后的村民到县政府门前拉上横幅，以宣传杂志为名向社会寻求控告化工厂的募捐，结果导致政府与村民的冲突，多位村民被打伤，募捐款被没收。章金山通过网络向媒体及有关部门投诉，后由《中国环境报》对这一事件做了披露。

经杨大明推荐，村民开始寻求中国政法大学污染受害者法律帮助中心的支持。在后者的帮助下，村民走上了环境诉讼的维权道路。在克服了重重困难，如证据搜集、污水监测、损害评估、费用筹集等之后，2002年11月，村民们正式向P市中级人民法院提起了民事诉讼，参加诉讼的村民达1721人，因此被很多媒体称为“千人大诉讼”。多家高层媒体（《法制日报》、《光明日报》、《中国环境报》和中央电视台等）的纷纷介入使A村事件被迅速放大为社会事件。

令村民不满的是，法院不但不认可他们自己提交的损失评估，而且在收取了他们3万元的委托鉴定、评估费后，迟迟不委托鉴定，导致无法开庭审理。经过村民与法院一次次的交涉，到了2004年4月，法院才委托评估鉴定，到2005年1月中院才正式开庭审理案件。裁决结果除了要求化工厂停止污染侵权之外，只判被告承担大部分案件受理费、鉴定费和近25万元的经济损害赔偿，离村民要求的1350多万元相去甚远。村民们毫不犹豫地向P省高级人民法院提起上诉。2005年8月18日，二审判决仅仅否决了一审扣除的43万多元“农业灾情减免款”，将赔偿变为68万多元，其他几乎没有太大变动。

（二）环境上访

【案例2：湖南DT村矿山水污染事件①】 DT村所在的L镇位于湖南省LY市N县西部边陲山区，全镇主要产业是农业，经济一直在全县排名靠后。2004年，DT村发现大量可用于提炼五氧化二钒的石煤，这种原料不仅可以降低炼钢生产成本，而且可以降低含钒钢带来的制造成本。在L镇政府的鉴证下，2004年10月，DT村村主任以村委会名义与邻县个体老板签订《招商引资开发五氧化二钒项目合同书》。钒矿厂生产后，厂区周围几十亩森林被厂区排出的废气熏死，工厂排出的废水导致村民当年水稻颗粒无收，污水排入的池塘和河流中的鱼虾全部死亡，村民仅有的饮用水源也被污染。为此，恐慌的村民不断向镇政府申请介入，但均遭到拒绝。2006年，村民精英发动群众，将持有村企业股份的村民集中起来，成立股东代表大会，讨论成立DT村企业联合体，并成立由13人组成的理事会。理事会向村委会和镇政府递交报告，提出三项要求：一是村政企

① 本案例摘自袁记平《抗争与赋权：对一起农村矿山水污染事件的社会学解读》，《井冈山大学学报》2011年第2期。

分开，由村委会管理行政事务，由理事会管理经济事务；二是撤销钒矿合同；三是清查现任村主任就任以来的村账目。报告遭到村和镇的拒绝。

村民认为依靠乡镇一级政府不可能解决问题，于是凑钱向县—市—省级政府反映情况。他们将有关材料送到县政府、县法院、县政协、县检察院、县环保局、县农林经济经营管理局。向县级有关部门反映情况，问题没有解决，村民们又向市环保局、省环保局反映情况。此时由于污染，邻近 LY 市的受污染群众也上访到省里。2007 年 8 月，省环保局受理了 DT 村信访事项，并且批文要求县环保局调查解决污染问题。省里根据调查情况，做出钒矿停止生产进行环保整改的决定。2008 年 2 月，钒矿厂进行技改，重新设计排污设施，但由于迟迟不能达到标准被迫停工。2009 年，湖南省安全生产管理局注销了矿厂的生产许可证，并下达了责令关闭的通知。

（三）制度外抗争

【案例 3：浙江东阳市、新昌县农民集体暴力抗争环境污染事件①】 浙江东阳市画水镇原先依山傍水。自 2001 年起，原画溪镇政府以租赁土地的形式，开始建设竹溪工业园区，占地约千亩，共有 13 家化工、印染和塑料企业，其中化工企业有 8 家。据当地村民反映，“化工厂、农药厂常常排出大量的废气、废水，发出难闻的气味，刺鼻又刺眼”。2005 年 3 月 15 日是东阳市政府市长接待日，当地村民前去反映污染问题时，未被有关领导接待。3 月 20 日起，村民开始在化工园区邻近各村的出路口搭建了 10 多个毛竹棚，并由村中老人驻守，堵塞路口，强烈要求化工厂、农药厂搬迁。大棚被执法人员放火烧毁后，村民再次搭

① 本案例摘自郎友兴《商议性民主与公众参与环境治理：以浙江农民抗议环境污染事件为例》，广州“转型社会中的公共政策与治理”国际学术研讨会论文，2005 年 11 月。

起毛竹棚。4月1日，东阳市政府下发文件，决定对画水镇竹溪工业功能区内的13家工业企业从2005年4月2日起实施停产整治。4月5日，画水镇团委、妇联、老龄委、残联发出一份倡议书，称要“坚决与少数扰乱社会正常秩序的不法分子做斗争，并积极劝说少数盲目跟风的人及时回头”。4月6日，画水镇委和镇政府“致全镇人民公开信”，严正警告“那些极少数不法分子悬崖勒马，积极主动地配合政府做好工作，否则，对策划、参与、继续制造事端、扰乱社会秩序者一律从重从快予以严惩”。4月6日，东阳市公安局发出通告：“限令滞留在画水镇竹溪工业功能区路口的群众尽快撤离现场，所设置的路障（毛竹棚、石头等）尽快拆除清理，立即停止一切违法行为。否则政府公安机关将采取措施予以强行带离现场、强制拆除清理。妨碍执行公务的，将承担一切法律后果。”4月9日晚间，当地镇政府派出10多名执法人员来到画溪村出路口，说夜里要刮风下雨，劝村里老人离开毛竹棚，但老人们没有听从。之后，地方政府采取了清理行动：4点多时，包括警车和公交公司的大巴车共有100多辆运送执法人员到达。据村民说，当时执法人员封锁了毛竹棚所在地，一排警察手持盾牌，组成方阵，阻止大量赶来的村民进入拆除现场，执法者设立了现场指挥部，市主要领导在现场指挥。地方政府虽对事件已有相当的心理准备，但对形势的估计仍显不足。村民越聚越多，后来有两三万人，声势浩大。警方发现对峙下去可能会造成大规模冲突，开始主动撤离。但此时，外围的村民坐在路上阻止官方撤离，造成混乱。情绪激动的村民开始追打身穿警服或政府配给雨衣的执法人员，一些执法人员纷纷扔下警棍、橡皮棍、盾牌，并脱去钢盔和制服，撤离现场。

浙江京新药业股份有限公司坐落于浙江省新昌县青山工业区，前身为浙江京新制药厂，始建于1990年。京新药业的半成品生产厂，位于浙江中部新昌县和嵊州市交界处，工厂后方就是受污染的新昌江。嵊州市境内的黄泥桥村距该厂最近处仅有几十米。据村民反映，化工厂建厂生产3个月之后，村民便发现井中的地下水已不能饮用。后来的几年里，村民们陆续发现河里的鱼、虾、田螺，甚至连青蛙都绝迹了，田里的庄稼开始大幅度减产，化工厂所排放出的气体让村民有一种“宁愿被打死也不愿被熏死”的感觉。2005年6月22日，京新厂发生爆炸，造成1死4伤。事故触动了村民心中由来已久的恐慌和不满。7月4日，黄泥桥村大约50名村民到京新药厂反映污染问题，并要求厂家为村民进行体检并赔偿“营养费”。由于厂方领导一再推迟见面时间，村民情绪开始激动，并将接待室的玻璃门砸坏，由此引发村民与厂家的第一次冲突。事件引起新昌县和嵊州市两地官员的重视，7月5日，在政府劝说沟通之后，化工厂于当晚紧急停产，村民们也返回家中。但是这一事件又引发新昌江下游同样遭污染侵害的嵊州村民的关注。化工厂紧急停产后，400多个反应炉中还存有1000吨化学物品，有关专家认为这些原料如不经及时处理，容易引发燃烧和爆炸。于是政府同意工厂在7月15日8点开始用7天时间处理该批危险化学品。政府公告发出之后，村民却以为是化工厂借口开工。7月15上午，数百名黄泥桥村的村民聚集在化工厂门前要求工厂立即停止生产，并与保安以及前来维护治安的警察发生冲突。据称，当天加上从四面八方涌来的围观群众，化工厂门前有数千人。当晚，在当地官员劝说下，黄泥桥村的村民返回家中等待消息。不料，新昌江下游的村民们在得知7月15日发生的事情之后，决定声援黄泥桥村。16日晚，由于当地大范围停电，无事可做的村民开始从四面八方涌来，警察在104国道和新昌高速公路口设置关卡，仍然无法阻止村民的脚步。警方在化工厂门前安放巨型水泥管道充当隔离墙，防止村民冲进厂区造成意外。双方处于对峙状态，村民投掷石块，但警方为防事态扩大没有还击。后来台风袭来，暴雨驱散了人群，缓解了危机。接下来的几天里，化工厂附近村民有过几次小规模聚集，没有造成冲突。至 21 日上午 7 点，化工厂完成处理危险化学品之后，厂外已经没有村民聚集，警察也已撤离。

（四）多种行动方式的复合运用

【案例 4：苏北东井村村民的环境抗争①】 东井村位于苏北盐阜平原北部。2000 年之前，人与环境保持稳定和谐的平衡关系。2000 年 3 月，聚龙化工厂因招商引资落户东井村，由此带来生态环境的严重破坏。2001 年春天，处于化工厂下风方向每天都受到化工厂排放的废气侵扰的东井村第一和第二组村民开始找化工厂"算账"。他们要求工厂停止生产，遭到拒绝后拆了工厂的烟囱、砸了工厂的门窗、填堵了化工厂的进水道。企业打电话给镇政府，镇政府以破坏生产和社会治安等罪名拘留了 11 名村民，村民被暂时震慑。

村民抗争的第二阶段是找政府和媒体。从村民"闹事"到 2006 年，是聚龙化工厂生产的高峰期，同时也是污染的高峰期。随着经济收入因污染而日益下降，随着恶性肿瘤的发病率和死亡率的提高，村民不再隐忍。2002～2004 年，村民不断向县环保局、市环保局、省农林厅、省环保厅信访，但没有得到预期结果。2005 年 3 月，化工厂排污导致村民刘永达鱼塘中几千斤鱼死亡。此事被村民认为是工厂排污的有力证据，因此打电话要求县环保局履行职责，处罚化工厂排污行为，但没有得到任何回应。在这种情况下，村民开始找媒体曝光。结果市电视台来录制的录像资料"被县政府拿走了"。气愤之余的村民给国家环保总局写联名信。联名信虽然引来了《中国经济时报》记者，并且也报道了有关聚龙化工厂污染环境的事项，但被县政府指责"失实"。媒体也没有起到实际作用。

---

① 本案例摘自罗亚娟《乡村工业污染中的环境抗争——东井村个案研究》，《学海》2010 年第 2 期。

东井村民环境抗争的第三个阶段是打官司。2006 年 3 月，村民向县人民法院提交了行政诉讼状，要求县环保局行使环境管理职责。法院认定环保局履行了职责，同时认定死鱼事件后，环保局没有对村民要求其履行职责予以答复。在随后的答复中，环保局做出了搬迁化工厂的决定。其后，村民代表动员了 300 多名村民准备控告企业污染行为，要求对 2001 年以来因污染对村民造成的损害加以赔偿。在向中级法院提交的民事起诉状中，村民要求企业赔偿 70 多万元。结果，法院认定村民未能完成初步举证义务，判处村民败诉。村民上诉到省高院，获得同样结果。

三　农民环境抗争的特征

第一，从抗争目标上讲，大多限于要求污染企业停止侵权（表现为要么停止生产以避免继续污染环境，要么企业搬迁，使污染源撤离，但很少要求企业进行污染治理，这一现象值得进一步深思），或者对经济或健康损害做出赔偿。

第二，农民普遍存在被褫权现象，即农民本应具有的权利被地方政府和企业剥夺，或者说“本应由村民做主的事项在村民缺位的情况下做出来了”[①]，比如，实行村民自治后，村民应该有权决定村里的重大事务，所以，土地被征用、企业在村里落户等都应该有村民的民主参与；另外，企业生产导致的污染必然会涉及村民经济健康，因此，项目建设之前的环境影响评价必须有村民实质性的参与，但这些权利要么被剥夺了，要么被形式化了。基层上下级政府常常与企业共谋，对村民进行一些欺骗或愚弄。比如，在湖南 DT 村的个案中，矿厂明明生产的是五氧化二钒，在注册登记表和营业执照上却写没有多少污染的页岩加工；在东井

① 袁记平：《抗争与赋权：对一起农村矿山水污染事件的社会学解读》，《井冈山大学学报》2011 年第 2 期。

村个案中，企业和镇村干部都向村民承诺，化工厂生产的是不会造成污染的生活化工产品，“化工厂的水采用循环使用技术，一滴不外流，对周围的水源和空气没有任何污染”[①]。这一特点使农民抗争容易找到斗争的理由，即基层政府和企业违法乱纪。另外，由于受到了欺骗，所以，农民在抗争过程中容易夹带大量的情绪，从而使行动趋于激烈。

第三，从抗争手段上讲，大多经历过同企业交涉、向各级政府反映情况请求行政部门解决问题（有时候获得成功，如 DT 村个案）。在这两种渠道受阻的情况下，往往寻找外部联盟（如华南 P 县个案、东井村个案），或者走向制度外对抗（如浙江东阳、新昌个案）。诉诸司法救济的很少，因为诉讼会遭遇诸多困难，很难胜诉（如东井村个案），即使胜诉了，结果也很难让村民们满意，所谓的“千人大诉讼”的结局就是一个很好的证明。

第二节　农民环境抗争与城市民众环境抗争的比较

一　城市居民的环境抗争

污染的农村化趋向并不意味着城市污染的消失，实际上，因污染而导致城市民众奋起抗争的事件也很多，比如 2007 年厦门、北京、上海等城市先后爆发大规模的环境集体行动，这一事实被童志锋认为标志着“环境集体抗争已经进入凸显期”。[②] 笔者在此首先列举两个著名案例，然后对城乡环境抗争做一对比。

① 罗亚娟：《乡村工业污染中的环境抗争——东井村个案研究》，《学海》2010 年第 2 期。

② 童志锋：《历程与特点：社会转型期下的环境抗争研究》，《甘肃理论学刊》2008 年第 6 期。

（一）“集体散步”：厦门居民 PX 环境运动[①]

2006 年，厦门市引进了一项总投资达 108 亿元的对二甲苯化工项目，选址于厦门市海沧区台商投资区，投产后每年的工业产值可达 800 亿元，占厦门现有 GDP 的 1/4 强。该项目自 2004 年 2 月经国务院批准立项后，历经国土资源部建设用地的预审、国家环保总局于 2005 年 7 月对该项目环境影响评价报告的审查通过，国家发改委将其纳入“十一五”PX 产业规划 7 个大型 PX 项目之中，并于 2006 年 7 月核准通过项目申请报告。2006 年 11 月，项目开工。由于海沧区人口稠密，项目 5 公里半径范围内人口超过 10 万人，且邻近高校和风景名胜地鼓浪屿，因此，开工后广遭质疑。

2007 年“两会”期间，中科院院士赵玉芬联合 104 名全国政协委员向政府提交了一项提案，列出 PX 项目可能导致的不安全后果和污染隐患，建议暂缓项目建设。此提案经媒体披露，立刻引发厦门市民的危险感。

从 2007 年 5 月下旬开始，厦门市民互相转发一条关于 PX 危害性的短信，并号召市民去市政府“散步”。这时，厦门市政府以公开报道和发放 PX 知识小册子的形式，对若干民间疑问进行解释，指出 PX 并非剧毒物质，其“安全系数与汽油同一等级”；驳斥所谓安全距离的质疑，引用诸如壳牌化工区，国内的大连石化等实例，借此强调海沧 PX 项目并不违背惯例。政府的一系列举动并没有说服老百姓。6 月 1 日，尽管厦门市政府已经宣布缓建项目，但“散步”仍然如期举行。示威人士占据主要街道，手上举着写有“反对 PX，保卫厦门”“要求停建，不要缓建”“爱护厦门，人人

① 本案例来自“百度百科”和“维基百科”相关词条内容的综合。

有责”“保卫厦门，拒绝劈叉”“STOP PX”“抵制 PX 项目，保市民健康，保厦门环境”等字样的横额及标语。示威人群在数小时后和平散去。

2007 年 6 月 7 日，由国家环保局组织各方面专家，就 PX 项目对厦门市进行全区域总体规划环评。12 月 5 日公布的环评报告结论为，海沧南部空间狭小，区域空间布局存在冲突，厦门市在海沧南部的规划应该在“石化工业区”和“城市次中心”之间确定一个首要的发展方向。报告同时披露了海沧现有的石化企业翔鹭石化（PX 项目的投资方）五年前环保未验收即投入生产，并且污染排放始终未达标。

12 月 8 日，在厦门市委主办的厦门网上，开通了“环评报告网络公众参与活动”的投票平台，但很快投票被中止、平台被撤销，因为投票反对者占压倒性多数。12 月 13～14 日，厦门市政府开启公众参与的最重要环节——市民座谈会，绝大多数代表表示反对。12 月 16 日，福建省政府针对厦门 PX 项目问题召开专项会议，决定项目迁址至漳州。

（二）环境行政诉讼：北京百旺家苑小区居民环境维权[①]

事件开始于 2004 年北京市电力公司开工建设“西沙屯—上庄—六郎庄 220kV/110kV 输电线路”工程。工程破坏了颐和园等风景区的生态环境，占用了小区居民的公共绿地，更重要的是，高压线路产生的电磁辐射有可能对沿线居民尤其是儿童的身体健康造成伤害。于是，业主根据

① 本案例摘自张兢兢、梁晓燕《北京百旺家苑小区环境维权事件》，见梁从诚主编《2005：中国的环境危局与突围》，社会科学文献出版社，2006，第 203～207 页。

“城市电力规划规范”，向北京市环保局举报该工程违规。环保局在调查后答复说，此条线路未经环保论证和审批，属于违规建设，同时向市供电公司签发要求补办环保审批手续的通知。此后2个月，电力施工单位不顾环保局停工令一直持续施工并且与百旺居民发生对峙。2004年7月，百旺居民接到北京市环保局关于举行环境保护行政许可听证会的告知书。在听证会上，小区代表认为，北京电力公司补办环评程序完成的“西上六输变电工程”存在程序违法、适用标准错误、计算错误、结论错误等诸多问题，请求环保局做出不予行政许可的决定。9月，环保局在批复中对工程环境影响报告书“予以批准”。9～11月，百旺居民代表及其律师向国家环保总局递交了《复议申请书》和《行政复议再次补充申请书》，认为北京市环保局的行政许可违反了北京市有关法律法规，应予撤销。11月20日，居民再次上书国家环保总局，指出电力公司的环评报告内容不实，北京市环保局未经核实，即给予行政许可，因此该行政许可不具法律效力，应予撤销。2005年2月1日，百旺家苑465户居民第三封致国家环保总局副局长潘岳的信件送达环保总局，同时向复议处送达行政复议补充申请材料。3月17日，国家环保总局批示：驳回百旺家苑小区居民的复议请求，维持原北京市环保局的行政决定。4月26日，百旺居民诉北京市环保局的行政起诉状送海淀法院立案。4月27日，百旺居民诉北京市规划局一案，原告对海淀法院的一审行政裁定不服，向北京市第一中级人民法院提起上诉。百旺家苑及相邻小区居民在2004～2005年共提起过3次行政复议和4次行政诉讼。此案件是我国第一起适用环境行政许可听证程序的环境维权案件。

二　城市居民与农民环境抗争的比较

第一，绝大部分城乡环境抗争都呈现“弱组织化”[①] 特征。我国当前对维权类组织没有解禁，因此，有组织的抗争不被政治所允许；另一方面，完全无组织的人群无异于乌合之众，根本实现不了维权的任务，因此，抗争的背后一定存在某种形式的组织工作。上述案例中，农村抗争一般由所谓的“自生型精英”或“外赋型精英”[②] 或明或暗地组织；城市抗争一般由小区居民代表组织。比较特殊的是厦门 PX 环境运动，因为在整个运动过程中找不到一个组织者，但并不等于没有组织，整个运动可以被看作一个“自组织系统”，居民自主参与是系统的核心，自主参与在微观层次上受社会网络和互联网的影响，在宏观层次上受群体话语的引导。[③]

第二，社区在环境抗争中发挥了作用。农村社区是一个传统的“熟人社会”，能够给农民带来心理上的归属感和道德上的约束力。心理上的归属感可以使村民主动关心自己的生存环境，积极介入环境抗争行动；道德上的约束力则会使每一个想长期生活在社区中的村民不会去背叛集体抗争行动，甚至还能够解决集体行动的“搭便车”困境。[④] 城市社区居民虽然对社区的归属感不如农村社区居民强（有些居民通过不断地换房子离开原社区），再加上社区居民彼此并不完全熟悉，因此对参加集体抗争的道德

---

① 童志锋：《历程与特点：社会转型期下的环境抗争研究》，《甘肃理论学刊》2008 年第 6 期。

② 袁记平：《抗争与赋权：对一起农村矿山水污染事件的社会学解读》，《井冈山大学学报》2011 年第 2 期。

③ 周志家：《环境保护、群体压力还是利益波及——厦门居民 PX 环境运动参与行为的动机分析》，《社会》2011 年第 1 期。

④ 应星：《草根动员与农民群体利益的表达机制——四个个案的比较研究》，《社会学研究》2007 年第 2 期。

约束力不强，所以较难形成合力，但是，很多城市环境抗争还是以社区为单位的，特别是如果污染涉及每一个社区成员的切身利益时，居民还是愿意参加抗争。

第三，互联网、手机等新传媒在城市居民和农民环境抗争中得到了运用，只不过发挥的作用在城乡间有一些差异。在农村，网络使用受到网络普及程度和农民文化程度的限制，因此，有可能只有少数精英能够利用网络资源。在抗争中，农民对于网络的利用限于查找相关资料、在论坛上发帖，或者进行网络投诉等，很少使用网络进行交流，因为地理空间的邻近以及彼此之间熟识使面对面直接交流更加方便。与此相反，城市是一个陌生人社会，再加上网络的普及程度很高，因此，城市居民利用网络交流信息，相互鼓励，甚至进行强大的运动动员。这一特征在厦门 PX 运动和北京百旺家苑事件中表现得非常明显。

在了解到城乡居民环境抗争的相似点的同时，还必须注意到两者的差别。

第一，农村居民环境抗争一般都经历与污染企业直接交涉和到政府部门上访两个阶段。由于事情迟迟得不到解决，农民容易走上制度外对抗之路。换言之，农民环境抗争有较强的情感性表达。相反，城市居民环境抗争较为理性，如厦门 PX 运动能够建构出“厦门人”“集体散步”等群体性话语，从而使运动能保持集体理性意识。百旺家苑案例中，小区居民尽管遭遇到很多挫折，但是大体上保持在法律抗争范围之内，没有制度外行为。

第二，农民虽然也能依靠法律来进行抗争，但最多停留在李连江和欧博文提出的所谓“依法抗争”，即“以政策为依据的抗争”阶段。城市居民由于在文化程度、经济资源和社会关系上都优于农民，因此，城市居民更能意识到自己的“权利”，比如参加行政许可听证会的权利、获得环境信息的权利等，更能以法律为武器进行抗争。本书认为，在于建嵘所建构的

“日常抵抗”—“依法抗争”—“以法抗争”[1] 的连续谱上，农民环境抗争较为靠前，城市居民环境抗争较为靠后。如果再考虑到城市居民其他方面的维权活动，则更是如此。比如陈鹏研究城市业主的“法权抗争”时指出，城市业主的一个基本抗争形式是“立法维权”。[2]

① 于建嵘：《当前农民维权活动的一个解释框架》，《社会学研究》2004 年第 2 期。

② 陈鹏：《当代中国城市业主的法权抗争》，《社会学研究》2010 年第 1 期。

第五章　农民环境抗争的政治环境：基于政治机会结构的理论观照

1987 年，美国学者巴特尔（F. H. Butte）在评价环境社会学研究中宏观分析与微观分析相互隔绝的问题时说："环境社会学的理论核心的主导特征是其主要以结构性分析为主，这种状况需要改变，以便融入主观性和行动者；同样，大多数环境社会学的经验研究只接受了主观主义者和微观社会学的理论指导，如果接受更宏观的结构性理论指导，一定会获益匪浅。"[①] 巴特尔的这段话指出了环境问题的研究者既要重视微观事件的内在发展动力机制，也要重视宏观层面的结构背景。从前文的文献梳理中可以看出，目前国内学术界对于中国民众环境抗争的研究大多集中于前者，对于后者似乎没有给予足够的重视。实际上，外部环境对农民的环境抗争非常重要。上文所列举的 1973 年河北省沙河县褡裢乡赵泗水村发生的环境抗争事件最终得到解决是在 1979 年，因为《中华人民共和国环境保护法（试行）》颁布。由此可见，缺乏有利的外部环境，农民的环境抗争会变得较为艰难。

在西方社会运动理论中，政治机会结构理论是涉及社会运动的外部政治环境的最重要的理论，因此，本章以该理论作为分析框架，结合 2008 年苏北 N 村发生的农民环境抗争个案，试图回

① Buttel, F. H., 1987. "New directions in environmental sociology", *Annual Review of Sociology*, Vol. 13, pp. 465 - 488.

答这样一些问题：如何才能将诞生于西方社会的政治机会结构理论与中国农民的环境抗争结合在一起？政治机会结构对农民的环境抗争起什么样的作用？有哪些政治机会要素对农民的环境抗争起作用？本章关注的重心是：作为污染受害者的农民在面对张玉林所说的“政经一体化开发机制”，或者吴毅所说的“权力—利益的结构之网”时，为何能对污染的制造者造成一定的压力，甚至有时能迫使地方政府与企业做出让步？

第一节　政治机会结构理论研究概述

作为政治过程理论的重要组成部分之一，政治机会结构理论一直是西方学者理解社会运动的发生与演变机制的重要分析工具。它主要侧重于研究社会运动所处的政治环境以及运动参与者所能获得的外部资源，强调法律政策的变动、政治制度、精英的同情等如何影响抗争者的行动策略、抗争潜力、抗争频率和组织形成等。自 20 世纪 70 年代出现以来，政治机会结构理论经历了从附属于资源动员理论到专门化的发展过程，尽管作为一个理论存在很大的问题，但至今仍然是解释社会运动的主导范式之一。在欧美学界，有关政治机会结构的理论与经验研究相当丰富，而中国学者只有极少数涉及了这一分析视角，[①] 或者透过这一视角分析特定的问题。[②] 鉴于此，本章拟首先对政治机会结构理论 40 年的发展历程进行系统梳理，而后尝试用这一理论来对苏北 N 村的铅中毒事件进行分析。

---

① 如陈映芳：《行动力与制度限制：都市运动中的中产阶层》，《社会学研究》2006 年第 4 期；蔡禾等：《利益受损农民工的利益抗争行为研究：基于珠三角企业的调查》，《社会学研究》2009 年第 1 期；施芸卿：《机会空间的营造——以 B 市被拆迁居民集团行政诉讼为例》，《社会学研究》2007 年第 2 期。

② 如祝天智：《政治机会结构视野中的农民维权行为及其优化》，《理论与改革》2010 年第 6 期。

一 政治机会结构理论的产生

尽管思想渊源可能更早,[①] 但学术界一般公认美国学者艾辛杰（P. K. Eisinger）在 1973 年最早明确提出“政治机会结构”（political opportunity structure or POS）概念并从这一概念出发分析社会运动。在艾辛杰看来，政治机会结构主要指政体的开放或封闭性质。开放的政体能为特定社会阶层的政治表达提供路径，或者能够对特定社会阶层的政治要求做出回应；与此相反，在封闭的政体中，权力趋于集中，政府对民众呼声置之不理，人们通过政治行动满足自己要求的机会受限。[②]

继艾辛杰之后，简金斯与佩若（J. C. Jenkins and C. Perrow）对比了 1946 ~ 1952 年和 1965 ~ 1972 年两个时间段的美国农场工人反抗运动。这两次运动在领导人、反抗组织的成立、行动策略、动员与罢工所遇到的阻碍等方面都非常相似，但运动结果迥然不同。作者将这种差异归之于政治环境的变化。在第一个时间段，政府强烈支持农业资本家，运动获得的外部支援很少；在第二个时间段，政府围绕农业工人的政策问题发生分裂，自由主义者和有组织的劳工结成了改革联盟，攻击农业资本家在公共政策中的特权。[③] 同一年发表的相关成果还有皮文与克劳沃德（F. F. Piven and R. Cloward）关于“穷人运动”的经验研究，他

---

① 如 1970 年，麦可·利普斯基就曾提出，抗议活动的兴衰与政体的变动密切相关。见 McAdam, Doug, 1996. “Conceptual origins, current problems, future directions”, in *Comparative Perspectives on Social Movements*, eds. Doug McAdam, John D. McCarthy and Mayer N. Zald, Cambridge University Press, pp. 23 – 40。

② Eisinger, P. K., 1973. “The conditions of protest behavior in American cities”, *American Political Science Review*, Vol. 67, No. 1, pp. 11 – 28.

③ Jenkins, J. C. and C. Perrow, 1977. “Insurgency of the powerless: Farm worker movements (1946 – 1972)”, *American Sociological Review*, Vol. 42, No. 2, pp. 249 – 268.

们将危机所促发的选举的不稳定性作为政治机会的主要来源。[①]简金斯等人虽然没有明确使用政治机会结构一词，但他们的解释立场与政治机会结构理论完全一致，预示着政治机会结构概念内涵不断扩大的趋势，同时在一定程度上为 80 年代泰罗（S. Tarrow）的概念界定奠定了基础。

1978 年，梯利（C. Tilly）出版《从资源动员到革命》一书。该书与 1982 年出版的麦克亚当（D. McAdam）的《政治过程和美国黑人运动在 1930 ~ 1970 年间的发展》被认为是西方社会运动领域政治过程理论的经典之作。梯利在书中提出两个模型。第一个是政体模型，这一模型将国家定义为一个政体，它有两类成员：政体成员和政体外成员。政体外成员缺乏关键政治资源，因此在运动前往往需要与一些政体内成员联盟。联盟为政体外成员发动集体行动提供了政治机会。第二个是动员模型，认为集体行动的进程是由以下六种因素的特定组合决定的：运动参与者的利益驱动、运动参与者的组织能力、社会运动的动员能力、个体加入社会运动的阻碍或推动因素、政治机会或威胁、社会运动群体所具有的力量。[②]

与梯利不同的是，麦克亚当的理论更强调社会变化对社会运动产生和发展的影响。他的思路是：社会变化导致现存社会权力结构的两个变化，即政治机会结构的扩展和社会运动组织力量的增强。政治机会为某个被排除在国家常规政治过程之外的群体发动一场社会运动提供了可能，组织为该群体将政治机会转化为社会运动提供了工具。麦克亚当在他的模型中还引入了认知解放因子，认为政治机会和组织力量的增强仅仅是社会运动发生的必要条件而不是充分条件，要使一个社会运动从可能转化为现实，运动群体必须经历一个认知解放过程。总之，在麦克亚当看来，社

① Piven, Frances Fox and Richard Cloward, 1977. *Poor People's Movements*, New York: Pantheon.

② 赵鼎新：《社会与政治运动讲义》，社会科学文献出版社，2006，第 21、191 ~ 192 页。

会运动是政治机会、社会运动组织力量和认知解放三个因素共同作用下的结果。[①]

上述表明，20世纪80年代中期之前，政治机会结构概念虽然已经产生并得到了初步运用，但这一概念没有被特别强调并引起广泛重视。作为政治过程理论的一个重要组成部分，政治机会虽然对社会运动的产生和发展相当重要，但只是影响社会运动的若干因素之一。另外，政治机会结构理论所固有的一些特征与弊端在其产生的初期阶段已经呈现出来，如简金斯和佩若已经指出政治机会不仅指静态层面的结构特征，而且包含着动态的演变过程；梯利已经注意到艾辛杰仅仅关注结构条件，[②] 忽视了抗议者的主观能动性，因此需要进一步考察特定政治条件下行动者的努力，如权衡动员的成本与收益、斟酌政府的态度、掂量动员的机会以及被政府镇压的危险等。[③] 麦克亚当的“认知解放”更是强调社会运动得以出现的主观因素，这样一来，政治机会结构不仅被看成是客观事实，而且被看成是主观认知。

二　政治机会结构理论的广泛运用与专门化

从20世纪80年代中叶开始，原先各自耕耘在社会运动研究

---

① 赵鼎新：《社会与政治运动讲义》，社会科学文献出版社，2006，第192~193页。

② 艾辛杰提到的能体现政体开放或封闭特征的因素包括：①城市行政机构的性质：市长—议会型（mayor - council governments）还是经理—议会型（manager-council governments）。市长是民选的，更会对选民负责，回应选民的要求，因此与开放性联系在一起；而经理则是由市议会聘请的职业政治家，仅仅服从市议会的意旨。② 城市议员小选区选举（ward aldermanic elections）还是整体选举（at - large electoral systems）。前者为居住集中的少数民族提供了更多的政治表达机会。③党派制度（partisan systems）还是非党派制度。前者为社会团体进入政府提供了更多的机会，因为政党为了生存必须汇聚各种不同的利益，并且需要长时间依赖于固定的选民群，为他们提供线索，对他们负责。

③ Tilly, Charles, 1978. *From Mobilization to Revolution*, Reading, Mass: Addison Wesley.

领域的大西洋两岸学者开始了相互交流。1985 年和 1986 年，美国康奈尔大学与荷兰的自由大学（Free University）各自承办了一次有关社会运动的国际会议。此后 10 多年里，跨国学术交流频繁出现，并且获得累累硕果，其中包括 1992 年在美国天主教大学召开的“机会、动员结构与框架进程”国际会议。此次会议的重要成果——1996 年出版的《比较视野下的社会运动：政治机会、动员结构与文化框架》成为社会运动研究者的必读图书。

伴随着国际层面学术交流的日益频繁，冠以政治机会结构之名的经验研究越来越多，如美国汤森运动①，美国妇女运动②，战后美国反核和平运动③，美国核冻结运动④，意大利与德国的社会运动与抗议管制（policing of protest）⑤，智利从威权政府向民主政府过渡过程中妇女的抗争行为⑥，韩国的民主抗争⑦，日本水俣病

① Amenta, Edwin and Yvonne Zylan, 1991. “It happened here: Political opportunity, the New institutionalism, and the townsend movement”, *American Sociological Review*, Vol. 56, No. 2, pp. 250 – 265.

② Costain, Anne N., 1992. *Inviting Women's Rebellion: A Political Process Interpretation of the Women's Movement*, Johns Hopkins University Press.

③ Meyer, David S., 1993. “Protest cycles and political process: American peace movements in the nuclear age”, *Political Research Quarterly*, Vol. 46, No. 3, pp. 451 – 479.

④ Meyer, David S., 1993. “Institutionalization dissent: The United States structure of political opportunity and the end of the nuclear freeze movement”, *Sociological Forum*, Vol. 8, No. 2, pp. 157 – 179.

⑤ della Porta, Donatella, 1995. *Social Movements, Political Violence and the State: a Comparative Analysis of Italy and Germany*, Cambridge University Press. Also see della Porta, Donatella, 1996. “Social movements and the state: Thoughts on the policing of protest”, In *Comparative Perspectives on Social Movements*, eds. Doug McAdam, John D. McCarthy and Mayer N. Zald, Cambridge University Press, pp. 62 – 92.

⑥ Noonan, Rita K., 1995. “Women against the state: Political opportunities and collective action frames in Chile's transition to democracy”, *Sociological Forum*, Vol. 10, No. 1, pp. 81 – 111.

⑦ Yun, Seongyi, 1997. “Democratization in South Korea: Social movements and their political opportunity structures”, *Asian Perspective*, Vol. 21, No. 3, pp. 145 – 171.

患者的环境抗争①，美国密苏里州堪萨斯城民众反对修建高速公路的斗争②，20 世纪 80 年代菲律宾和缅甸爆发的人民权力运动③，1890－1920 年的美国妇女选举权运动④等等。总体而言，这些经验研究呈现以下的一些特点。

第一，经验研究的个案范围不仅扩展到实行民主政体的其他西方国家，如意大利、日本等，而且延伸到所谓的边缘与半边缘地区。政治机会结构理论模型主要应用于西方民主政体中，对于第三世界国家，特别是威权政体而言，该模型并不完全吻合。比如，民主政体下的挑战者可以通过立法、行政、司法等多个切入点影响政体，而非民主政体中的挑战者影响政治决策的途径则很少。因此，政治机会结构理论需要结合非民主国家社会运动的经验进行进一步检验才能逐步完善。布丢（V. Boudreau）、简金斯、萧克（K. Schock）等人是此类研究的倡导者。⑤ 此外，20 世纪 80 年代末至 90 年代初的苏联东欧剧变为此类研究提供了绝好的个案。⑥

① Almeida, Paul and Linda Brewster Stearns, 1998. "Political opportunities and local grassroots environmental movements: The case of Minamata", *Social Problems*, Vol. 45, No. 1, pp. 37－60.

② Gotham, Kevin Fox, 1999. "Political opportunity, community identity, and the emergence of a local anti－expressway movement", *Social Problems*, Vol. 46, No. 3, pp. 332－354.

③ Schock, Kurt, 1999. "People power and political opportunities: Social movement mobilization and outcomes in the Philippines and Burma", *Social Problems*, Vol. 46, No. 3, pp. 355－375.

④ Jeydel, Alana S., 2000. "Social movements, political elites and political opportunity structures: The case of the woman suffrage movement from 1890－1920", *Congress & The Presidency*, Vol. 27, No. 1, pp. 15－40.

⑤ Boudreau, Vincent, 1996. "Northern theory, southern protest: Opportunity structure analysis in a cross－national perspective." *Mobilization*, Vol. 1, pp. 175－189. Jenkins, J. Craig and Kurt Schock, 1992. "Global structures and political processes in the study of domestic political conflict", *Annual Review of Sociology*, Vol. 18, pp. 161－185.

⑥ Oberschall, Anthony, 1996. "Opportunities and framing in the Eastern European revolts of 1989". Zdravomyslova, Elena, 1996, "Opportunities and framing in the transition to democracy: The case of Russia", in *Comparative Perspectives on Social Movements*, pp. 93－121, 122－137.

第二，政治机会结构不再被看作单一变量，而是被看作一组变量的集合，各个变量之间的相互作用对社会运动的结果能够产生决定性的影响。萧克在考察20世纪80年代菲律宾和缅甸爆发的人民权力运动时提出了"政治机会格局"（configurations of political opportunities）的概念，以此来解释为何政府对运动的镇压有时会遏制动员，有时却激发动员。他认为，菲律宾和缅甸的人民权力运动的不同结果是两国政治机会的不同格局所致。菲律宾的运动拥有外部联盟、精英集团内部分裂、存在竞争性媒体因而媒体有一定自由度、获得了国际力量的支持；而缅甸的运动则缺乏重要同盟、精英集团保持高度凝聚力、媒体被政府严格控制、没有任何国际援助。①

第三，学者们认识到政治机会结构与社会运动之间绝不是刺激与被动反应的关系，社会运动能够改变原先的政治机会结构从而为下一步的行动创造机会。如泰罗强调，政治机会所引发的社会运动本身会进一步扩大政治机会，② 国家与社会运动之间是一种动态与互惠的关系，政治机会结构既是自变量，也是因变量。③ 克里希和库普曼斯（H. Kriesi and R. Koopmans）等人不仅提出社会运动会影响政治机会结构，而且还根据社会运动的工具性程度将其划分为工具性的、亚文化的和反文化的三种类型。不同类型的社会运动对政治机会的反应方式不同。④ 斯德拉伏米斯洛娃（E. Zdravomyslova）在讨论俄罗斯民主转型过程中政治机会结构

① Schock, Kurt, 1999. "People power and political opportunities: Social movement mobilization and outcomes in the Philippines and Burma", *Social Problems*, Vol. 46, No. 3, pp. 355 – 375.

② Tarrow, Sidney, 1994. *Power in Movement: Social Movements, Collective Action and Politics*, Cambridge University Press, pp. 17 – 18.

③ Tarrow, Sidney, 1996. "States and opportunities: The political structuring of social movements", in *Comparative Perspectives on Social Movements*, eds. Doug McAdam, John D. McCarthy and Mayer N. Zald, Cambridge University Press, pp. 41 – 61.

④ 〔瑞士〕汉斯彼得·克里西等：《西欧新社会运动——比较分析》，张峰译，重庆出版集团、重庆出版社，2006。

与运动框架之间的关系时也指出，集体行动既是政治机会变化的结果，也是变化的原因。①

第四，艾辛杰和梯利对跨地区比较的强调引发了一些研究欧洲政治的学者对不同国家的政治机会结构进行比较，以此来解释这些国家中发生的类似社会运动为何会有不同的结局。在这方面比较突出的研究者包括克里希和基舍尔特（H. P. Kitschelt）等。赵鼎新对克里希的经验研究已做过详细介绍，② 这里补充介绍基舍尔特的研究成果。③

基舍尔特的研究对象是20世纪70年代法国、瑞典、美国和西德的反核运动，阐述重点是政治机会结构对社会运动的策略选择与运动效果产生的影响，回答的问题是：为何四国同样存在激烈的核对抗，但社会运动者的策略选择以及运动结果却存在很大差异？

基舍尔特认为艾辛杰对政治机会结构的界定并不完整，因为政体的开放性仅仅考虑到了政治决策圈（political decision cycles）的一半，即它的输入过程（input process），而没有包含另一半，即政策的输出情况。如果政府的政策实施能力弱，那么，社会运动成员就不太会注重推动政策革新，因为，即使有了新政策，也不会带来多少改变。因此，无论是输入结构还是输出结构，都会对社会运动产生影响。

输入结构的开放程度可以通过四个因素衡量：①政治选举中能有效表达需求的政党、政治派别和政治团体的数量。②立法权

① Zdravomyslova, Elena, 1996. "Opportunities and framing in the transition to democracy: The case of Russia", in *Comparative Perspectives on Social Movements*, eds. Doug McAdam, John D. McCarthy and Mayer N. Zald, Cambridge University Press, pp. 122 - 137.

② 赵鼎新：《社会与政治运动讲义》，社会科学文献出版社，2006，第202~205页。

③ Kitschelt, Herbert P., 1986. "Political opportunity structures and political protest: Anti - nuclear movements in four democracies", *British Journal of Political Science*, Vol. 16, No. 1, pp. 57 - 85.

独立于行政权制定政策的能力。由于立法机构由选举产生，对民众的需求更敏感，因此，立法权的独立意味着开放性的增强。③利益集团与行政机构之间的互动模式。多元化的、动态的模式有利于新的利益团体进入政策制定过程。④是否有一套整合各种利益需求的机制。如果仅仅能够表达利益需求而不能参与政治协商并达成利益共识，那么，开放性也会受到限制。

输出结构的测量可以通过三个维度进行操作：一是国家权力是否集中，如果集权，则政策实施会更有效；二是政府对经济资源的控制程度；三是司法权的强弱，强大的司法权会给政府政策实施带来限制。

政治机会结构影响社会运动的策略选择。如果政体具有开放性，但政策实施能力弱，则社会运动可能采取“融入性策略”（assimilative strategies），如游说、请愿、组团参与选举竞争、向法庭提起诉讼等；如果政治体制封闭，并且能化解各种威胁政策实施的力量，则运动可能采取“对抗性策略”（confrontational strategies），如游行示威、占领交通要道等。瑞典和美国的抗争者采取了“融入性策略”，更倾向于体制内方式运作，而法国和西德的政体为抗议表达提供的制度化渠道较少，因此，社会运动采取了更具对抗性的策略。从政治输出结构看，美国和西德政府的政策实施能力弱，政策批准过程允许公众与法庭的介入，因此，抗争者主要采纳了干涉批准过程的策略；法国和瑞典政府的政策实施能力相对较强，政策出台过程不允许广泛的政治参与，因此，抗争者只有寻求其他方法改变核政策进程。

政治机会结构同样影响社会运动结果。开放性政体下，社会运动常常有程序性收获（procedural impacts），即政体为抗争者开放新的参与渠道；相对开放的政体加上政府有很强的政策实施能力，使社会运动拥有实质性收获（substantive impacts），即旧政策发生变更或者产生新的政策。当一个政权封闭并且强大时，运动积极分子便会促使精英发动有限的政策改革。在一个弱政权下，不管是开放性的还是封闭性的，都不太可能有实质性收获，抗争最可能的结果是政治僵局，新旧政策都不可能成功实施。当一个政治体制不能带来程序性的和实质性的改革时，运动要求就可能会扩大，包括彻底改变现行政治体制，这样就会带来“结构性压力”（structural impacts）。

跨国比较研究受到了一些批评，如泰罗认为，首先，相对稳定的国家制度因素无法解释某个社会运动在不同发展阶段呈现的不同形式与特征。其次，如果社会运动仅仅反映了国家制度背景的差异，那么，在一个国家内部发生的各种运动之间应该差别不大。但实际上，政治精英对待不同的社会运动，其态度是不一样的，如美国19世纪禁酒运动相对成功而劳工运动却遭到了镇压；另一方面，同一运动（如环境运动）在不同的政治机会结构中（如德国和法国、意大利）同样会异彩纷呈。再次，社会运动越来越受到国际因素（包括政府的外交政策）的影响，因此，仅仅从国家制度层面上考察社会运动无疑具有片面性。[①]

第五，不仅重视静态层面的结构特征，而且更加强调政治机会的动态演变。这个特征在泰罗关于政治机会结构的类型学划分上得到了很好的体现。泰罗的分类如表5-1所示。[②]

表5-1　泰罗关于“政治机会结构”的分类

	最贴近的（Proximate）	国家主义的（Statist）
跨地区的	特定政策（Policy-Specific）	政体差异（State Variations）
动 态 的	团体变化（Group Change）	政体变化（State Change）

由此可以看出，泰罗除了强调跨地区横向差异之外，还强调

① Tarrow, Sidney, 1996. “States and opportunities: The political structuring of social movements”, in *Comparative Perspectives on Social Movements*, eds. Doug McAdam, John D. McCarthy and Mayer N. Zald, Cambridge University Press, pp. 41-61.

② Tarrow, Sidney, 1996, p. 42.

了特定国家内部某个团体或者政体的变化为社会运动所创造的机会。

第六，国际层面的政治机会开始受到重视。欧伯萧（A. Oberschall）指出，波兰反对派——团结党经过10年艰苦斗争终于迫使政府放弃一党专政，这种开放是导致共产主义者选举失败的关键机会。但是，波兰反对派在所考察的四国中最强大，动员能力也最强，但收获最小，其主要原因是国际层面的机会不确定，而其他三国政治机会结构的扩展更主要地来自国际而非国内驱动。[①] 直到20世纪90年代，涉及国际层面的政治机会结构的研究也很少，因此，麦克亚当将“政治机会的国际背景”作为可以进一步研究的三个方向之一。[②]

第七，政治机会结构理论涉及了文化与性别因素。努南（R. K. Noonan）在考察智利妇女的抗争行为时指出，智利妇女在一个“封闭的”政体下获得了政治权力，政府对抗议不能容忍，同时，由于消除了民众动员，政府单方面获得了强大的决策能力。因此，如果用泰罗对政治机会构成要素的归纳（见第三部分）作为衡量标准的话，那么，妇女们所拥有的政治机会微乎其微。那么，在皮诺切特独裁政权下，妇女们为何能广泛动员起来进行抗争呢？作者认为，智利妇女的权力来自非正式的、非选举领域。妇女在家庭和社区中的传统责任转化成政治权力。这种转化成功的原因在于集体行动框架。她们在实践中创造出的“母性框架”（maternal frame），巧妙地糅合了主流文化价值，并且迎合了皮诺切特军政府尊重母性品质与家庭的意识形态宣称。努南将塑造抗争机会的文化与意识形态因素称为“文化机会结构”。[③]

---

① Oberschall, Anthony, 1996.

② McAdam, Doug, 1996. “Conceptual origins, current problems, future directions”, in *Comparative Perspectives on Social Movements*, pp. 23 – 40.

③ Noonan, Rita K., 1995. “Women against the state: Political opportunities and collective action frames in Chile's transition to democracy”, *Sociological Forum*, Vol. 10, No. 1, pp. 81 – 111.

大量的经验研究使政治机会结构理论逐渐从资源动员理论中脱颖而出，变成一个专门性的解释社会运动何以产生与发展的理论范式。

三 政治机会结构理论的研究困境及其解决尝试

随着经验研究的越来越多，政治机会结构理论所包含的一些问题逐渐显现出来，其中最突出的问题是对政治机会结构的概念界定非常混乱。“政治机会结构”一词最初出现在学术视野中时，仅仅指城市政体的开放程度。到了20世纪90年代，由于相关的经验研究不断地为这座概念大厦添砖加瓦，这个概念的内涵已经相当丰富。我们可以列举一些学者对政治机会结构的解释来说明这个问题。

如上所述，基舍尔特认为政治机会结构不仅包括“政治输入结构”（指政体开放程度），而且包括“政治输出结构”（指政府的政策实施能力）。两年后，泰罗在回顾了相关经验研究的基础上将政治机会结构的构成要素总结为五个方面，即政体的开放程度、政治组合的稳定/不稳定程度、联盟和支持团体的有无、精英内部分裂或者精英对抗争的容忍、政府的决策能力。[①] 到了90年代上半叶，阿曼塔和扎兰（E. Amenta and Y. Zylan）在研究美国汤森运动时增加了“政府相关政策”的内容，[②] 而克里希在基舍尔特的基础上进一步提出，政治当局处理社会运动的非

---

① Tarrow, Sidney, 1988. “National politics and collective action: Recent theory and research in Western Europe and the United States”, *Annual Review of Sociology*, Vol. 14, pp. 421 - 440, 429.

② Amenta, Edwin and Yvonne Zylan, 1991. “It happened here: Political opportunity, the new institutionalism, and the townsend movement”, *American Sociological Review*, Vol. 56, No. 2, pp. 250 - 265.

正式程序和主导战略也应被看作政治机会结构的一个重要层面。[①]

很多学者认识到了概念滥用的危险并尝试提出解决的方法，如甘姆森和迈耶（W. A. Gamson and D. S. Meyer）指出，政治机会这一概念已经变成一个无所不包的“大海绵”，用它来解释一切的结果可能变成什么都没有解释。[②] 但是，二人虽然呼吁要重新界定政治机会，他们自己却把所有的相关因素都纳入到文化型—制度型 × 稳定型—变异型的分类框架中，由此不但没有解决“大海绵”问题，反而使这一问题更加严重。与此相反，麦克亚当提出了另一条解决思路。他认为应该将政治机会与其他有利条件，特别是其文化构成区别开来，强调“政治”的含义。在比较了四位学者的界定之后，麦克亚当提出政治机会结构应该包括四个维度，即政体的相对开放或封闭特征、构成政体基石的精英组合的稳定与否、在精英中有无同盟、国家镇压的能力与倾向。[③] 尽管麦克亚当声称这四个维度是大家普遍认可的，但其他学者并没有遵循这种所谓的共识，而是依旧在自己感兴趣的个案中抽取他们认为最有解释力度的构成要素，比如，欧伯萧在考察东欧四国的民主转型时在政治机会结构中增加了“国家的合法性”和“国际背景”，以及多个“短期事件”（包括上层改革的失败等）等因素。[④] 这样一来，政治机会结构还是没有得到统一的界定。

我们可以借用亚历山大（J. Alexander）的“连续体”概念[⑤]

① 〔瑞士〕汉斯彼得·克里西等：《西欧新社会运动——比较分析》，张峰译，重庆出版集团、重庆出版社，2006，第6～7页。

② Gamson, William A. and David S. Meyer, 1996. “Framing political opportunity”, in “Comparative perspectives on Social Movements”, p. 275.

③ McAdam, Doug, 1996. “Conceptual origins, current problems, future directions”, in “Comparative Perspectives on Social Movements”, p. 27.

④ Oberschall, Anthony, 1996, p. 95.

⑤ 亚历山大用“科学连续体”概念来说明任何科学的结论都是在纯粹抽象和纯粹经验之间，由两者交互作用的产物。见杨善华主编《当代西方社会学理论》，北京大学出版社，1999，第141页。

来描述政治机会结构概念的使用状况。“连续体”的一端以甘姆森和迈耶为代表，强调的是“机会”，只要对社会运动有利，任何因素都可以被纳入这一概念的范畴；另一端以麦克亚当为代表，强调的是“政治”，认为这一概念应该严格限制在政治因素层面上。现有的经验研究中的各种界定大多界于这两极之间。

与概念使用混乱相伴随的还有另外两个问题，一是政治机会的运作机制含混不清。很多学者沿着艾辛杰和梯利的思路验证政体的开放与封闭特征与抗议之间的关系，但得出了完全相反的结论。如波塔（D. Porta）在考察意大利的动员时发现，机会结构的封闭导致了社会运动策略的激进化;[①] 同样，哥德斯通（J. A. Goldstone）和梯利也认为政府的镇压会增加动员的空间。[②] 另一方面，麦克亚当却提出，政府镇压的减弱、进入政体的机会不断增加、精英的分裂、拥有联盟等增加了黑人在公民权问题上的动员空间;[③] 泰罗对20世纪60～70年代意大利动员问题的考察结果也支持了麦克亚当的观点。[④] 这样一来，人们很难弄清楚到底是封闭的机会还是开放的机会引发了动员。与此相似，其他的“政治”机会，如开放而竞争性的选举、在精英中拥有同盟者，乃至能直接参与决策进程等，对社会运动到底是起促进作用还是起制约作用，很难一概而论。正因如此，古德温（J. Goodwin）和雅斯帕（J. M. Jasper）甚至怀疑政治机会结构的

---

① Della Porta, Donatella, 1995. *Social Movements, Political Violence and the State: a Comparative Analysis of Italy and Germany*, Cambridge University Press.

② Goldstone, Jack A. and Charles Tilly, 2001. “Threat (and opportunity): Popular action and state response in the dynamics of contentious action”, in Ronald R. Aminzade etc. ed., *Silence and Voice in the Study of Contentious Politics*, Cambridge University Press, pp. 179 - 194.

③ McAdam, Doug, 1982. *Political Process and the Development of Black Insurgency, 1930 - 1970*, University of Chicago Press.

④ Tarrow, Sidney, 1989. *Democracy and Disorder: Protest and Politics in Italy, 1965 - 1975*, Clarendon Press.

概念是否恰当和实用。①

第二个问题是如何处理政治机会结构的客观事实与主观认知之间的关系。如果按照甘姆森和迈耶的界定，将文化要素纳入政治机会的范畴，那么，政治机会结构理论的应用范围会大大扩大，而且考虑到了运动参加者的认知和决策过程，因为政治机会的存在必须被行动者预先感知而后才能对行动产生作用。其问题在于无法避免“大海绵”的弊端，而且研究者也无法知道行动者是如何认定行动的时机已经成熟的；另一方面，如果按照麦克亚当的观点，将文化要素从政治机会中剔除，那么，政治机会结构理论的解释范围就会大大缩小，它既无法解释为什么有时候明显的“政治”机会没有引发社会运动，而有些社会运动是在机会空间收缩甚至缺乏“政治”机会的情况下发生的，也无法解释不以政治为导向的亚文化与反文化运动，如文艺运动、生态运动、同性恋运动等。

很多学者都意识到政治机会结构研究中存在的这些问题，并且提出了自己的解决思路。在这方面比较有代表性的人物是迈耶。关于概念界定混乱问题，迈耶认为研究者应该对“机会”进行归类。有些机会对某些人是机会，对另一些人则不一定是机会；有些机会对运动动员有利，对运动结果则不一定有利，也就是说，政治机会对运动动员与运动结果的作用机制可能不同，因此，我们需要确定“什么的机会”（opportunity for what）以及“谁的机会”（opportunity for whom）。至于主观和客观的问题，迈耶则在“结构模型”（structural model）之外，增加了一个“信号模型”（signal model），用来表征行动者对政体和政策方面的变化的感知。为了验证自己的模型的有效性，迈耶对美国黑人的公民

① Goodwin, Jeff and James M. Jasper, 1999. “Caught in a winding, snarling vine: The structural bias of political process theory”, *Sociological Forum*, Vol. 14, No. 1, pp. 27 – 54.

权运动做了详细考察。[1]

四 政治机会结构理论的研究现状与展望

进入21世纪以来，运用政治机会结构理论来分析特定个案依然受到很多学者的青睐，研究内容包括韩国白领劳工运动[2]，20世纪90年代中叶萨尔瓦多农民的土地斗争[3]，德国、英国和荷兰的移民运动[4]，比利时佛兰德省的少数民族社会运动[5]，以色列军事占领区巴勒斯坦人的暴动[6]，1951～2000年加拿大土著抗争[7]，台湾新党的盛衰[8]，1970～2000年美国俄亥俄州的同性恋运动[9]，

---

① Meyer, David S. and Debra C. Minkoff, 2004. "Conceptualizing political opportunity", *Social Forces*, Vol. 82, No. 4, pp. 1457－1492.

② Suh, Doowon, 2001. "How do political opportunities matter for social movements? Political opportunity, misframing, Pseudosuccess, and pseudofailure", *The Sociological Quarterly*, Vol. 42, No. 3, pp. 437－460.

③ Kowalchuk, Lisa, 2003. "Peasant struggle, political opportunities, and the unfinished Agrarian reform in El Salvador", *Canadian Journal of Sociology*, Vol. 28, No. 3, pp. 309－340.

④ Koopmans, Ruud, 2004. "Migrant mobilisation and political opportunities: Variation among german cities and a comparison with the United Kingdom and the Netherlands", *Journal of Ethnic and Migration Studies*, Vol. 30, No. 3, pp. 449－470.

⑤ Hooghe, Marc, 2005. "Ethnic organizations and social movement theory: The political opportunity structure for ethnic mobilization in Flanders", *Journal of Ethnic and Migration Studies*, Vol. 31, No. 5, pp. 975－990.

⑥ Alimi, Eitan Y., William A. Gamson, and Charlotte Ryan, 2006. "Knowing your adversary: Israeli structure of political opportunity and the inception of the Palestinian Intifada", *Sociological Forum*, Vol. 21, No. 4, pp. 535－557.

⑦ Ramos, Howard, 2006. "What causes Canadian aboriginal protest? Examining resources, opportunities and identity, 1951－2000", *Canadian Journal of Sociology*, Vol. 31, No. 2, pp. 211－234.

⑧ Fell, Dafydd, 2006. "The rise and decline of the New Party: Ideology, resources and the political opportunity structure", *East Asia*, Vol. 23, No. 1, pp. 47－67.

⑨ Dyke, Nella Van and Ronda Cress, 2006. "Political opportunities and collective identity in Ohio's Gay and Lesbian movement, 1970 to 2000", *Sociological Perspectives*, Vol. 49, No. 4, pp. 503－526.

西欧极右翼政党的选举胜利①，俄罗斯极右翼暴力行为的增长等等②。

这些经验研究所涉及的地域范围比前10年更广，分析对象也更多，这似乎证明了赵鼎新的观点，即“虽然政治机会结构作为一个理论并不可取，政治机会在社会运动中的重要性却是无可置疑的”③。从研究内容上来看，新的经验研究对以往的研究成果进行了进一步的验证和拓展。如胡格强调少数民族政策对佛兰德省的少数民族社会运动的影响。他认为政府与挑战者之间的互动除了受这种正式的规则决定之外，还受到非正式的互动模式的影响。这一观点是对克里希等人思想的继承。再如，迈耶在关于美国黑人公民权运动的研究中提出，不同的机会对不同的事件、不同的人群、不同的结果会产生不同的影响，这一思想在前期麦克亚当、萧克等人的文章中已有不同程度的反映。迈耶自己在分析美国黑人公民权运动时更偏重于“什么的机会”，而在“谁的机会”问题上着墨不多。这一缺陷由拉莫斯（H. Ramos）所弥补。拉莫斯根据20世纪后半叶加拿大土著动员的资料对“谁的机会”进行了进一步的发挥。④另外，随着全球化的加深，社会活动家们跨国联系的增多，国际层面的政治机会对于社会运动的作用更加受到重视，这一特征在新西兰反核和平运动中表现得非常明显。⑤

---

① Arzheimer, Kai & Elisabeth Carter, 2006. “Political opportunity structures and right - wing extremist party success”, *European Journal of Political Research*, Vol. 45, pp. 419 - 443.

② Varga, Mihai, 2008. “How political opportunities strengthen the far right: Understanding the rise in far - right militancy in Russia”, *Europe - Asia Studies*, Vol. 60, No. 4, pp. 561 - 579.

③ 赵鼎新：《社会与政治运动讲义》，社会科学文献出版社，2006，第202页。

④ Ramos, Howard, 2008. “Opportunity for whom?: Political opportunity and critical events in Canadian aboriginal mobilization, 1951 - 2000”, *Social Forces*, Vol. 87, No. 2, pp. 795 - 823.

⑤ Meyer, David S., 2003. “Political opportunity and nested institutions”, *Social Movement Studies*, Vol. 2, No. 1, pp. 17 - 34.

政治机会结构的发展现状呈现两种趋势：第一，放弃普适性的模型建构。既然经验研究凸显了政治机会的特殊性，那么，寻找一个万能的模型去解释所有的社会运动不但没有意义，而且也不可能。同样，将所有相关的有利条件全部纳入“政治机会结构”的名义之下也是没有意义的。研究者更关注的是某个特定个案中，政治机会结构的一些构成要素的特定组合与历史演变对社会运动者的策略选择、框架建构和兴衰过程等产生的影响。第二，政治机会结构理论的本土化。每个国家、每个地区的历史背景和现实发展状况不同，因此，解释具体个案应该发展出适合各地情况的解释框架。中国现今各种各样的维权行动层出不穷，我们可以借用政治机会结构理论来分析某个维权行动的发展过程。但是，诞生于西方国家的这一理论在很多方面不太适合中国的个案。比如西方社会运动已经成为社会的常态，很多专业化的社会运动能够动员大量的、来自社会各个阶层的人员参加，因此，分析政治机会对不同的参加者所起的作用便十分重要。与此相反，中国的维权和抗争行动由于所谓的“合法性困境”以及组织建立的受限，往往只有利益相关者才会参加，因而参加人员的复杂性程度远远不如西方。这样一来，“谁的机会”问题就显得不太重要。再比如，某些维权事件（如铅中毒事件等），从事件爆发到最终解决，时间往往较短，而且大多因媒体披露引起高层重视之后，地方政府迫于压力主动解决，因此不太适合对政治机会结构进行动态分析等。如何将政治机会结构理论中国化，这是中国社会运动和集体行动的研究者所面临的一项艰巨任务。

第二节　政治机会结构：一个本土的分析框架

将政治机会结构理论与草根环境抗争问题相结合的代表性研究成果是美国学者阿尔梅达与斯蒂恩斯（P. Almeida and

L. B. Stearns）对日本水俣病患者环境抗争的分析。他们总结出政治机会的两大维度，即“精英的不稳定性”（包括选举、政治精英的冲突、政府象征性的姿态等）和“外部联盟”（包括其他各类社会运动，特别是全国范围内反对污染的社会运动、政党、学生、科学家、劳工和知识分子、大众传媒等）。他们的分析框架如图5－1所示。

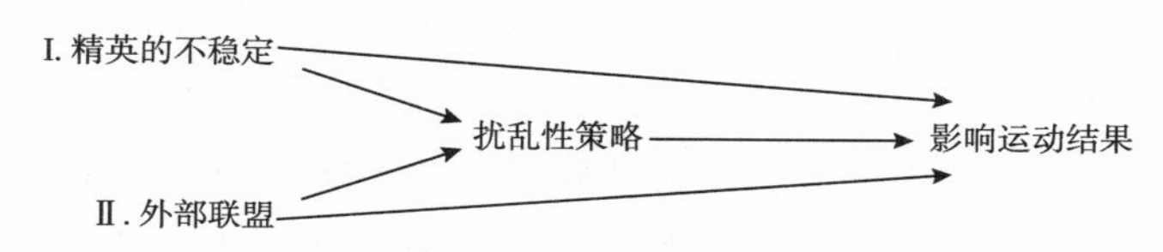

图5－1　阿尔梅达与斯蒂恩斯关于日本水俣病患者环境抗争的政治机会结构的分析框架

阿尔梅达与斯蒂恩斯强调政治机会的动态演变特征：从20世纪50年代到70年代，政治机会或从无到有，或从少到多，或逐渐消亡。这种变动对于地区性草根环境运动的策略选择和运动结果具有决定性的影响。当政治机会微弱时，草根运动者采取“扰乱性行动”（disruptive actions）或“非制度化策略”（noninstitutional tactics）收效甚微；当政治机会增加时，运用这一策略就会大大增加他们同政企讨价还价并最终获得行动目标的可能性。①

上述分析框架在解释中国农民环境抗争事件时有很大的局限性。以近年来各地频繁发生的铅中毒事件为例，首先，从事件爆发到最终解决，铅中毒事件所经历的时间往往较短，不存在因政府内部人员更替而导致的“精英的不稳定性”，绝大多数铅中毒事件都是因媒体披露引起高层重视之后，地方政府迫于压力主动解决，因此不太适合对政治机会结构进行动态分析。其次，中国

① Almeida，Paul and Linda Brewster Stearns，1998.“Political opportunities and local grassroots environmental movements：The case of Minamata”，*Social Problems*，Vol. 45，No. 1，pp. 37－60.

各地虽然污染事件连绵不断，但并没有出现全国范围的环境运动，因此，铅中毒的受害者所能获得的外部支持除了大众传媒之外，其他方面的支持极少。再次，“扰乱性策略”在水俣病事件中似乎更是一种理性选择的结果；但是在中国的铅中毒事件中，这些策略恰恰是因为制度内途径失效之后在情感的驱动下出现的。最后，阿尔梅达和斯蒂恩斯没有涉及抗争者对政治机会的感知。事实上，许多政治机会要素，如1967年日本政府颁布《环境污染控制基本法》、1971年日本政府设置环境省等（在他们的分析框架中被纳入“政府象征性姿态”的范畴）更重要的作用是向污染受害者传递了政府开始重视污染防治与环境保护的信号，这一信号一旦被感知，便会通过影响受害者的心态以及行动预期而改变他们的行动策略。因此，除了结构层面上的政治机会之外，符号层面上的政治机会同样会对污染受害者的环境抗争起作用。

在众多关于政治机会结构的概念界定中，只有迈耶（Meyer）和明科夫（D. C. Minkoff）涉及了行动者对政治机会的感知。[①] 他们区分了两种不同类型的政治机会，即一般性的机会（general opportunities）以及“与特定事务或运动有关的机会”（movement or issue specific）。一般性的政治机会如总统竞选规则、国会换届规则等为黑人获得公民权提供了机会。赞同黑人公民权的民主党一旦获胜，公民权运动成功的可能性就会大大增强；与特定事务相关的政治机会，如《公民权法案》的通过对于公民权运动而言是一个政治机会，但对于环境运动、反核运动等所起的作用不大。再如：黑人投票登记率的抬升表明，越来越多的黑人可以通过政治参与对政府施加影响，从而改变公民权的现状。两种类型的政治机会都被进一步划分为结构层面的机会（structural opportu-

① Meyer, David S. and Debra C. Minkoff, 2004. “Conceptualizing political opportunity”, *Social Forces*, Vol. 82, No. 4, pp. 1457 - 1492.

nities）和符号层面的机会（signaling opportunities）。前者涉及相对稳定的政治游戏规则，后者则涉及政治环境的变动及其对行动者感知的影响。

根据这种界定，二人以美国公民权运动为个案，通过回归分析得出了如图 5－2 所示的研究结论。

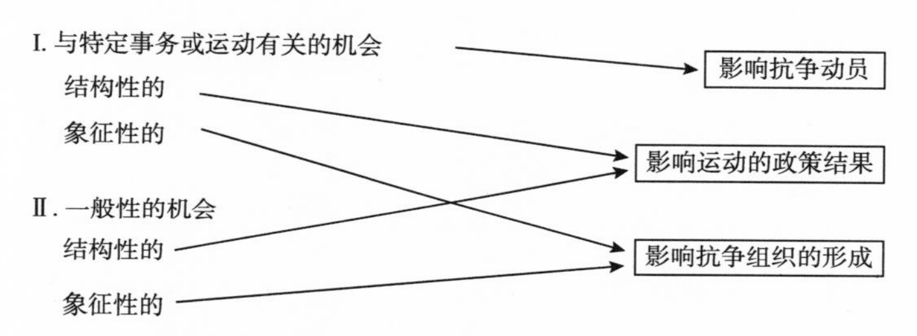

图 5－2　迈耶和明科夫关于美国公民权运动的政治机会结构的研究结论

作者为此强调，我们在运用政治机会结构理论分析具体个案时一定要对政治机会进行细微区分，找出哪种机会“对什么有利”（opportunity for what），因为不同的结果是由不同的机会所导致的。迈耶和明科夫的分析对我们理解农民环境抗争很有启发意义，就抗争原因或抗争的发生而言，政治机会也许没有太大意义，因为村民们在自身与家人的身心遭到污染严重伤害之后，环境问题就等于生存问题，环境抗争理所当然，与政治与社会体制的开放性程度没有多大关系。[①] 但是，如果我们要回答为什么在许多环境抗争事件中，与抗争对象实力悬殊的农民最终却获得了胜利这一问题，政治机会结构理论却表现出较强的解释力度。

受上述学者对草根环境抗争和政治机会结构理论研究的启发，本书提出了如下的分析框架，用以解释中国农民环境抗争的政治机会：

---

① 张玉林：《环境抗争的中国经验》，《学海》2010 年第 2 期。

表 5－2　中国农民环境抗争的政治机会结构

结构性机会	象征性机会
Ⅰ. 开放的政治通道 选举与“乡政村治” 环境信访 环境诉讼 环境公众参与 Ⅱ. 外部联盟 专家、学者 民间环境组织 相对开放的媒体	Ⅰ. 中央政府对“三农”问题的强调及其与地方政府之间的张力 Ⅱ. 被镇压危险的明显减少 Ⅲ. 中央政府对环保的重视

在上述类型划分中，“结构机会”为农民环境抗争提供了行动路径和行动依据，因而直接决定了农民的策略选择。农民可以通过选举、信访、诉讼、公众参与等方式来维护自己的环境权益或进行环境抗争，也可以找专家、学者、民间环境组织以及媒体帮忙；“象征性机会”主要影响农民的主观感知和心理状态，在此基础上对农民的行动方式产生间接影响。

第三节　分析框架的初步运用：苏北 N 村铅中毒事件的个案分析

一　N 村铅中毒事件始末

苏北 YH 镇的 N 村[①]东临 250 省道，沿省道骑自行车 10 多分钟便可到达 YH 镇所隶属的 P 市，而 YH 镇镇政府就坐落在 P 市市区（血铅事件发生时已迁移至东郊，从市区沿 P 市东西向的主干道骑自行车约 20 多分钟即可到达）。卷入铅中毒事件的村庄共

① 按照学术规范，本书对所有涉及人名均做了技术处理，所涉及的地名按照行政级别分别使用 O 市（地级市）—P 市（县级市）—YH 镇—N 村。

有三个村民小组，其中第一组人口有 300 多人，其他两组人口分别为 200 多人和 100 多人。三个小组的地理位置分布如图5－3所示。

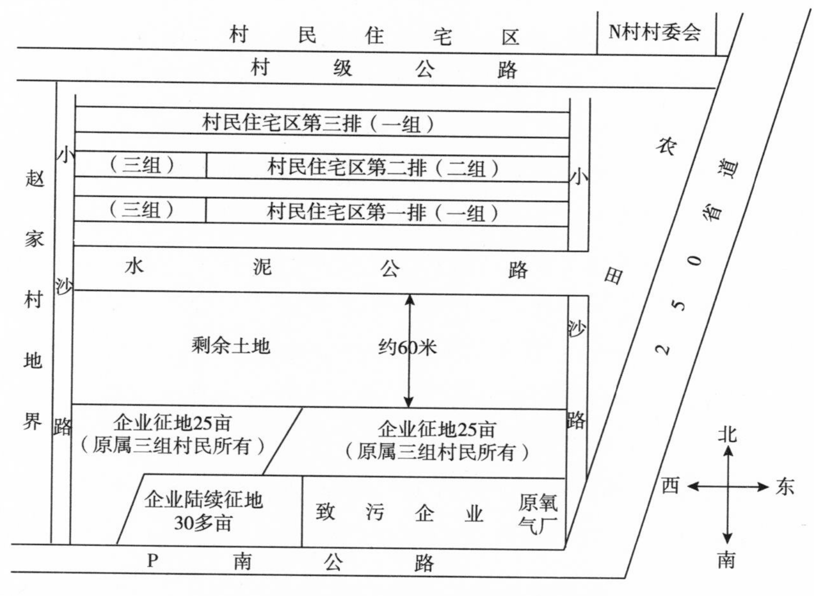

图 5－3　N 村污染企业与村民住宅分布

2008 年下半年至 2009 年初，N 村发生了严重的铅中毒事件。全村因企业污染而导致铅中毒或患高铅血症的有 106 人，其中 14 岁以下儿童有 44 人，最小的不到 1 岁，还有多人血铅含量超标。

造成铅污染的企业是距离村民住宅不到 100 米的 CX 公司。该公司成立于 1988 年，当时一次性买断 N 村 30 亩土地，构成企业的最初地界。2005 年底，CX 企业与新加坡某环境管理公司寻求合作，并于次年成立合资集团。由于两家企业的合作是当地政府招商引资的重要成果，因此，在举行签字仪式和新企业揭牌仪式时，企业所在地的党政主要负责人及上级主管领导全部到场祝贺。扩大规模后的企业号称是“亚洲最大的废铅电池资源综合利用航空母舰”，宣布要在 2010 年实现年产铅及铅合金 100 万吨，集研发、生产、销售为一体，实现年产值100亿元人民币、利税10亿元人民币的目标。作为P市骨干企业，CX公司被众多荣誉所环绕，如“私营企业排头兵”“工业企业五十强”“O市乡镇企业第一厂”“连续三届江苏省明星企业”“国家首批循环经济试点单位”等，而公司董事长则被选为中国有色金属工业协会再生金属分会的副会长，同时担任中国再生铅协会会长，2006年被评为中国有色金属行业最具影响力的人物。

以2008年10月为分界线，N村铅中毒事件大体上可以分为两个阶段。在此之前为“讨个说法”阶段，村民们因为污染对经济与人体健康造成了伤害，因此与企业讲理，要求这些伤害得到承认并做出一定的赔偿；在此之后为事件的“问题化”及其解决阶段，由于媒体的大量介入和地方政府与企业不恰当的处理方式，导致事态的发展日趋恶化，以至于一发不可收拾，最终因高层领导干预而使事件得到解决。

早在2007年，村里就有少数家庭通过检测微量元素发现各自的孩子体内铅超标，但大家都没有意识到这是企业污染造成的，只是买了一些驱铅药品，如“千千灵”“枸枣口服液”等给孩子服用。由于这些药品“效果非常好，服了一个疗程之后，再次复查，结果孩子的比值就到正常值了”，因此，大家也没把这些事放在心上。

2008年5月，村民张思明携患重感冒的次子在医院求诊时偶然发现自己孩子体内铅含量超标。他开始怀疑离自己住处不远的CX公司是污染源，因为该企业主营废旧电瓶回收利用，企业生产时，黄色的浓雾从车间排出，并伴有刺鼻的味道。从6月到8月，张思明拿着发检和血检报告单多次找企业负责人“讨个说法”，每次都遭到企业的拒绝。在此期间，闻知张思明事宜的其他村民也开始为孩子做血铅检测，但是，在O市职业病院（即O市第三人民医院）的检测结果令他们感到非常蹊跷，原先发铅检测超标的孩子血检全都正常。联想到这种结果出现在张思明找过企业之后，村民们开始怀疑职业病院和企业已经串通。于是，在O市检查全部合格的4个孩子在家长陪同下来到南京儿童医院检查，结果，血铅含量全部超标，其中1名儿童属于严重铅中毒。

握有了证据之后，少数村民也开始效仿张思明找企业理论，但由于抗争力量的薄弱和企业的强势思想，这些维权努力没有取得任何结果。接下来，村民能想到的行动策略是到O市卫生局上访。几位家长将两个医院的真假检验单放在了卫生局的信访接待室，因迟迟得不到回应，村民又委托代表上访到江苏省卫生厅。1个月之后，张思明打电话到江苏省医政处，得到的答复是信访材料已经转到O市卫生局处理。这样的结果令村民们非常懊恼。气愤之余，他们委托张思明在“中国环保”网站的投诉栏里用实名进行了网络投诉。投诉内容如下：

什么样的企业污染最严重

P市CX公司排放污染现已经给地方居民造成严重损失和后果，已经引起民怨民愤。CX厂建厂20余年，给当地百姓造成庄稼死亡和苗木死亡累计折合人民币达百万元到两百万元之多。但该企业从来没有给予经济上的补偿，因此被当地村民称为“霸王企业”。

今年（指2008年，笔者注）在一次微量元素检查中无意发现1.5岁的小孩子铅中毒，经过血检发现小孩的血铅竟然达到每立升190微克，以导致中毒。更令人气愤的是，村民拿着检查报告找企业说理，企业取了小孩的血和尿在企业检验室检验，结果他们昧着良心说没有铅。

更可恨的是他们还行贿O市人民三院来舞弊血检事实，作出假报告来欺骗百姓。经过查实证据确凿。（村民们只有带上小孩去南京儿童医院拿出报告来推翻O市三院）现在村里已发现有13个小孩有不同程度的铅超标和中毒，其中有小孩严重中毒，在0.48比值的标准上竟然达到1.25（原子查法），可现在该企业老总对孩子的铅中毒不负责任，说和他们企业无关，想不了了之。

现在村里的有小孩村民有70%都到外面居住入学，都是为了躲避铅中毒。现在严重的小孩还在治疗中，到现在百姓已打算联名去北京上访。

以上所述是事实，企业偷排和夜排也是事实（星期日和夜里），村民这里有录像材料和被污染死亡的庄稼照片为证。仅2005年一次性被污染死亡的银杏树就造成直接经济损失达30万元之多，平时小麦、水稻和玉米都有不同程度的死亡。2006年企业把死亡的数量累计之后到后来还是没有赔偿。

村子里的百姓白天也都不敢开窗户，到处乌烟瘴气。只要是风向为下风，人们就匆匆进了屋里面去。下雪之后在雪地上能看到明显的粉尘，据听他们企业负责人说过，附近种植的蔬菜和粮食都最好别吃。周围的土地都有铅粉。我们这里本来都是种植了一个世纪的蔬菜基地，不吃自己的蔬菜和粮食，卖给别人不也是坑害别人吗？他们老板为什么在企业的大楼里还戴着口罩，难道我们百姓就不是人吗？我们的健康就那么卑微吗？

有钱的企业老板根本没拿百姓的生命健康当回事啊！这样下去这将是存在苏北的第二个“三鹿”，望有关政府能够给予重视，能够派出有关管理人员展开社会调查。

联系人：张思明

手机：1381××× 6866

网络投诉只是出于一时的气愤，至于投诉能获得什么样的结果，他们并没有抱太大的希望，因此，在投诉之后，事情暂时告一段落。

2008年10月，在网上看到了村民投诉的《市场信息报》记者秦坤来到了P市。经深入采访政府、国土资源局、企业以及众多村民之后，很快出了《CX遭污染门》的专题报道。报道中将N村儿童遭受铅污染的原因归咎于两个方面：一是企业的违规生产；另一个则是企业违法用地扩建。扩大的企业向村边逼近，使防护距离越来越短。媒体的报道引起了企业的紧张。在收买维权精英失败之后，企业继而采取欺骗与隐瞒的策略。为了澄清自己的企业没有造成污染，10 月 27 日，企业老总在离企业最近的居民家中抽取了 8 名儿童，用自己的车拉到 O 市职业病院检查，结果所有孩子的血铅都是正常。这种做法导致了村民对企业进一步的不信任以及村民的自行求证过程。在 O 市检查正常的儿童家长先是带着孩子奔赴南京儿童医院，而后又赶往西安第四军医大学医院检测。11 月 8 日，去西安求医的儿童家长带回的一张张令人触目惊心的血检报告单引发了 N 村村民的集体性恐慌和自费赶往西安求证的热潮。11 月 10 日，当血检报告出来之后，村民们纷纷前往村民委员会、镇政府以及市政府信访办公室信访群体中毒事情。

村民的上访迫使政府部门介入中毒事件。但迟至 11 月 13 日，P 市政府才派出代表来到 N 村了解情况并出席村民代表会议。这种滞后的回应恶化了村民与企业的关系。在问题没有得到解决的情况下，企业的继续生产惹怒了村民。在愤怒情感的驱动下，村民们涌向企业，责令其停产，并过激地推倒了企业部分围墙。冲突发生后，21 名中毒严重的儿童被安排到 O 市儿童医院免费住院排铅治疗，村民的激愤情绪才得到缓解。但此后的 1 个月内，企业的点火生产始终是有可能促发民企冲突的定时炸弹。

12 月 1 日，首度有 7 位儿童的家长放弃了对公费医疗的依赖，决定自费去北京医院为孩子看病。在北京求医遇到了 P 市政府的阻挠，村民被强行带回。等候了几天，村民们看到政府并没有按照在京时的允诺安排他们到南京治疗，于是在 9 日晚间二度踏上赴京的列车。这一次，又有 3 名儿童的家长加入了他们的行列。这一次的求医更加不顺利。政府不仅直接恐吓、阻挠医院治疗，而且派人在深夜闯入村民居住的旅馆地下室殴打、劫持维权代表，并以威逼手段将其余人员遣送回家。

求医竟然遭到殴打，这使得P市政府与村民的关系恶化到了极点，并直接导致村民与企业的二度暴力冲突。北京所发生的事情很快便通过手机传到了村里，12月13日，企业生产时所冒出的黑烟成了召唤村民行动的标志。上午8点许，100多名村民聚集在企业门前找公司负责人理论。由于一直不见厂方领导出来说话，愤怒的群众砸了办公楼的部分窗户玻璃和灯具等，场面一片混乱。政府的反应也非常迅速，据村民反映，有几车不明身份的人随后来到了现场，多辆警车也出现在不远处的收费站附近。

此后不久，在网络上看到了村民投诉的《瞭望东方周刊》记者来到了N村采访，并迅速对事件进行了报道。《瞭望东方周刊》的报道引起了江苏省委和省政府的高度重视以及其他媒体的跟进采访。2009年1月2日，江苏省卫生厅和环保厅派人来到P市，在YH镇会议室里召开了村民代表会议。会议提到企业搬迁还是村庄搬迁的问题。村民们一致认为应该企业搬迁，原因是，先有村庄，后有企业的非法占地扩建导致儿童群体中毒。1月6日，江苏省地质勘查部门到N村检验井水，检验者当场表示水质不达标。同一天到来的还有国家环保部的工作人员。1月8日，P市政府做出企业搬迁的最后表决。1月12日，江苏省疾控中心给1000米以内的居民进行拉网式筛查，也是企业停产两个半月以来最大的一次筛查。[①] 结果共查出超标儿童150多人，中度中毒的达到26人，重度达到2人，轻度和高铅血症的约130人。成人100多人超标及中毒。1月14日，镇委书记召开村民代表座谈会，允诺村民代表提出的问题能解决的当场解决，不能解决的向高层汇报。但是，当村民代表提到要看省环保厅检测土质的报告或

① 这次筛查是江苏省疾控中心在N村的第三次筛查。前两次分别在2008年11月19~20日和12月3~4日。

者其复印件时却遭到了拒绝，理由是报告已经上交到了O市。在村民代表看来，政府仍然想隐藏污染证据，从而达到减少甚至推卸责任的目的。次日，镇委书记给中高铅村民家长开座谈会，对前一日晚村民代表提出的问题一一解答，并允诺尽快找专家，安排儿童春节后治疗等事宜，同时提及春节前一定将土地租用租金给村民兑现。1月30日晚，上海专家来到P市对村民代表及中毒儿童家长进行演讲，并且邀请村民将来到上海治疗。2月12日，政府发放2月15日被安排去上海住院治疗的10名儿童通知单。2月15日，由YH镇组织安排的第一批10名儿童去上海交通大学附属新华医院接受治疗。据村民反映，从2008年11月15日起政府陆续安排中毒儿童去三家医院治疗。[①] 到2009年2月末，企业共拿出50000元治疗费，剩下的都是由YH镇出资，包括每个铅超标儿童买牛奶的费用和200元的营养补助费。

二 结构性机会与N村村民的环境抗争

（一）选举与村民自治、环境诉讼、专家学者、民间环保组织作用的缺失

选举手段在N村农民环境抗争中没有发挥任何作用。陈映芳在对下岗职工、贫困街区居民、被征地人员、外来民工以及下层动迁居民等群体进行调查时发现，在贫困群体中间，普遍存在着对体制内利益表达渠道的“不利用”、“表达无门”以及“表达无用”的现象。当这些群体遇到生活上的问题、动迁或居住环境等方面的问题、权益受到侵害、日常生活中遇到矛盾或冲突，或

① 继2008年11月16日安排21名儿童赴O市儿童医院住院治疗之后，由于北上求医事件的冲击，P市政府于12月11日和19日又两次分别安排其中的10名和8名儿童到南京儿童医院和南京医科大学附属第二医院接受排铅治疗。

者与行政执法人员发生纠纷时，寻求人大代表和政协委员帮助的极少，概率基本上为零。[①] 由此可见，人大和政协在下层群体的利益表达中所起的作用微乎其微，这一点在N村铅中毒事件中表现得也很明显。自始至终，N村村民根本没想到要去找人大代表和政协委员帮忙，村民们认为找他们帮忙根本没什么作用。村民代表说："在整个事件过程中，我们不相信地方上的任何机构，更谈不上民主。民主在这里只是一个传说而已。"换言之，人大和政协在基层民众利益表达方面功能缺失。陈映芳分析了其中的深层原因：一方面，人大代表在与政府行政系统的关系中缺少影响行政决策和监督政府的功用；另一方面，现行人大代表选举程序不能确保当选代表与选民间的利益代表关系，而且选民对于当选代表也缺乏监督、罢免的权力和可能。[②]

"乡政村治"以1987年全国人大颁布《中华人民共和国村民委员会组织法（试行）》（下简称《村民委员会组织法》）为标志正式进入法制轨道。经过10年的试行期，到了1998年，农村基层的政治变动最终获得了法律上的认可。尽管在具体实践过程中存在很多问题，但是，农村基层自治为农民环境抗争带来了一定的政治机遇。这表现在两个方面。

第一，《村民委员会组织法》明确规定："村民委员会是村民自我管理、自我教育、自我服务的基层群众性自治组织"，负责"办理本村的公共事务和公益事业，调解民间纠纷，协助维护社会治安，向人民政府反映村民的意见、要求和提出建议"。"乡、民族乡、镇的人民政府对村民委员会的工作给予指导、支持和帮助，但是不得干预依法属于村民自治范围内的事项"。这些规定不但明确了国家与社会在基层的作用边界，为村民提供了一个自

① 陈映芳：《贫困群体利益表达渠道调查》，《战略与管理》2003年第6期，第87～88页。

② 陈映芳：《贫困群体利益表达渠道调查》，《战略与管理》2003年第6期，第91页。

我运作与日常交流的平台，而且突出了村委会在基层社会管理中的不可或缺性。由于是不可或缺的，所以就有了力量，这在某种程度上增强了自治社区与上级政府讨价还价的能力。在迫不得已的情况下，只要打出这张王牌，必定造成轰动性的效果，其典型例证是锰三角地区的村官集体辞职事件。几十名村官集体辞职在"乡政村治"的背景下一定会导致农村基层社会管理的瘫痪，也一定会引起媒体的注意和报道，由此形成对上级政府尽快处理问题的压力。由于清水江污染涉及的地理范围较广，因此，跨地区多名村官团结一致的大规模联合行动目前只是特例。

第二，村民自治是农民通过选举方式进行利益表达的重要渠道。在西方国家，选民通过选举议会议员和政府官员表达自己的利益诉求。对于中国农民而言，能通过选举表达利益的主要局限于村委会干部。同上级任命的村官相比，由村民自己选出来的村官在环境抗争过程中必然更加倾向于站在村民一边，甚至直接充当维权精英。

很多地区的村官在环境冲突中处于非常尴尬的地位，他们既要对能在一定程度上任命或撤销他们职位的上级领导负责，压制村民的对抗行动，又要与朝夕相对的村民搞好关系，保证事后自己的工作能得到村民的配合。在N村事件中，笔者发现，村委会的干部在调和这种矛盾时表现出了很强的权宜性，即根据不同的情境采取不同的处理方式。当村民对企业采取过激行为时，村主任和村支书站在政府和企业一边出来劝阻：

> 村主任出来安慰老百姓，说：不要太激动，事情慢慢处理。你们去推围墙吧，我们反而输理。村支书到了企业里面，隔着折叠门向外面讲话，说：你们不要这样，企业的事需要慢慢地解决，这样没用。这个问题要解决呢，这么弄也不是个法子。你们要相信政府来解决它。我相信政府一定有能力解决这个问题。(2010年8月24日，张思明访谈)

由于村民们情绪高涨，村主任和村支书的话并没有多少人理睬。村民们将企业团团围住，不让人进出，阻挠企业生产，并且推倒了企业的围墙。事态扩大之后，P市副市长赶到了N村，批评村支书在铅中毒事情上没有处理好。面对市长的批评，村支书又站在村民的立场上对政府和企业进行责难：

> 你市长怎么了？我村支书可以不干，你不能来怨我。铅中毒的事，刚刚第一个小孩查出来，我就知道。但是我有什么权力来处理？我没办法！为什么报到你们市里，市里不处理？一个月以前就发现有小孩铅中毒，然后到企业去找，企业为什么不处理？因为有媒体过来采访，来曝光这件事。你们为什么市里没拿出处理意见？市委宣传部都接见那个记者了，你为什么不处理？现在反而怪起我来了。你现在就撤了我，我也不能服！（2010年8月24日，张思明访谈）

从村支书的话语中，虽然体现出基于事实的据理力争，而不是对上级权力的唯唯诺诺和阿谀奉承。在N村事件中，污染仅涉及单个村庄，再加上基层干部并非完全由村民选择产生，这使得村民自治在整个事件中发挥的作用不大。

与此相似，村民没有想到要去法院对企业污染提起诉讼，在自身和孩子健康问题凸显时根本没有时间和精力去进行诉讼，他们也不相信诉讼能起到什么作用。

除了媒体之外，铅中毒事件中的N村村民所获得的其他外部帮助不多。与日本水俣病事件相比，N村村民没有获得大学生、企业工人、科学家和文化工作者，以及全国其他地区的环境抗争的支持；[1] 与美国伍本事件相比，N村村民没有获得大学教授及

① Almeida, Paul and Linda Brewster Stearns, 1998. "Political opportunities and local grassroots environmental movements: The case of Minamata", *Social Problems*, Vol. 45, No. 1, pp. 37 - 60.

其他外来专家学者的帮助。[①] 张思明告诉笔者，在事件的整个过程中，没有一个专家、学者去过N村，村民们也没有见到任何民间环保组织人员的身影。只有北京某政法大学的一位教授见到他们在北京求医的窘境时非常同情，并且建议："实在不行，就去闯中南海，但你们这样四五十岁的男人不行，得让女人抱着生病的孩子去闯，然后让他们抓起来。"

造成N村村民这种特殊的外援格局的原因应该归咎于当前的政体特征。在中央密切关注环保、农村和民生的大背景下，一旦媒体对铅中毒事件做出了集中报道并引起社会反响，权力高层必定迅速介入平息事端，不会给其他社会力量的介入留下宽裕的时间和机会。另外，国家对于成立各种类型的社会组织严格限制，这使得村民无法建立类似于美国基层社区大量出现的"草根环境组织"，而整个社会层面上民间环境组织的不发达又使得村民能够得到的外援相当缺乏。近几年来，这种状况获得了微弱的改观，其中最重要的变化是民间环境组织的增多。根据民政部民间组织管理局的统计，到2004年底，中国共有民间环境组织2768个，这个数字与清华大学NGO研究所的调查结果大体吻合。[②] 少数民间环境组织在农民环境维权过程中不仅提供智力外援，如信息援助、法律诉讼指导等，有时还提供经济援助，如环保部所属的"中华环保联合会环境法律服务中心"在2006年郑州农民朱书利诉郑州龙辉钙粉厂环境侵权案中为朱书利垫付了1.2万元的司法鉴定费；[③] 同样，"中国政法大学污染受害者法律帮助中心"在华南P县农民的环境集团诉讼中支援法院要求的委托鉴定、评

① Brown, Phil and Edwin J. Mikkelsen, 1990. *No Safe Place: Toxic Waste, Leukemia, and Community Action*, University of California Press. Also see Brown, Phil, 1992. "Popular epidemiology and toxic waste contamination: Lay and professional ways of knowing", *Journal of Health and Social Behavior*, Vol. 33, No. 3, pp. 267 - 281.

② 郇庆治：《环境非政府组织与政府的关系：以自然之友为例》，《江海学刊》2008年第2期，第130～131页。

③ 武卫政：《环境维权亟待走出困境》，《人民日版》2008年1月22日，第5版。

估费3万元的一半。①

N村铅中毒事件在外部联盟方面呈现的另一个特色是其他地区的类似事件影响了村民们的观念和策略选择。村民们通过网络知道了2006年甘肃徽县水阳乡曾经发生过大规模群体性铅中毒事件。尽管张思明他们并没有与水阳乡村民取得过任何联系，也没有获得过后者的任何直接帮助，但通过网络上的浏览，知道了"我们的情况与水阳乡的情况非常像"；知道了他们应该把孩子带到哪里去检查；在与政府交涉治疗问题时，知道自己想去什么样的地方："西安第四军医大学附属医院最好，因为他们有过治疗甘肃群体儿童中毒的例子，肯定有这方面的经验。"事情结束之后，如何向企业健康伤害索赔也可以参照水阳乡的经验。张思明原打算找两个村民一起去甘肃问问赔偿的情况，但2009年春天次子的离奇落水身亡使他一度万念俱灰，其他村民为此也不好再来勉强，"西进求经"由此成为泡影。徽县铅中毒事件对N村村民的影响虽然有限，但为他们的环境抗争提供了行动依据和经验借鉴。

在表5－2所列出的结构性政治机会中，只有信访和媒体发挥了作用，且媒体的作用更大。

（二）信访的作用不明显

首先需要说明"信访""上访"和"走访"的关系。国务院1995年颁布、2005年修订并施行的《信访条例》第二条规定："本条例所称信访，是指公民、法人或者其他组织采用书信、电子邮件、传真、电话、走访等形式，向各级人民政府、县级以上人民政府工作部门反映情况，提出建议、意见或者投诉请求，依法由有关行政机关处理的活动。"根据这一规定，"信访"是指通过各种形式向各级政府（部门）提出诉求以满足某种需要的行

① 黄家亮：《通过集团诉讼的环境维权：多重困境与行动逻辑——基于华南P县一起环境诉讼案件的分析》，载于黄宗智主编《中国乡村研究》第6辑，福建教育出版社，2008。

动，“走访”只是其中的一种形式。“上访”的内涵实际上等同于“信访”，但在实际使用的过程中，官方更偏爱使用“信访”，典型例证是政府接待信访的机构叫“信访局”或“信访办”，而老百姓更偏爱使用“上访”，正如官方偏爱使用“民间组织”，而民间更偏爱使用“非政府组织”一样；又由于老百姓一般认为通过书信、电子邮件、电话、传真等方式反映情况，提出诉求不能充分引起政府部门的重视，效果也不明显，因此更喜欢与政府官员面对面进行交流，这样一来，“上访”的重心又偏向了“走访”。

按照应星的说法，“上访承续着国家在土改时期发明的诉苦技术，是1949年后国家权力对乡村社会日常生活的制度化、常规化的渗透方式”。[①] 作为传统中国政治结构给民众安排的一种特殊诉愿机制，上访在政府和民众的体制性沟通中之所以一直占有特殊地位，既与帝制中国出于政治安全考虑而有意为民众预留一定诉愿渠道的传统有关，[②] 也与1949年以来国家建设中行政权独大的现状有关。[③] 由于这种权力技术是国家建构起来用以与群众建立直接联系的重要渠道，因此，它在客观上为农民提供了利益诉求的结构性机会。

先了解一下N村铅中毒事件中村民们的行动路径。当村民们意识到铅中毒的事实之后，他们首先选择的行动策略是同企业交涉经济赔偿问题、到医院进行血铅检查以确认自己的孩子是否铅中毒。企业的拒绝合作和买通医院在血检问题上弄虚作假迫使村民走上了信访的道路。2008年9月，几位家长将O市医院出假的事情首先上访到O市卫生局，因迟迟得不到回应，村民又委托代表上访到江苏省卫生厅。1个月之后，维权代表之一张思明打电

---

① 应星：《大河移民上访的故事》，生活·读书·新知三联书店，2001，第315~316页。

② 应星：《作为特殊行政救济的信访救济》，《法学研究》2004年第3期。

③ 吴毅：《“权力—利益的结构之网”与农民群体性利益的表达困境》，《社会学研究》2007年第5期，第27页。

话到江苏省医政处，得到的答复是上访材料已经转到 O 市卫生局处理。这样的结果令村民们非常懊恼。气愤之余，他们委托张思明在中国环保网站的投诉栏里用实名进行了网络投诉。网络投诉仍然应该被看成是村民信访的组成部分，因为这时候的村民仍然是寄希望于行政力量解决问题，而不是通过媒体来造势。张思明亲口承认了这一点。他说：

> 我投诉的时候，没有想到通过媒体来解决。我认为应该由环保部门派人来调查。原先我在省人民网、省党政两个政府机构的网站上投诉过。网上有回复，说："你们这事我们不能管，我们管贪污腐败之类的事情。你们这种事要到环保网站上去投诉。"（2010 年 8 月 24 日，张思明访谈）

另有两个事实可以证明张思明所言非虚。第一，作为投诉代表，张思明一直认为中国环保网是国家环保总局设的。直到后来北京记者纷纷来访之后，他才从《有色金属报》记者口中得知是媒体设的。第二，村民在投诉信的末尾写道："望有关政府能够给以重视，能够派出有关管理人员展开社会调查。"

在网上看到了投诉的《市场信息报》记者来到 N 村采访的同时，村民们又将企业的旧账，即多次非法征用村民土地的事情上访到 P 市国土资源局和江苏省国土资源厅。

11 月上旬，N 村 91 名儿童分三批前往西安西京医院求医并且带回一张张令他们非常恐慌的血检报告单。村民们确认了铅中毒的事实之后，他们的行动策略是三级上访，即分别向村委会、镇政府和市政府反映情况，请求政府解决问题。后因政府不恰当的事故处理方式，导致村民与企业的暴力冲突和部分村民自费赶赴北京替孩子看病。看病受到 P 市政府阻挠之后，求医不成的村民被逼上访国家卫生部。

村民们的上访过程历经坎坷。如前所述，在 O 市卫生局的信访石沉大海，在省卫生厅的上访转了一圈又回到了原点，在 P 市国土资源局，他们受到该局负责人这样的嘲讽：

你在这里忙活什么？人家马上结婚证、出生证都拿了，你还能不让人家在一起？（2009 年 7 月 4 日，张思明访谈）

到 P 市政府上访的结果是：

半个多月来，政府领导人特派了许多基层干部，挨家挨户看住村民，怕村民上访，软禁出来维权的村民代表。派出公安干警强行镇压，把去上访的人都抓了回来。

——摘自维权代表的日志：《N 村遭企业污染导致儿童群体性铅中毒》

尽管村民们遭遇到了如此的挫折，这与目前信访制度在设计与实际运作过程中存在的诸多缺陷[①]分不开，但总体而言，村民维权行动是在体制内运作的，即他们是按照政体向他们开放的路径进行利益诉求的，按照张思明的话说，他们是要“依法维权”“理性维权”。考虑到中国民众在解决行政纠纷时对信访非常“偏好”[②]，信访制度在农民（环境）维权过程中具有特殊意义。

（三）媒体的关键性作用

中国媒体逐渐走向开放始于 20 世纪 90 年代中叶。以有关环境污染的报道为例，1994 年，26 份被民间环保组织“自然之友”所统计的报纸平均每 3 天才有 1 条环境报道发表；到了 1999 年，“自然之友”所调查的 75 份报纸平均每天发表 2 条环境报道。[③]

① 于建嵘：《中国信访制度批判》，《中国改革》2005 年第 2 期。

② 张泰苏：《中国人在行政纠纷中为何偏好信访？》，《社会学研究》2009 年第 3 期。

③ 洪大用：《中国民间环保力量的成长》，中国人民大学出版社，2007，第 80 页。

周晓虹对于南京报纸有关秦淮河污染报道的统计同样证实了90年代中叶以来媒体的开放性：《扬子晚报》在创刊后的10年间(1986～1995年)共计发表有关秦淮河的报道49篇，其中没有一篇认为污染是严重的社会问题。对秦淮河污染和周边环境破坏的集中报道出现于90年代后期，如《金陵晚报》在1998～2005年有关秦淮河的报道达319篇，不但数量大幅上升，而且负面报道大大增多。[①]

媒体对N村铅中毒事件的影响集中体现在以下几个方面。

第一，媒体出乎村民的意料之外成了村民维权的强大外部联盟。2008年10月，村民们委托张思明在中国环保网网站上进行投诉。这个做法本来是多次与企业交涉没有任何结果之后的无奈之举，对投诉能起到多大作用他们根本没有抱太大希望。村民们没有盼到他们所希望的国家环保部门官员的到来，相反，恰恰是这个气愤和无奈之举引起了媒体记者的注意，并最终造成了“无心插柳柳成荫”的局面。《市场信息报》记者秦坤在网上看到投诉信之后来到了N村。这个被村民们称为“一个有正义感的记者”经过调查之后很快报道了企业污染导致儿童群体铅中毒的事件，其他媒体记者的陆续跟进采访与报道终于引发了企业的紧张和政府的重视。媒体的报道成了促成N村铅中毒事件得以解决的转折点。

第二，媒体记者的主动联系和来访建构了他们与村民之间的双向互惠关系。由于基层政府不希望自己所辖地区的环境污染丑闻被诉诸报端，因此对媒体的采访总是重重设限，拒绝谈论、封锁与隐瞒信息、中途拦截或驱赶记者还算是客气的做法，严重者甚至侵犯记者的人身自由，或者威胁记者的身体与生命安全。

在这种情况下，媒体记者只能从污染受害者一方了解事情的原委。在N村个案中，媒体记者甚至与维权精英建立了单线联

---

① 周晓虹：《国家、市场与社会：秦淮河污染治理的多维动因》，《社会学研究》2008年第1期，第148～149页。

系，直接要求后者提供自己想要的材料。张思明告诉笔者，自己在维权过程中曾经将各种材料（包括政府召开村民会议时的录音等）存储并复制在4个U盘中，这几个U盘后来都被记者拿走。2010年初，P市另一村庄发生“征地血案”，P市政府在通往该村的交通要道上派人拦截外来车辆，这使前来采访的记者们进入现场比较困难。了解到这种情况之后，张思明骑着摩托车将曾经采访过铅中毒事件的某位记者送到了目的地。在张思明的手机里存储着许多媒体记者的电话号码，包括《市场信息报》《产经新闻》《瞭望东方周刊》《新华日报》《中国青年报》等等，甚至一些普通村民也曾向笔者炫耀过他们能与某某记者直接联系。这样一来，双方便形成了一种互惠的关系，村民希望媒体报道他们的不平与怨恨，而记者则希望村民给他们提供报道的素材。一旦他们的报道产生了轰动性的影响，对提高他们所隶属的媒体的关注度必定大有帮助。

调查对象的“可接近性”和通力合作无疑会使记者在情感上偏向于村民，并把质疑与批判的矛头指向阻碍他们调查的污染企业和基层政府。在这里列举几例：

> 作为一家铅再生企业为什么会跟村民聚居点离得这么近，它是如何经过层层审批的？ ——中国广播网
>
> 一张张孩子们的化验单触目惊心，究竟是谁造成了这样的结果？又是谁在故意隐瞒事实真相？环评合格为何夜里偷偷排烟？ ——《北京晚报》
>
> 我国《刑法》第342条规定：违反土地管理法规，非法占用耕地改作他用，数量较大，造成耕地大量毁坏的，处五年以下有期徒刑或者拘役，并处或者单处罚金。而根据最高人民法院《关于审理破坏土地资源刑事案件具体应用法律若干问题的解释》第3条的司法解释：非法占用耕地“数量较大”，是指非法占用基本农田5亩以上或者非法占用基本农

田以外的耕地10亩以上。很显然，CX企业非法占用耕地25亩，YH镇人民政府非法提供耕地25亩都已经具备了土地违法犯罪的构成要件。 ——《市场信息报》

第三，媒体的广泛报道使原本仅局限于地方上的事件被迅速放大和延伸，特别是中央媒体的介入使铅中毒事件产生了全国性影响，从而给地方政府造成了强大的舆论压力。本书认为，在中国当前的社会背景下，近年来各地此起彼伏的铅中毒事件对于媒体而言具有很大的新闻价值：首先，铅中毒事件大多发生在乡村，这是近年来中央重点关注的区域；其次，铅中毒事件涉及众多人员，特别是未成年儿童的健康与生命安全，属于中央关注民生的政策范畴；再次，铅中毒事件引发了大规模的社会冲突，严重危及社会稳定，与中央“和谐社会”的理念格格不入，属于中央防范的重点；最后，铅中毒事件是一种特定类型的环境污染事件，与中央近年来强调节能减排和环境保护的理念严重背离。基于以上原因，铅中毒事件一定会引起记者浓厚的兴趣，只要他们知道有该类事件的发生，便一定会主动前往调查采访。《市场信息报》《产经新闻》《新华日报》《瞭望东方周刊》等媒体的记者都是在网站上看到了村民的投诉信之后直接来到N村的，没有被任何一位村民所邀请。

国内有学者指出，媒体在报道的方式上一般“都倾向于选择个人化、戏剧化以及具有情感渲染力的方式进行报道；而且，媒体之间还存在媒体报道的共鸣效应，也即，一个事件或问题在某个媒介上被报道并产生一定影响的话，此事件会迅速地被其他媒介采用类似的方式加以报导”。[①] 这一特点在N村铅中毒事件中也得到了鲜明的反映。本书发现，2008年12月13日可以作为媒体报道的一个分界线。在此之前，虽然也有一些媒体前来调查，但

① 何艳玲：《后单位制时期街区集体抗争的产生及其逻辑：对一次街区集体抗争事件的实证分析》，《公共管理学报》2005年第3期，第38页。

产生影响的也只有《市场信息报》的报道。至于其他媒体，不是报道稿刊发受压，就是采访受挫：

> 《市场信息报》的记者秦坤来了两次，第一次来了之后，一个叫张仕强的《产经新闻》记者也来了。他也是在中华环保网站上看到投诉信然后过来的。张记者的采访稿写出来快要刊印的时候，企业把自己抽查的8个儿童的检查报告发传真发到了产经新闻社。结果社里不敢发行，而且把记者狠狠批评了一顿，说你采访这个新闻，版面都给你排好了，竟然不实。他后来说，我只能报道一篇非法征地的事，铅中毒的事我无能为力。再后来是南京电视台××频道，一个女记者带来两个男记者。她说他们扛着摄像机去采访镇政府，没人接。回来以后对我说，"你们还是去找北京那边的媒体吧，你们这边的保护主义太强了，他们根本不理我们，我们气死了。"然后他们就走了。……（2010年8月24日，张思明访谈）

12月13日之所以会成为转折点，是因为村民们自费赴京看病但被P市政府派人阻挠、殴打与强行带回，由此引发了村民的道德愤怒和民企的第二次暴力冲突。这种极具戏剧性特点和情感渲染力的事件成为媒体争相报道的对象。《瞭望东方周刊》的记者首开先河，其报道稿《P市儿童铅中毒风波调查》不仅引起了江苏省委、省政府以及国家环保部等相关部门的高度重视，而且引发了更多媒体的跟进报道。继《瞭望东方周刊》之后，中国人民广播电台《中国之声》、《焦点访谈》、中央电视台财经频道、新华社南京分社、《江南快报》、《江南时报》，以及很多村民们"说不出来不认识"的媒体纷纷派记者前来采访，而《瞭望东方周刊》也对事件做了跟踪报道，名为《P市儿童铅中毒事件再起波澜》。当然，并非所有媒体都有采访成果的出炉，比如，村民们抱怨北京的一家媒体记者守在N村的时间最长，采访的东西也最多，却不见他们的节目播出。尽管如此，多家媒体的集中轰炸式报道对于促使P市政府做出企业搬迁的决策起到了决定性的作用。

第四，从报道的后果来看，记者的到来和对事件的情绪性表达激发了村民更多地参与污染问题的讨论，加深了村民对污染的认知，同时也强化了他们受到伤害的感情。由于媒体的到来有助于村民将铅中毒事件“问题化”从而引起广泛关注，因此，任何一个媒体的到来都会成为村民交谈的话题并引起村民对事件的再次关注。为了在记者的提问和摄影下能够说些什么，村民们会极力唤起自己的脑海中关于企业污染的记忆，诸如：“赶上下雪的天气，如果头天晚上停雪，第二天早上一开门，会发现积雪的表层覆盖着一层黑黝黝的灰尘”；“不管是白天还是夜里，只要是在下风向，村民们不敢开门窗，也不敢让小孩在外面玩耍，刺鼻的气味实在让人难以接受”；“银杏树死了一大部分”、挖菜的时候“感觉到头脑有点晕，比较熏人，那个味道有点刺鼻，熏脑子”；“夜里超过两点，它就往外放烟，那烟铺天盖地的。我就在厂里干活，嘴捂上都没用”；“烟特别大，我们的井打到地下40米都不敢吃”……可以说，记忆的每一次唤起和有关污染信息的每一次交流与叠加都会导致村民对造成伤害后果的污染企业更加愤怒。

三　象征性机会与N村村民的环境抗争

（一）中央政府对“三农”问题的强调及其与基层政府之间的张力

早在改革开放之初，国家便已重视“三农”问题，体现在从1982年至1986年，中央连续5年发布以“三农”为主题的“一号文件”，重点解决农村体制上的障碍。在经历了18年的断裂之后，从2004年开始，中央又连续8年发布以“三农”为主题的“一号文件”，强调“三农”问题在党的工作和社会主义现代化建设中的“重中之重”的地位，特别是2005年党的十六届五中全会明确提出建设“社会主义新农村”的目标任务，并将之提高到

“我国现代化进程中的重大历史任务”的战略高度。为了推进社会主义新农村建设，近年来，中央多项重大涉农政策高强度密集出台。其中包括完全取消农业税、粮食直补、农机具购置补贴、良种补贴、农资综合补贴、新型农村合作医疗、农村免费义务教育、农村最低生活保障、新型农村社会养老保险等。

中央对“三农”问题的重视以及颁布的多项惠农政策进一步强化了农民所怀有的“中央是恩人”的思想，同时也向农民发出了这样一个强烈的信号：既然“恩人”如此关心农村发展，就一定不会对农民所蒙受的不平和委屈，甚至健康与生命安全坐视不理。在这样的一种心态下，一旦农民的利益诉求在地方上无法获得满足，他们便会历经重重困难到北京寻找恩人帮助。于建嵘关于中央和国家机关受理群众信访量的统计结果及其与省、地、县级信访部门的受理数字的比较[①]大体上可以说明此种事实。当地方利益集团逼迫太甚时，走投无路的农民甚至会采取极端措施直接向权力中枢求救，这一点在2008年12月N村村民北上求医期间表现得特别明显。张思明事后对那段往事做了如下描述：

> 到北京几天来，由于政府作梗威胁Y医院，孩子得不到治疗，家长们心急如焚，每天都去向医院恳求。他们的干粮已经吃光，从贫困的苏北农村来的村民百姓，吃饭店住旅馆实在是耗不起啊！可医院早已有P市政府的威胁，儿科和传染科之间像踢皮球一样来回折腾村民，一个借口治疗儿童要好一点的扎针滴注医师护理人员，另一个借口没这方面的技术和药品。挂号了5次都无果。
>
> 家长们开始寻找更多的医院，希望孩子们能早日得到治疗，他们找到了A医院、B医院和C医院，各个医院都无能力治疗严重的金属铅中毒，纷纷建议回Y医院，愤怒的家长

① 于建嵘：《中国信访制度批判》，《中国改革》2005年第2期，第27页。

上访到C医院对面的国家卫生部，告Y医院的所作所为。家长们当时商量说，要是直闯卫生部还是没有效果的话，就打算抱着中毒的孩子在中南海前面跪求。不一会，周成勇接到了Y医院安排住院的通知。

——摘自张思明的日志：《P市铅中毒维权的村民们》

中央政府与地方政府之间的张力主要体现在地方政府的自利性倾向上。随着分税制的推行，地方政府利益独立化日趋增强。很多地方政府不顾中央加强社会管理和环境保护的政策，畸形求稳，片面追求经济增长，对老百姓不是通过化解矛盾、解决纠纷的方法从根本上实现稳定，而是通过哄骗、收买、打压等方法对待民众的不满。祝天智认为，“中央政府与基层政府在经济发展方面的张力是维权精英产生的根源”，“中央政府关于减轻农民负担、保护农民权益的政策，为农村维权精英提供了维权的依据和武器”。[①]

（二）被镇压危险的明显减少

被镇压的危险减少主要由以下两种因素推动。

第一，中央大力推进和谐社会建设。中央首次明确提出构建和谐社会是在2004年9月党的十六届四中全会上。全会通过的《中共中央关于加强党的执政能力建设的决定》首次将公平正义纳入党的文献，并构成和谐社会建设理论的核心。2005年2月，胡锦涛在省部级主要领导干部提高构建社会主义和谐社会能力专题研讨会班上的讲话将和谐社会的基本特征概括为“民主法治、公平正义、诚信友爱、充满活力、安定有序、人与自然和谐相处”。

中央政府对于“和谐社会”的强调实际上宣布，在人民内部没有敌我矛盾。目前中央政府对待农民维权行为的态度发生了根本性的变化。维权不再被认为是“闹事”，只是因为权益受到侵

① 祝天智：《农村维权精英的博弈分析》，《天津社会科学》2011年第3期。

犯而引发的反应，因此，严厉禁止粗暴对待维权农民。这一姿态深刻影响了地方政府和基层民众的心态。对于地方政府而言，“镇压”明显违背了中央的规定以及“和谐社会”建设，只能用其他方式摆平农民的抗争；对于农民而言，中央的姿态极大地舒缓了他们对于维权合法性的担忧，使他们的行动没有太多的后顾之忧。这也是很多维权专业户产生的重要根源。

第二，新闻媒体监督力度的加大，尤其是网络论坛、微博等新兴信息传播方式的广泛应用，使得基层政府违法行为被曝光的风险大大提高，而一旦被曝光，随之而来的可能是地方官员被严厉惩处。在这种情况下，多数基层政府倾向于采用花钱买平安的办法，即通过有选择性地满足农民部分要求的办法进行处置，或者采用“拖”或“骗”的手段，即许诺未来给予好处或满足需要的办法平息事端；即使对于基层政府很重视的“京访”，基层政府也只能采用“盯”和“截”的战术，即对重点对象采用人盯人的战术，万一盯漏而出现越级上访，则争取通过提前拦截和劝回的办法进行处置。①

（三）国家对环境保护的重视及颁布了多项环保法律

新中国对于环境保护的重视大体上可以追溯到20世纪70年代初。参加了1972年的斯德哥尔摩联合国环境大会之后，中国政府于1973年召开了第一次全国环保大会，把环境保护提上了国家管理的议事日程。1979年颁布的《中华人民共和国环境保护法（试行）》标志着我国环境保护工作进入了法制化阶段。

20世纪80年代末，特别是2005年以来，国家在环保方面的力度加大，除了1989年修订《环境保护法》之外，主要体现为

① 祝天智：《政治机会结构视野中的农民维权行为及其优化》，《理论与改革》2011年第6期。

以下几个方面。

第一，发展观念的两次重大更新，一是1994年国务院通过《中国21世纪人口、环境与发展》白皮书（即《中国21世纪议程》），开启了中国“可持续发展”之路；二是2003年党的十六届三中全会上，胡锦涛提出了“科学发展观”。

第二，环保体制上的重大调整。1988年，国家在环保体制上有两个重要设置：一是在中央设置了副部级的国家环保局；二是在地方上成立了“淮河流域水资源保护领导小组”，作为未来治理淮河污染的领导机构。1998年，国家环保局升格为正部级的国家环保总局；2008年又进一步升格为环境保护部，从原先的国务院直属单位变成国务院组成部门。

第三，污染治理上的重大举措，典型例证是对淮河的治理。1994年5月，全国人大环境与资源委员会、国家环保局，以及中央新闻单位组织了“中华环保世纪行”活动，披露淮河水污染的严重现状。政府在某个社会问题上自行揭短标志着政府在该问题上将有重大动作。[①] 不久，国务院环境保护委员会召开了蚌埠会议，中央首次提出“一定要在本世纪内让淮河水变清”的口号。随后有《关于淮河流域防止河道突发性污染事故的决定（试行）》——我国大江大河水污染预防的第一个规章制度，以及我国历史上第一部流域性法规——《淮河流域水污染防治暂行条例》的出台。1996年，国家主席江泽民出席了第四次全国环保大会，国务院总理李鹏代表中央政府讲话，这是历次环保会议中规格最高的一次，显示了中央对环保问题的重视。

第四，2005年起“环保风暴”的频繁刮起。2005年1月18日，国家环保总局对外宣布三峡地下电站等30个大型建设项目因环境影响评价不合格被责令立即停建。此举不仅凸显了

① 此观点受惠于童星教授的“发展社会学”课程。

环保总局的强势，也显露了国家治理环境问题的决心。年底，国家环保总局局长因松花江水污染事件而辞职，由此开创了中国环保官员问责制的先例，同时表明了政府对待环境问题的某种姿态。2006 年 2 月，国家环保总局再出重拳，宣布即日起将对 9 省 11 家布设在江河水边的环境问题突出企业实施挂牌督办；对 127 个投资共约 4500 亿元的化工石化类项目进行环境风险排查；对 10 个投资共约 290 亿元的违法建设项目进行查处。潘岳在接受《南方周末》记者采访时表示要将此类执法行动长期不懈地坚持下去。[①] 国家环保总局强硬姿态的更深层背景是中央在“十一五”（2006～2010 年）规划纲要中要“加大环境保护力度”。

由于信息传送渠道的发展（对于 N 村村民而言，最重要的是电视和网络），大多数村民能够通过这些渠道直接接触国家意志。经过媒体多年的宣传，国家对于环境保护的强调已经在民众心中扎根并且对民众环境抗争的心态产生了深远影响。2005 年浙江新昌县环境冲突事件中，黄尼村的村民希望“事情越大越好，因为只有这样才能真正引起政府重视”。这一肺腑之言正是这种心态的反映。因为环境保护问题现在已经成了政治正确的标签，所以，老百姓也懂得了运用环境作为保护自己利益的理由和借口。[②]

我国环境与资源保护法律体系主要包括 5 个组成部分，即宪法、环保基本法、环保单行法规、环境标准，以及其他部门法中有关环保的法律规范。[③] 与血铅事件直接相关的法律主要有四类，一是有关环境保护的基本法——《中华人民共和国环境保护法》。

① 王鉴强：《“弱势部门”再掀环保风暴，潘岳誓言决不虎头蛇尾》，《南方周末》2006 年 2 月 9 日，A1 版。

② 郎友兴：《商议性民主与公众参与环境治理：以浙江农民抗议环境污染事件为例》，广州“转型社会中的公共政策与治理”国际学术研讨会论文，2005 年 11 月。

③ 左玉辉主编《环境社会学》，高等教育出版社，2003，第 136～152 页。

该法规定了许多有关环境保护的基本制度，如环境影响评价制度、企业环境保护责任制度、三同时制度、公众环境参与制度等。二是对上述一些制度的细化法规，如2002年全国人大常委会通过并于2003年9月1日正式实施的《环境影响评价法》，国家环保总局于2006年3月出台的《环境影响评价公众参与暂行办法》以及2007年颁布的《环境信息公开办法（试行）》等。三是与铅锌生产有关的规定和标准，如1998年颁布的《铅冶炼防尘防毒技术规程》、2007年国家发改委颁布施行的《铅锌行业准入条件》、2001年颁布的《危险废物贮存污染控制标准》等。四是与土地资源保护相关的中央或地方法规，如1986年颁布的《土地管理法》、1989年颁布并于1996年修订的《土地违法案件处理暂行办法》、2002年颁布的《农村土地承包法》、2005年江苏省政府颁布的《江苏省征地补偿和被征地农民基本生活保障办法》等。这些在网络上唾手可得的法律法规为村民维权提供了行动的依据，更重要的是，它们改变了村民的观念。如果说"维权"即"维护正当、合法的权益"，那么，正是这些法律规定赋予了村民关于"权利"的观念。

四　结论与讨论

政治机会结构理论的关注点是那些没有多少政治权力的群体。这些群体在缺乏传统的政治资源（如资金、社会资本、政体内部的游说渠道等）时，有时却能获得一定的博弈能力并产生具体的政治影响。就N村铅中毒事件而言，从事件的发生到最终解决，村民们所能调集的财力、物力、人力资源并没有发生变化，因此，与资源动员理论相比，政治机会结构理论更能说明村民在与政府、企业的周旋中为什么能够获胜。

基于上文对N村村民环境抗争的政治背景的描述，我们可以

做以下几点总结与讨论。

第一，政治机会结构理论的核心是强调正式制度安排对于行为的影响，[①] 因此，如果透过这一理论视角来分析农民的环境抗争，首先需要考察政体为农民的抗争行动预设了哪些制度空间。就目前而言，农民最重要的体制内利益诉求途径仍然是信访制度，除此之外，其他环境参与和利益诉求的制度性渠道包括：①找人大代表、政协委员或民主党派团体成员，请他们反映问题；②环境诉讼；③2003 年开通的 12369 环保举报热线；④环境听证制度；⑤环境影响评价公众参与制度；⑥环境监督参与制度等。然而，这些政治机会在 N 村铅中毒事件中要么根本没有发挥作用，要么发挥的作用微乎其微。

第二，相比而言，信访制度对于促成 N 村铅中毒事件的解决效果并不明显。“容易偏离体制轨道”的媒体[②]的介入对问题的解决起着关键性的作用。笔者曾问张思明：“这次事件，你觉得村民最终能获胜的主要因素是什么？”他略加思索后回答：“媒体。”正是异地，特别是北京媒体的介入，铅中毒事件才成了“问题”，才引起了企业的惊慌和政府的重视。除了媒体之外，村民环境抗争所能求助的外部联盟还包括一些民间环保组织和其他地区有类似冲突经验的环境抗争者。在少数地区，民间环保组织成为污染受害者能够克服“体制性困境”和“环境权困境”[③] 的重要保证，只不过这些组织的实质性发展与目前中国环境污染事故的现状严重不相称，因此，并不是每一个环境冲突中的受害者都能如此幸运，比如在本书所研究的个案中，民间环保组织的作用并没有凸显。过于依赖媒体显示出中国农民环境维权的政治机会结构存在严重缺陷。

---

① 蔡禾、李超海、冯建华：《利益受损农民工的利益抗争行为研究——基于珠三角企业的调查》，《社会学研究》2009 年第 1 期，第 145 页。

② 赵鼎新：《社会与政治运动讲义》，社会科学文献出版社，2006，第 281 页。

③ 黄家亮：《通过集团诉讼的环境维权：多重困境与行动逻辑——基于华南 P 县一起环境诉讼案件的分析》，载于黄宗智主编《中国乡村研究》第 6 辑，福建教育出版社，2008。

第三，如果将政治机会结构仅仅局限在制度和体制层面，在具体分析特定抗争事件时就会遇到这样一个问题，即相同的制度性机会为何在不同的情境中会导致不同的抗争图景。本书认为，如果人们对客观层面上的制度性机会感知不足或者在主观上倾向于缩小这些机会空间，那么，起来抗争并获得成功的可能性会大大降低。一些“象征性的政治机会”对农民的主观感知和维权心态产生了影响：国家对环保的重视以及颁布的多项环保法律法规使村民感知到环境抗争的政治正确性，因此不怕将事情闹大；国家对“三农”问题的高度重视强化了农民对中央的“恩人”心态和解决农村问题的期待；“和谐社会”建设则极大地舒缓了农民对抗争行动的“合法性困境”的担忧，同时强化了他们对地方利益团体不和谐做法的愤恨。在这种情况下，能否接受到足够的信息领悟国家意志从而改变村民对客观机会的主观感知是影响他们抗争行动的重要因素。N 村铅中毒事件的特殊性还在于该事件严重扰乱了人们的日常生活。美国学者斯诺认为，在通常情况下，人们会理性权衡参加运动的损失与获益。因为害怕损失，人们在评估政治机会的时候会趋于保守和审慎；在损失已经成为事实的情况下，特别是当人们的日常生活被扰乱的时候，人们会倾向于放大政治机会，有时甚至无中生有，创造出原先并不存在的政治机会。[①] 自己孩子体内血铅严重超标甚至铅中毒使村民们的日常关注和生活重心发生了巨大改变，再加上企业对村民的傲慢态度和做法，两者结合成为村民积极感知、寻找抗争机会的重要推动力。

第四，在 N 村铅中毒事件中起了关键性作用的媒体在其他情境中并非总能起到相同的作用。有时候，媒体无法曝光某个问

① Snow, D. A., 1998. “‘Disrupting the quotidian’: Reconceptualizing the relationship between breakdown and the emergence of collective action”, *Mobilization: An International Journal*, Vol. 3, No. 1, pp. 1 - 22, pp. 17 - 19.

题，因为“节目没有通过审批，无法播出”[①] 或者材料“被县政府拿走了”，[②] 即使有独立于地方政府的媒体的介入也并不一定能够带来污染受害者所期望的结果。媒体作用的弱化通常是由地方政府的有效应对所导致的。这里的问题是：P市政府也拿出了一套应对媒体的策略，甚至涉嫌收买个别高层媒体进行反向事实建构，但这些应对策略为何没有奏效？萧克在考察20世纪80年代菲律宾和缅甸爆发的人民权力运动时提出了“政治机会格局”（configurations of political opportunities）的概念。他认为，某个政治机会对社会运动的影响是由各种政治机会的不同配置所决定的。如镇压有时能激发社会动员，有时却又压制动员，这是因为受到了其他政治机会（如重要同盟、精英分裂等）的影响。当其他政治机会具备的时候，一味地血腥镇压（如菲律宾马科斯政权对人民权力运动的态度）能将大批民众吸纳到社会运动中来；而当这些机会消失时，血腥镇压反而对社会运动的卷入起到恫吓与遏制作用，如缅甸人民权力运动后期阶段。[③] 本书认为，媒体对某个环境抗争事件的实际影响也是由不同的“政治机会格局”所决定的。如果介入的外来媒体较少，则不会出现众多媒体的交相报道而放大事件的社会效应，孤立的媒体也很容易落入地方政府的应对陷阱中；如果信息不畅，污染受害者就不会从媒体上知道

① 陈阿江、程鹏立：《“癌症—污染”的认知与风险应对——基于若干“癌症村”的经验研究》，《学海》2011年第3期，第37页。

② 罗亚娟：《乡村工业污染中的环境抗争——东井村个案研究》，《学海》2010年第2期。

③ 在缅甸人民权力运动的早期阶段，政体内部围绕是否就实行多党民主举行全民公决问题发生明显分歧，同时产生了另一个印刷媒体，而国家机关报（state newspaper）又控制在工人手中，在这样的情况下，镇压促使更多的人投入到运动中。然而，到了1988年9月中旬之后，镇压起到了驱散人群的作用，因为政权重新整合之后消除了分裂。加上运动没有重要联盟的支持、政府对媒体的重新掌控等，镇压对于动员的正面作用失去了其他政治机会的支撑。见 Schock, Kurt, 1999. “People power and political opportunities: Social movement mobilization and outcomes in the Philippines and Burma”, *Social Problems*, Vol. 46, No. 3, pp. 355 - 375。

国家在环保和“三农”问题方面的重要政策和重大举措；如果对外联络途径有限，受害者很难引发大量媒体的注意从而将污染事件迅速“问题化”。另一方面，如果信访制度能够很快解决问题，或者环境诉讼制度比较完善，环境纠纷处理机制比较高效，村民们也就无须通过媒体来解决问题；如果民间环境组织比较发达、各地污染受害村民可以建立草根环境组织并相互支援，地方政府就不会将应对媒体看得过于重要。

第六章　农民环境抗争的内在动力机制：以N村铅中毒事件为例

与外部政治环境相比，国内学者对于农民环境抗争的内在动力机制方面的探讨较多，如农民集团环境诉讼所面临的四大困境以及村民们克服这些困境的动力机制与应对策略①；民众参与环境运动的动机结构及其折射出的动员机制②；农民环境抗争中的认同建构③；农民环境抗争的发展过程及各阶段的行动策略④；地方性文化在农民环境抗争中的社会动员作用及其与农民环境意识的连接⑤；关系网络在环境集体维权行动中的作用；⑥ 等等。本章以苏北N村的铅中毒事件为个案参与讨论这些问题，同时对现有讨论还没有涉及的问题，如农民环境抗争中的心态与情感等进行补充。

---

① 黄家亮：《通过集团诉讼的环境维权：多重困境与行动逻辑——基于华南P县一起环境诉讼案件的分析》，载于黄宗智主编《中国乡村研究》第6辑，福建教育出版社，2008。

② 周志家：《环境保护、群体压力还是利益波及——厦门居民PX环境运动参与行为的动机分析》，《社会》2011年第1期。

③ 童志锋：《认同建构与农民集体行动——以环境抗争事件为例》，《中共杭州市委党校学报》2011年第1期。

④ 罗亚娟：《乡村工业污染中的环境抗争——东井村个案研究》，《学海》2010年第2期。

⑤ 景军：《认知与自觉：一个西北乡村的环境抗争》，《中国农业大学学报》（社会科学版）2009年第4期。

⑥ 高恩新：《社会关系网络与集体维权行动——以Z省H镇的环境维权行动为例》，《中共浙江省委党校学报》2010年第1期。

第一节　环境危险的认知

环境污染带来物质和健康伤害之后不一定必然导致周围居民的环境抗争。这个事实有很多例子可以证明。典型个案是巴西的库巴陶（Cubatao）污染。该地区周围原先绝大部分是湿地。后来，为了发展工业，大片湿地被垃圾填埋，生态环境遭到严重破坏。与此同时，工业排污使当地居民的健康受到严重损害。患无脑畸形疾病的婴儿很多。仅1982年6月至1986年12月，短短4年多时间内就有150名儿童先天异常。此外，白细胞减少症、呼吸道疾病非常多。但是，库巴陶居民很长时间内并没有任何反对污染的行动。[①] 同样，在淮河最大支流沙颍河沿岸出现了多个"癌症高发村"，自1990年以来，这一地区患癌症死亡的就有114人。2004年，多家媒体对这一地区的生存状况进行了报道。但是，我们在沙颍河地区也没有看到类似浙江东阳和东昌地区的大规模集体抗争事件。环境被污染了，居民为何没有起来抗争？其中的原因可能有很多，也许是经济利益的诱惑，也许是权力机制运作的结果。[②] 本书认为，对于环境危险的认知差异可能也是导致不同的行动格局的重要原因：如果受害者不知道确切的污染源

---

① Lemos, Maria Carmen De Mello, 1998. "The politics of pollution control in Brazil: State actors and social movements cleaning up Cubatao", *World Development*, Vol. 26, No. 1, pp. 75 – 87.

② 诺里斯和凯博提供了一个极好的例子说明经济利益和权力运作如何阻碍了民众环境抗争的动员。北卡罗来纳州的Canty县有一家造纸厂，生产的废水严重污染了当地的一条河流，但当地居民对企业有经济依赖，所以没有环境抗争。位于该河流下游的田纳西州的Cocke县居民对企业没有经济依赖，但很长时间里也没有环境抗争，作者认为，主要原因是多年来的权力关系在普通民众中造成了依赖和无权的意识和情感，因此，大家普遍接受"牺牲环境以求经济增长"的观念。见Norris, G. Lachelle & Sherry Cable, 1994。此外，关于权力机制如何造成了集体行动的沉默的经典论述可参见Gaventa, J., 1980. *Power and Powerlessness: Quiescence and Rebellion in an Appalachian Valley*, Chicago: University of Illinois Press。

（如淮河污染是由不同省份、不同地区的企业共同造成的）、无法弄清污染与疾病之间的因果关系，即使起来抗争，也会因为没有具体的抗争对象而徒劳无果。

在社会冲突理论者中，马克思特别强调对不平等的认知在冲突过程中的重要作用。马克思关于冲突的命题如下①：

资源分配的不平等导致利益冲突

↓

被统治群体意识到资源分配不平等，质疑系统合法性

↓

被统治者组织起来，集体参与冲突

↓

被统治者的反抗提高——与统治者的目标和利益极端化

↓

暴力是克服统治者的唯一方法，稀缺资源分配模式变化

当代社会冲突理论的代表人达伦多夫也认为，仅仅有资源和权力分配的不平等并不必然导致社会冲突。如图6－1所示，ICAs（即强制性的协作团体）中权力权威分配的不平等及其导致的强制性角色安排只是为冲突群体的出现提供了客观条件，至于对立的准群体能否向冲突群体过渡，要看被统治者对威胁认知的发展情况。

循着马克思和达伦多夫的思路，本书提出这样一种假设：生存环境遭到污染的农民是否起来抗争，要看这些农民对污染的认知是否明确。这些认知包括：污染的源头、自身的健康状况及其演变、污染与健康之间的关联等。由于污染与疾病之间的关系非常复杂，因果关系的推定需要较强的专业知识和技能，这种状况

① 根据特纳的观点整理而成。参见〔美〕乔纳森·特纳《社会学理论的结构》（上），邱泽奇等译，华夏出版社，2001，第163～164页。

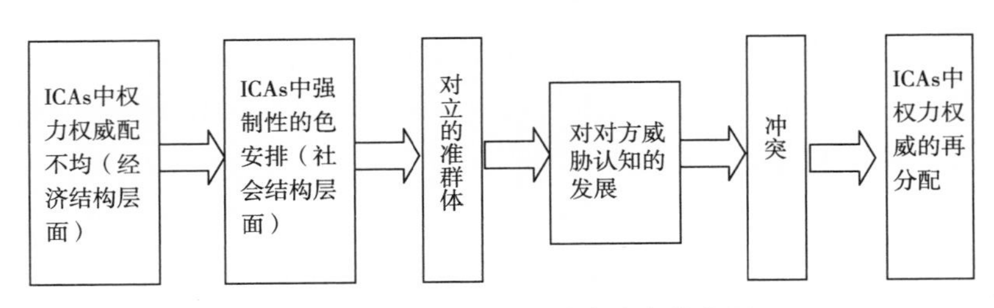

图 6-1　达伦多夫关于社会冲突的命题

资料来源：根据乔纳森·特纳《社会学理论的结构》（上），华夏出版社，2001，第 175 页内容绘制。

决定了污染受害村民的环境认知有可能比较清晰，但也有可能比较模糊。河海大学的陈阿江等基于对广东、江西和浙江三省四个“癌症村”的实地调查，讨论了当污染发生、疾病的发病和死亡出现异常之后，村民是如何认识、解释这些现象，如何认识污染与癌症之间的关系的。他发现，尽管村民对外源性污染敏锐感知、对癌症高发极度担忧和敏感，但村民对“癌症—污染”关系的认识受外部认识的影响较大，处于“清楚知道”和“完全不知道”的连续谱的中间。①

国内有关农民在环境抗争中的认知问题的讨论很少，除了陈阿江之外，仅有的讨论是由清华大学的景军给出的。景军的讨论对象是甘肃省永靖县大川村村民，他认为大川村民与近旁一家化肥厂的 30 多年的环境抗争经历了四个阶段：第一个阶段是 20 世纪 70 年代，村民们一开始并没有意识到污染的危害，后来因为下乡锻炼的“知青”的告诫，并且经历了牲畜因饮用污水而失明的事件，由此开始对污染产生警觉；第二个阶段是 20 世纪 80 年代初，人民公社制度的解体和分田到户的施行使所分农田邻近被污染的溪流的农户与企业发生了冲突，并且出现堵门、示威等制度外行动；第三个阶段开始于 80 年代中期，由于国家厉行计划生育政策，这使得环境问题与村民们传宗接代的古老话题结合在

① 陈阿江、程鹏立：《“癌症—污染”的认知与风险应对——基于若干“癌症村”的经验研究》，《学海》2011 年第 3 期。

一起，对婴儿死胎和出生缺陷原因的怀疑使村民继续与企业抗争；第四个阶段是 20 世纪 90 年代到 2003 年，环境问题因为卷入了市场力量（黄河鲤鱼的养殖和生态旅游的发展）而进一步凸显，村民的抗争也日趋激烈。在这个过程中，大川村民对水污染危害的认识经历了“认知的革命”，体现为农民对法律、生计、道德和权益等问题的深思熟虑。[①]

本书发现，景军对于大川村农民的“生态认知革命”的讨论并不适合铅中毒事件，主要原因是：第一，大川村民的环境抗争经历了较长的历史时期，而铅中毒事件从发生到最后解决往往时间较短，如苏北 N 村的血铅事件中，从村民对铅污染的健康警觉到事件的结束，前后仅半年多时间，不可能根据国家政策、生育、市场等力量的卷入而划分出明显的阶段；第二，景军虽然给出了一个生态认知革命的发展过程示意图，但对于大川村民在每一个步骤的具体情况语焉不详，即作者没有详细解释大川村民是如何形成、升华、实践和制度化生态认知的，因此总体而言，给人意犹未尽的感觉。与此相反，美国学者研究美国社区民众环境抗争的成果似乎更能为我们理解血铅事件中的农民环境认知提供帮助。

美国学术界关于环境污染危险的认知有两种视角：一种是麦克亚当提出的“认知的解放”（cognitive liberation）。[②] 在企业行为导致污染的过程中，受害民众对污染危险的认知水平不断抬升，最终在污染来源、影响及解决途径等方面获得了共识（即确立了有关污染问题的共享知识）。这种认知一般会导致社区居民组织起来保护自己的集体行动，并且获得成功的行动结果（被污

① 景军：《认知与自觉：一个西北乡村的环境抗争》，《中国农业大学学报》（社会科学版）2009 年第 4 期。

② 麦克亚当的“认知的解放”指对被压迫的境况由无助的屈从转变为意识觉醒并准备抗争。见 McAdam，Doug，1982. *Political Process and the Development of Black Insurgency* 1930 – 1970，University of Chicago Press，p. 34。

染的社区获得赔偿或重新安置、污染企业搬迁等）。[1] 布朗和麦科尔森甚至创造了“大众流行病学”（popular epidemiology）一词，用来指污染的受害者察觉某一疾病类型并且不畏艰难和挫折，积极学习与这一疾病类型相关的各种知识的过程。[2] 另一种视角是认知的“不确定性”（uncertainty），即受害民众对有毒污染物的来源、污染程度及污染后果一直处于无知、错误认知、意见不一，或者比较迷惑的状态。这种认知的结果往往导致被污染的社区民众与污染企业长时期地和平共处。这一视角的典型研究成果是奥耶若与斯威斯腾（J. Auyero and D. Swistun）对阿根廷的一个遭到严重污染的贫民区弗拉梅博（Flammable）的考察。他们在两年半的田野调查基础上，从社会建构的视角探讨了社区居民为何对污染危险一直处于认知不清的状态。两位学者的研究结论是：对污染问题的模糊认知不只是毒理学和病理学的复杂性所导致的，污染与日常生活的“关联嵌套”（relational anchoring）以及在社区居民的生活情境中其他行动者的“困惑制造”（the labor of confusion）是另外两个重要的原因。所谓“关联嵌套”，指环境危险的认知方式与日常事务相关并嵌入其中（relationally anchored in everyday routines）。因为污染的过程“润物细无声”，污染对人们健康的损害逐渐而缓慢，所以，居民们每天的日常活动没有被打断，没有重大事故的发生，也没有发现可归咎于企业行为的某种疾病类型（比如在很多地区发现的血癌或其他癌症）。由于连续性从来没有受到过威胁，这使社区居民可以一如既往地关注他们所习惯的日常事务，如建房子、找工作、送孩子上学等，由此限制了他们形成环境危险的认知。“困惑制造”则是指在经济、政治、文化资本方面具有相对优势的企业、政府、医学

① 关于认知与集体抗争之间因果关系的论述可参见：Beamish（2001），Brown and Mikkelsen（1990），Lerner（2005），Tierney（1999）。

② Brown，Phil and Edwin Mikkelsen，1990. *No Safe Place：Toxic Waste，Leukemia，and Community Action*，University of California Press.

专家和媒体等在言行方面的不一致或相互之间的矛盾言行对社区居民认知的影响。[①]

在国外相关研究成果的启示下，本书将N村铅中毒事件中农民的环境认知特点总结为以下三个方面：①污染危险的意识觉醒带来了"日常生活的扰乱"，而"日常生活的扰乱"又进一步推动环境危险的认知；②认知的过程不具备典型的"大众流行病学"特征；③伴随着"权衡后果的群体"对村民环境危险认知的解构。

一　"日常生活的扰乱"

"日常生活的扰乱"（disruption of the quotidian）这一短语由美国学者斯诺（D. A. Snow）提出。他认为"日常生活"（社会学中又称为everyday life）有两个构成维度：经验层面上的日常实践和认知层面上的"自然而然的想法"（natural attitude）。经验层面的日常生活指维持生计的常规化模式（routinized patterns of making do），如每天都做的常规事务与家庭琐事等，这些事务通常是以一种几乎是习惯性的、不需要思考的方式完成；自然而然的想法，或者称为"日常生活态度"（attitude of everyday life），指的是人们在日常生活中习惯性的认知方向和常规化的心理预期。[②]当人们不能再按照以往的方式从事日常实践活动，当人们认识到"事情应该是这样，但现在它却不是这样"的时候，就出现了"日常生活的扰乱"。处于这种状态下的人们很容易被动员起来参加集体行动。也就是说，集体行动动员最有可能发生在人们意识

① Auyero, Javier and Debora Swistun, 2008. "The social production of toxic uncertainty", *American Sociological Review*, Vol. 73, No. 3, pp. 357 – 379.

② Snow, D. A., 1998. " 'Disrupting the quotidian': Reconceptualizing the relationship between breakdown and the emergence of collective action", *Mobilization: An International Journal*, Vol. 3, No. 1, pp. 1 – 22.

到他们习以为常的日常生活模式已经或者即将遭到威胁的时候。

斯诺在他的文章中指出，“日常生活的扰乱”会出现在四种情况下：一是“灾难性事故”的发生。这里的“灾难性事故”不是由自然因素导致，而是因人类的疏忽或者失误造成，如原油泄漏、污染排放等。这种事故会给周围居民带来“突然强加的苦难”，在进一步引发日常生活遭到破坏之后，就会产生集体行动。典型例证是1979年美国三哩岛核事故引发周围民众的反核抗争。二是对“直接的防护空间”（immediate protective surround or Umwelt）的侵犯。Umwelt一词来自个体生态学，指动物感到舒适与安全的个体空间。用在人身上，可以指有文化弹性的私人控制空间，如“家人”“家庭”和“邻居”等。对这种空间的侵犯会导致集体行动，典型例证是美国反醉驾运动和70年代美国许多城市发生的“抵制巴士运动”。前者是由一个女儿丧生于醉驾的母亲发起，后者涉及父母与家庭有权决定他们的孩子应该在哪里上学、能到哪里上学的问题。这两例表明存在一种parental Umwelt，当它受到威胁或侵犯时，父母们就可能行动起来重获与重建他们对防护空间的控制。“社区邻避（NIMBY）运动”也属于这一类型，有毒废物排放场所、免费施粥点的建造等都会因为侵犯了社区的Umwelt而导致“邻避”动员。三是必要生活资源的减少改变了原先的日常谋生活动。典型例证是美国80～90年代的流浪者运动。不是贫困与被剥夺状态引发流浪者的集体抗争，而是他们原先习以为常的生存方式因为资源（如避难所的栖息空间等）需求与供给的失衡而遭到了破坏。四是社会控制结构和控制方式的急剧变化。因为日常生活由社会控制结构调节，因此，一旦社会控制结构发生剧烈变动，很容易导致日常生活的紊乱并引发集体行动，典型例证是美国70～80年代的监狱暴动。

如果按照斯诺的归纳，N村铅中毒事件大体可以归入第一种和第二种情况。CX企业在村里建厂之后的20年期间，虽然污染给村民带来了一些异常，比如树木的枯萎，农作物的减产，嗓子发干、发涩、发甜等，但是由于观念的落后，谁也没有意识到会有“铅中毒”的后果，也没有人为此进行过体检。即使少数村民察觉出孩子因为血铅含量高而表现出了一些病症，也做过发铅检测知晓了血铅超标的结果，也只是当作日常疾病加以对待。因此，无论是经济上的损失还是孩子健康的异样都没有对村民的日常生活带来太大的影响。

2008 年 5 月，一个偶然的事件和不经意的提问使村民们的污染危害意识逐渐觉醒，也从此打断了村民“日常生活”的连续性。张思明在回忆这段往事时这样写道：

> 2008 年初，我孩子感冒了，我把他带到医院看病。在接受医生诊疗的时候，我顺便问了一下医生：孩子的头围有一圈没长头发，其他地方的和成人的一样黑，这是睡觉磨的，还是其他什么原因造成的？医生说，可能是小孩缺了什么微量元素，建议你给查一查。当时也没当回事。到了 5 月份暖和了，我发现孩子都一岁半了还不会说话，并且还特别调皮，有多动症倾向，我想起当时医生说的微量元素问题。于是，我把孩子带到 P 市妇幼保健所，通过蚌埠华东微量元素应用技术研究所进行了毛发检测。结果一出，其他的微量元素都没有太大的缺陷，只有铅超标。正常是每克含量在 10 微克之内，而化验报告显示 13.2 微克。我这时候才真正注意到以前听村子里有人说儿童有几个铅超标的事情。在此之后，我注意到企业的烟尘排放，这才觉得儿童铅超标可能是企业污染所致。
>
> ——摘自张思明的日志：《偶然的发现》

“偶然的发现”给张思明的家庭生活带来了紊乱：“孩子不喝带有苦味的驱铅药，只有每次将药品掺在饭里，这样一来更是雪上加霜，孩子发现饭里的颜色和尝到的苦味，连饭都减了一半，每一顿吃饭时都不愿意吃而哭闹，孩子哭闹，家长很是苦恼。”

“偶然的发现”也改变了张思明的生活重心。从此之后的半年多时间里，他的主要事务变成到处求医、与企业交涉、搜集证据、维权。他先后带着孩子在O市、南京、西安、北京等地辗转检查，为孩子求医治病是一个原因，另一个重要原因是要确认孩子中毒的事实与后果，以便于同企业及其抬出的医学专家系统周旋。为了迫使企业承认是他们的污染造成了铅中毒，张思明除了搜集医学证明之外，还注意搜集企业污染的证据。他用相机开始拍摄企业排污排烟的录像、庄稼因污染而死亡的照片、企业院子里露天堆放的危险废物（如电瓶壳等）。由于企业迟迟不肯承认污染的事实，并且买通地方医院弄虚作假，张思明和村民又将追究医院出假和企业违法征地事宜纳入他们的行动议程。

总之，铅中毒的发现和污染危险意识的觉醒打乱了村民原先的生活节奏。这种生活节奏的紊乱最典型地体现在2008年12月上旬村民们两度奔赴北京替孩子治病上。张思明对他们第一次求医的过程有这样一段描述：

> 12月1日晚上，我们抱着孩子，带着衣服和干粮（机器煎饼和咸菜）踏上了开往北京的列车。列车上，7个儿童和家长统一买的车票，他们7个儿童同坐在一起，顽皮给列车上的客人带来不少的骚扰。夜里12点，家长和孩子们都饿了，他们打开行李取出准备的干粮和咸菜，和孩子们大吃了起来，车上的客人都投来异样的目光，好心的列车员听说孩子去北京找医院排毒，非常同情这些孩子的不幸，给送来了开水。当家长的看在眼里酸在心里，不由得自己在心里苦笑。现在的现在，要是没有那个黑心的铅厂，这些孩子该在自己的家里躺在妈妈的怀抱睡在温暖的被窝，而现在正值寒冬腊月，他们还要背井离乡寻找好的医院治疗排铅。
>
> ——摘自张思明的日志：《P市“铅中毒”维权的村民们》

“日常生活的扰乱”所带来的负面后果并非没有任何补救措施。本书认为，如果污染企业对周围居民实行“睦邻友好政策”，不仅有助于维持双方互动关系的友善，从而避免因生活连续性的断裂所引发的敌视与冲突，而且可以为村民放弃前一种连续性，选择另一种连续性提供缓冲条件。换句话讲，企业的“睦邻友好政策”不仅可以使紧张和冲突钝化，而且可以起到韦伯所说的“转辙器”或“扳道工”的作用：使农民从以前的生活轨道慢慢脱离，去寻找、适应另一种生活轨道。这种改变可以被称为日常生活“连续性的置换”。笔者注意到，有些村民已经有了置换连续性的心理准备，在铅中毒事件发生之后，一些家长已经把小孩带到外地去住了，还有一些人，比如张思明正准备这样做：

> 如果你企业补偿了，咱也就是争了一个理字。至于小孩会受到什么样的损伤，咱毕竟懂得还少。至于铅中毒，那都是在网上浏览的知识，知道小孩会造成什么样的后果，但是需要什么样的治疗，多少资金治疗，咱也不知道。当时要1000 元买排铅药肯定够了。再一个，你虽然默认中毒了，拿出 1000 元了，咱把小孩带隔离了，不搁这儿住了，不行了吗？远离这个企业。后来你企业随便怎么生产，咱也不问。（2009 年 7 月 4 日，张思明访谈）

张思明的这些话让笔者想起熊易寒对一起农村环境冲突的考察结论：当前中国农村的环境政治的核心议题是污染补偿而非环境保护。老百姓反抗的不是环境污染，而是无视他们生存需要的经济霸权，他们所要追求的不是清新洁净的空气，而是要讨回他们曾经拥有的权利，一个他们认为的公道。[①] 比较遗憾的是，企业从一开始就没有能够认识到睦邻友好措施对于污染的负面后果的消解。

---

① 熊易寒：《市场“脱嵌”与环境冲突》，《读书》2007 年第 9 期。

我们可以对比一下弗拉梅博个案中的壳牌炼油公司和N村个案中的CX集团如何对待周围民众。壳牌炼油厂为弗拉梅博居民提供工作，提供输送管道等建筑材料，甚至出资建造了社区健康中心，在中心配备了7名医生、2名护士、1名全天候保安和1辆救护车。此外，炼油厂还定期为当地学校捐款以及提供其他资助服务，如为贫困妈妈提供食物，为学校提供计算机、窗户、绘画颜料、暖气，为当地学校中的毕业班学生提供年终旅行的机会，为学校的各种球队提供绘有壳牌标语的球衣，在庆祝儿童节时为在校的孩子提供玩具等。[①] 也许壳牌炼油厂真的想去资助周围的民众，但也有可能仅仅是一些“贿赂性的”措施。不管如何，这些措施客观上建构了企业与周围居民的“利益共同体”和友善和睦的相互关系，同时也容易将受害者置于一种道德困境：我平时对你不薄，你若是对我过分要求，也就太不讲良心了。在一团和气中，一些小的冲突是很容易化解的，这是壳牌炼油厂能与周围民众有长达70多年和平共处历史的重要原因。

再来看看CX集团对待N村村民的态度。尽管有70多位村民在企业工作，但这些工作并没有被村民看作企业的恩惠，而是被当成是他们用土地换来的结果。企业被迫搬迁之后，所有原先在企业上班的N村村民全部被辞退，这个事实也可以证明企业并非真的想共同发财。当污染造成经济损失而村民又要求赔偿时，企业只是在2006年派人将死亡的树木和农作物的数量进行了统计，然后就没有下文了；在村民发现孩子铅中毒找企业理论时，企业拒绝承认，置若罔闻，甚至污蔑村民想“敲诈”；在媒体首度报道污染事件之后，企业开始主动找村民代表协调。在这种情况下，村民们的反应和要求如下：

发现孩子中毒的家长对我说：这事怎么协调，小孩中毒

---

① Auyero, Javier and Debora Swistun, 2008. “The social production of toxic uncertainty”, *American Sociological Review*, Vol. 73, No. 3, pp. 357 – 379, p. 364.

> 要什么样的补偿，你跟企业谈，咱们要争一个理字，看看到底是不是你污染造成中毒的。如果企业承认了，我们要的补偿也很少，除了报销因为看病所导致的费用之外，给每个小孩健康补偿1000元，总共3.5万元。我为什么就要这么多呢？也是为企业着想。以后一旦再发现中毒的情况，企业只要花很少的资金就可以解决。如果要多了，企业也不好赔偿，人家要开支多少啊！（2009年7月4日，张思明访谈）

为企业着想的张思明代表村民所提出来的看起来很低的要求还是遭到了企业的拒绝，接下来便出现了企业买通地方医院在血铅检测问题上弄虚作假。至于企业为何不愿意拿出村民们提出的3.5万元赔偿金，张思明是这样解释的：

> 一个是强势思想。我再有钱，你一分钱也别想要我的；二是如果拿出1000元，等于认可铅污染的事实。要是你拿了1000元之后再来搞我怎么办？他把咱想得太坏！（2009年7月4日，张思明访谈）

在企业的这种态度下，从村民发现孩子铅中毒的时候开始，“厂群关系就一直很紧张”。企业的如此做法也将自己置于一种道德的难堪境地：犯了错，还赖皮，还这么蛮横。村民们认为，既然你这样，我跟你还有什么好说的。在此之后，政府的不恰当处理措施对这种紧张的延续和强化起到了推波助澜的作用。2008年11月13日和12月13日，厂群矛盾的两次激化和较大规模暴力冲突的发生都与政府有极大的关联。特别是12月的两次强行“带回”，已经不仅仅是“扰乱”村民的日常生活，而是使最基本的日常活动都无法完成了。村民们发出了带有强烈悲愤色彩的呐喊：“难道我们自费带孩子到北京看病都不行吗？”

上述事实表明，当村民们意识到有“铅中毒这种事情”之后，他们的日常生活最主要的关注点变成了如何确认这种疾病的根源、现状和后果，如何迫使企业承认事实，并且承担一部分他们力求回复到原先的日常状态或者开创另一种日常生活状态的成本。由于企业始终拒绝合作并且力图消解村民的理由，这就迫使他们不断地求证和求助，关于污染危险的认知在这一过程中得到了不断深化。

二 微弱的“大众流行病学”

“大众流行病学”（popular epidemiology）一词最初由美国学者费尔·布朗（P. Brown）提出，用以描述“拉芙运河”（Love Canal）社区居民的污染求知过程。20世纪80年代后期，布朗更醉心于研究发生于马萨诸塞州的“伍本事件”（Woburn case），因为他认为“伍本事件”更能说明这个概念的主要内涵。所谓“大众流行病学”，是指普通老百姓收集科学资料和其他各种信息、调用专业知识和专家资源对某种疾病进行认知的过程。与传统流行病学不同的是，传统的流行病学主要研究某种疾病或生理状态的分布及其影响因素，而后为公共健康和诊疗提供一些预防性的应对策略。“大众流行病学”则在此基础上进一步突出以下一些特征：社会结构因素是疾病因果链的重要构成；社会运动的性质，因为“大众流行病学”是一个基层民众的社会动员过程；诉诸政治与司法途径进行矫正：在意识到污染危害之后，社区民众通常会要求政府处理或者向法院申诉；挑战传统流行病学、风险评估和公共健康规则的一些基本假定。①

布朗把“伍本事件”中“大众流行病学”的发展过程划分为

① Brown, Phil, and Edwin J. Mikkelsen 1990. *No Safe Place: Toxic Waste, Leukemia, and Community Action*, University of California Press, Ltd., pp. 125 - 126; also see Brown, Phil, 1992. "Popular epidemiology and toxic waste contamination: Lay and professional ways of knowing", *Journal of Health and Social Behavior*, Vol. 33, No. 3, pp. 267 - 281, p. 269; Brown, Phil, 1997. "Popular epidemi-ology revisted", *Current Sociology*, Vol. 45, No. 3, pp. 137 - 156.

9个阶段，各阶段在时间上彼此有一定的交叉，并非后一阶段俟前一阶段结束才开始：①

（1）少数受害者如安德森等人对健康伤害和污染物有所察觉。

（2）这些受害者首先推断健康伤害与污染物有关。

（3）社区居民相互交流，在病因问题上逐渐形成某种共识，如家庭牧师布鲁斯·杨开始相信安德森的推断。某些重要事件的发生对这种共识的达成发挥了重要作用，如184个55加仑的圆桶的发现促发了马萨诸塞州环境质量监督局对该地区井水的取样检测；驱车经过此地的一位环境质量监督局官员认定当地工业园区的建立违反了湿地法案，州环保局随后的调查发现了严重的重金属污染。

（4）社区居民要求政府和专家介入调查，但难以获得满意答复。

（5）伍本民众成立草根组织"为了环境更明净"（For a Cleaner Environment or FACE），而后联系各级政府机构、寻求媒体帮助，并与其他地区的草根环境团体建立联系。

（6）政府机构在社区组织的压力下开始官方研究，但研究结论否认污染物与健康损害之间的关联。媒体的介入使事件获得全国性影响。安德森和杨成为公众人物。

（7）伍本居民的健康研究设计获得了哈佛大学公共健康学院的帮助，他们不再依赖外部专业知识和科学研究，而是自己从事健康研究，调查污染源和污染路径。

（8）社区团体诉诸法律诉讼和对抗；环境质量监督局的研究报告发现了伍本地区岩床的特点，并认定污染源不在工业园区，而在于两个化工厂。这导致民众向法院起诉两家工厂。审判过程

① Brown, Phil, 1992. "Popular epidemiology and toxic waste contamination: Lay and professional ways of knowing", *Journal of Health and Social Behavior*, Vol. 33, No. 3, pp. 267 - 281.

也是围绕事实与科学进行争辩的过程，通过咨询医生、免疫学者、流行病学家和水文地质学家等，受害家庭的科学认知水平进一步提高。

（9）社区团体迫使官方机构与专家证实他们的研究发现。FACE 的研究报告证明了儿童白血病与他们的饮用水源被污染存在很大关联，由此对官方带来一定压力。

布朗在其另一篇文章中基于“伍本事件”总结出“大众流行病学”的几个基本特征。[①]

第一，拒绝相信科学的“价值中立”原则。专业群体与政府机构认为，普通人参与科学研究一定会导致偏见；草根研究者则力图对此加以反驳。他们认为，流行病学的研究不应该被专家所垄断，普通人也有权参与科学研究。

第二，精英特性。大众流行病学者做了企业、专家和政府官员应该做的事情。

第三，大众流行病学的目的是要使肇事方承担起应尽的责任，在政治、社会、经济方面获得某些调整或者补偿。因此，很多地区的环境抗争者会与其他地区的类似抗争以及追求特定目标的政治运动建立联系。公民积极分子在现实中的种种挫折会使他们在政治上变得积极起来，只有这样才能使他们从事流行病学研究的最终目的得到实现。

第四，普通人与专家的结盟。科学、医疗和公共健康专家不同程度地卷入问题的研究，他们一般会与公民积极分子合作。

第五，影响未来的健康实践。这不仅表现在敦促政府机构在环境与健康问题上积极作为，而且表现在鼓舞其他地区的民众进行环境抗争。

如果我们比较一下伍本社区民众与 N 村村民的污染与疾病认

---

① Brown, Phil, 1987. “Popular epidemiology: Community response to toxic waste - induced disease in Woburn, Massachusetts”, *Science, Technology, & Human Values*, Vol. 12, No. 3, pp. 78 - 85.

知过程的话，我们会发现，N 村村民的污染危险认知过程仅仅与“大众流行病学”的前半段大体一致。在意识到污染会对人体造成健康危害之前，村民们在很长一段时期内只是注意到了环境异常，诸如企业生产时烟囱冒出浓浓黑烟或黄烟，空气味道刺鼻，企业周边河沟中野草枯死，树木死亡，农作物减产。其他受污染地区类似的现象还有鱼的死亡、鸟儿消失、器皿的腐蚀、水的异味等等。这个过程被库托（R. A. Couto）称为“市井或溪畔的环境监测”（street – wise or creek – side environmental monitoring）。[①] 环境健康意识的觉醒通常开始于家庭成员的健康异常，如伍本事件中，安德森的孩子被诊断出白血病导致的急性淋巴结肿大，N 村铅中毒事件中张思明发现孩子的头发生长异常，并且语言能力发展缓慢，特别顽皮，有多动症倾向。在污染健康风险意识觉醒过程中，医学专家起了重要作用：是 P 市人民医院的医生告诉张思明孩子体内可能缺乏某种微量元素，需要“查一查”，是 O 市儿童医院专家门诊的医生“特别嘱咐，孩子血铅这么高肯定有污染，不管是家庭污染还是环境污染，都要查找污染源。离开污染源之后将来问题不大”。专家的提醒使张思明和爱人联想到离他们居住地不远的 CX 企业，他们开始怀疑孩子血铅超标是该企业的污染所致。正是在这个时候，张思明“才真正注意到以前听村子里有人说有几个儿童铅超标的事情”，真正“注意企业的烟尘排放”。

在类似“循环反应前置”[②] 的基础上，村民们在污染与疾病之间的关联假设上达成了共识。接下来，他们要面临三重任务。第一，证明污染确实存在；第二，证明伤害确实存在；第三，证

---

① Couto, Richard A, 1986. “Failing health and new prescriptions: Community – based approaches to environmental risks”, in Carole E. Hill, ed., *Current Health Policy Issues and Alternatives: An Applied Social Science Perspective*, Athens: University of Georgia Press.

② 童志锋：《认同建构与农民集体行动——以环境抗争事件为例》，《中共杭州市委党校学报》2011 年第 1 期。

明伤害是由污染造成的。任何一项任务的无法完成或完成缺陷都可能导致他们的健康损害赔偿遭到拒绝。

污染的存在对于村民而言似乎是理所当然，他们平时所监测到的环境异常能够证明这一点。但是，无论是与企业交涉、向外界求助，还是向政府反映，都不能仅仅依靠村民对于“异常”的回忆。为了拿出让人信服的证据，张思明开始留意搜集和储存企业污染的图片与影像资料。环境冲突过程中企业在生产设备上的一些修补措施进一步强化了村民对于企业违法的认知：2008 年 12 月 1 日，村民看到 CX 企业用吊车吊装烟囱，加高 3 节，5 米左右。如果没有污染，企业又何必多此一举呢？另外，外来媒体也为村民们的污染认知提供了一些帮助。张思明曾向笔者讲述了这样一个细节：“2008 年 10 月，国务院新闻部产经新闻中心的记者来了之后，围着企业看了一遍，说这种铅锌行业国家规定有一定的环保距离，这个企业离村民这么近，肯定有污染。”在这位记者的提示下，张思明在网上搜索阅读了一些有关铅锌企业的法律规定。

村民们通过两种途径证明健康伤害（即血铅超标或铅中毒）事实，一是在网络上搜寻有关铅中毒的资料，而后比照自己孩子表现出来的症状，即可大体知道孩子的健康状态。笔者 2009 年赶往 P 市时，曾从张思明的电脑里拷贝了一些铅中毒的资料。这些资料都是张思明从网上下载的。考虑到他自己的孩子血铅严重超标，笔者确信他肯定详细研究过这些资料，并且从中至少获得了以下知识：

Ⅰ. 国家有关血铅超标和铅中毒的诊断标准以及儿童铅中毒的国际分级标准；

Ⅱ. 儿童与成人血铅超标或铅中毒的常见症状；

Ⅲ. 铅中毒的危害，特别是对孩子神经系统、生长发育、智力水平等产生的影响；

Ⅳ. 血铅超标和铅中毒的致病原因；

Ⅴ. 急性铅中毒的中毒机理、临床表现和急救措施；

Ⅵ. 铅中毒的预防、检测方法和治疗方法；

Ⅶ. 中国儿童血铅超标概况。

这些知识只能使张思明以及其他村民自己确定他们的孩子有没有患病，拿去和企业或政府交涉是没有任何权威性的，因此，村民们必须通过第二种方法，即诉诸专家系统来为自己的发现提供合法性。接下来，他们在南京儿童医院、西安西京医院、北京朝阳医院检查所提供的儿童血液检测报告单确凿无疑地证明了伤害事实的存在。

相比之下，第三个任务对于村民而言最为困难，村民们只能在逻辑上进行推断：CX企业主营废铅回收与再生产——CX企业离村民住宅区很近，而周围又没有其他涉铅企业——CX企业污染造成村民健康伤害。至于证明企业污染致病的科学证据，如N村水质和土质化验与检测数据、企业生产前后水质和土质数据的对比、周边村庄与N村水质与土质数据比较、中毒儿童与污染水质和土壤之间的关系等等，仅仅依靠村民自己是绝不可及的。

完成了自我求证之后，村民们也像伍本居民一样向地方政府申请处理，并且同样无法获得满意结果。从第5个阶段开始，N村村民的认知过程便与“大众流行病学”分道扬镳了。他们没有建立维权组织，没有获得大学教授或其他外来专家学者的帮助，没有经历向法院申诉并强化认知的过程，也没有组建自己的研究队伍从事自己的调查研究。这样一来，村民们在危险认知方面的收获是非常有限的，正如张思明所言：

> 小孩会受到什么样的损伤，咱毕竟懂得还少。至于铅中毒，那都是在网上浏览的知识，知道小孩会造成什么样的后果，但是需要什么样的治疗，多少资金治疗，咱也不知道。

本书认为，村民们的“大众流行病学”的微弱性和不完整性是由以下两种因素决定的。

表面原因是村民们的文化层次太低。维权代表张思明只有小学文化程度，在他写的十几篇日志中，每一篇都有很多错别字。与张思明相比，其他人更是“粗人”“莽汉”。这样的文化水平决定了他们在很长时间内对于“铅中毒”处于无意识状态，不可能进行复杂的研究设计和研究实践，更不可能去挑战专家系统的研究方式和研究假定。

深层原因是国家与社会之间的关系。污染企业在乡村的落户往往是地方政府招商引资的重要成果，在项目上马、土地征用、环评审批、环保监测等方面都是政府说了算，根本不考虑村民的意见。地方政府最希望看到的结果是村民什么都不知道，乖乖听话，不要惹麻烦，因此必然会对村民的认知过程进行阻挠。然而，当村民们发现自己和孩子的身体受到污染伤害之后，污染问题已经成为生存问题，文化程度再低，也是要反抗的。[①] 如前文所述，政体的部分开放使媒体成为村民环境抗争的一个重要的“机会空间”。由于铅中毒事件的特殊性质，媒体的集中报道一定会引起省级甚至中央政权力量的迅速介入和处理，不会给村民自身的进一步认知提供时间和机会。另外，国家对于成立各种类型的社会组织严格限制，使得村民无法建立类似于美国基层社区大量出现的“草根环境组织”，而整个社会层面上环境 NGO 的不发达又使得村民能够得到的智力外援相当缺乏。由此可见，正是国家与社会的特殊关系特征造成了农民污染认知的特殊状态。

三　“权衡后果的群体”的认知解构

美国学者库托在研究肯塔基州黄溪谷（Yellow Creek Valley）的环境污染事件时，将卷入的行动者分成三大类型：“处在危险

① Hamilton, Lawrence C., 1985. “Concern about toxic waste: Three demographic predictors”, *Sociological Perspectives*, Vol. 28, No. 4, pp. 463 -486.

中的群体”（community at risk），他们关注自身可能或者实际受到的污染伤害，因此会采取各种方式对污染进行抗争；“权衡后果的群体”（community of consequence calculation），他们更关注环境污染和冲突会引发的后果，如损害赔偿、投资环境吸引力的降低、就业岗位的丢失、财政税收来源的中断、经济发展速度的减缓等；“算计可能性的群体”（community of probability calculation），主要指污染事件中的科学研究团体。①

在 N 村铅中毒事件中，我们看到，“权衡后果的群体”对“处在危险中的群体”认知的每一个环节都进行了解构，而“算计可能性的群体”（包括医学专家）则根据具体场景中的作用力方向和大小分别偏向于两者中的任何一方。

在污染事实问题上，早在事件爆发前的 2004 年 9 月，企业便在 P 市网站上发表过《CX 集团成为国内无污染再生铅样板企业》一文，为自己营造正面形象。事件爆发后，企业负责人起初在面对媒体的采访时仍然声称：“公司采用的是国内最先进的废铅提炼和回收技术，实行无烟化生产，不存在污染”，同时向记者出示了 O 市环保局对公司“年产 10 万吨无污染再生铅技改扩建项目”竣工环保验收意见，这份 2007 年 3 月 18 日出具的《意见》显示，该项目“符合环境保护验收合格条件，原则同意通过验收”；另外两份由 P 市环境监测站出具的《监测报告》也显示各项指标的评价是“合格”。当记者以周边野草黑死以及村民们提供的图片和录像资料对此加以质疑时，企业只是对措辞略加修正，并特别强调他们在降低污染方面所做的努力：“我所说的企业无污染是相对的。为了尽可能地减少污染，我们集团成立了‘八五无污染课题攻关小组’，招聘了 3 个研究生、16 个本科生进

① Couto, Richard A, 1986. “Failing health and new prescriptions: Community - based approaches to environmental risks”, in Carole E. Hill, ed., *Current Health Policy Issues and Alternatives: An Applied Social Science Perspective*, Athens: University of Georgia Press.

行课题攻关、技术革新。”

在污染伤害问题上，企业的解构策略是“权威否认”和“权威替代”。企业对村民们自行寻找的检测方法的有效性提出质疑，因而否定其检测结果：“通过门诊检查出来的结果，不具有法律效力。”“检查者在检查之前只要吃一个鸡蛋或吃一些膨化食品都有可能导致血铅超标。”“O 市职业病防治医院的血铅检测方法是卫生部规定的三种方法之一，而村民自发带孩子到其他医院获取的检测结果因检测方法不一样而导致数据有出入。”为此，2008 年 10 月 27 日，企业负责人从 N 村离得最近的住户中抽取了 8 名儿童统一送到自己选择的医学权威部门——O 市职业病防治医院进行检查，结果，血检报告显示全部正常。既然离得最近的都没问题，离得远的就无须再检测了。在这个问题上，政府与企业的态度如出一辙。2008 年 12 月 28 日 P 市市委和市政府的一份汇报材料称：“我们征得省市卫生行政主管部门的支持，以采用部颁标准的 O 市职业病防治医院、江苏省疾病预防控制中心的检查结果，作为治疗依据。”村民自行前往检测的西安西京医院“提供的血铅检测结果系儿科实验室检测，不是卫生部规定的标准方法，不具备法律效力和医治依据”①。

在污染与疾病之间的关联问题上，企业使用的解构策略是“责任转移”：“儿童铅超标不能简单地认定为是由于我公司从事废铅酸电池等含铅废料研究开发和综合利用造成的。北京市区也出现过多起铅超标事件呀，有关专家指出，铅超标、铅中毒与汽车尾气的大量排放也有一定关系的。”另外，企业提出，村民自身对于血铅超标也有很大的责任。有一篇媒体报道对此做出了这

① 《瞭望东方周刊》记者们曾先后对三家医院进行采访。西京医院儿科实验室和北京朝阳医院儿科实验室的值班医生均表示，为 P 市铅中毒儿童所做的血铅检测是采用“石墨炉原子吸收光谱测定法”，这种方法是卫生部规定的“三种检测方法之一”。南京市儿童医院检验科的医生则表示，他们所采用的光谱仪检测微量元素的精确度更高。

样的描述：CX公司400名员工中，有100多名工人来自N村。这些工人大多中午回家吃饭，施工者穿着工作服就回了家，甚至有的人手都不洗就去抱孩子，铅尘由此通过工人的工作服和肢体传播给了孩子。虽然工厂内有洗浴室，也有营保规章，但由于没有强有力的监管措施，规章条文形同虚设。下班后许多人不洗澡穿着工作服就回家，铅的二次传播不可避免。更为严重的是，N村有的村民自己从事收购废铅电池。前些年由于治安不好，一些村民经常偷盗厂里与厂外运输车辆上的废铅电池卖钱，许多人还被当地派出所、公安局处理过，村民们将这些极易污染环境的废电池藏在家中，必然造成对自身健康的危害。考虑到村民代表在事件结束后曾专门赴京起诉发表该报道的记者名誉侵权并且获胜，因此，村民们所说的该记者听取了企业的单方面说辞大体上是可信的。这就意味着，企业力图将儿童血铅超标的责任转嫁给社会和村民自身。政府在这个问题上起初也采纳了同样的策略：将事件的起因不是归咎于企业污染造成了对村民的伤害，而是归咎于村民的刁顽。YH镇党委书记在接受记者采访时表示：在所谓的铅中毒事件中，村民中有三股势力在起作用：有借故敲诈企业不成的，有出卖企业机密被判过刑的，有偷拿东西被企业开除的，这三股力量都是出于个人恩怨而存心要找CX企业的茬儿。

为什么“权衡后果的群体”要极力解构受害村民的认知？从企业方面来讲，他们最担心的是村民们污染危害意识的升华以及随之而来的无休止的健康赔偿要求：

> CX集团法律顾问WSM曾经私下里告诉我，企业不能答应赔偿，因为N村全村乃至全厂的职工都可能存在铅中毒症状。赔偿先例一开，后果将不堪设想。（2009年7月4日，张思明访谈）

至于政府，在通常情况下，一开始是不会承认污染事实及其健康后果的，无论是日本的水俣病事件、新潟县汞中毒事件，还是美国的“拉芙运河事件”“伍本事件”和黄溪谷污染事件，以及中国农村很多地区发生的环境污染事件等，均是如此。P市政府对事件的态度是：第一，在居民意识到环境危险并起来抗争之前，政府对企业（污染）行为缺乏必要的监管，如没有督促企业履行铅锌企业厂区与周围居民区的距离标准；没有监督企业履行污染物排放达标标准，甚至纵容企业拖欠违法征地的补偿款。第二，当村民因经济、健康受损而与企业和政府交涉时，政府并未将其当成一个重要问题。怎样才算是一个重要问题？YH镇个别官员到了N村说：“有什么大不了的事，出人命了吗？”也许，只有死了人才值得他们去处理。第三，力图“规避关注”（avert gaze），[①] 即不想让事情成为当地民众和媒体关注的焦点。这就是P市政府在高层关注前总是想将事态控制在他们能控制的范围之内的原因。

由此可见，在村民们努力对污染危险进行认知的同时，企业和政府一直想将这种认知模糊化。事件的演变过程可以说是两大群体在是否有铅中毒、铅中毒的程度到底有多深、铅中毒到底是谁的责任的认知问题上进行反复博弈的过程。

“权衡后果的群体”的认知解构之所以没有奏效，最大的问题出在他们捧出的医学权威在村民中丧失了公信力。正是P市的医院为N村部分中毒儿童进行了最初的发铅检测，并且得出了血铅超标的结论；正是被企业和P市政府奉为权威的O市职业病防治医院为张思明的孩子提供了最初的血铅检测，并且同样得出血铅严重超标的结论，而O市儿童医院的专家医生在治疗的同时还通过“特别嘱咐”对张思明进行了认知建构。到了2008年7月，4名以前发铅检测超标的儿童在O市职业病院血检时结果全部显

---

① Auyero, J. and Debora Swistun, 2008. “The social production of toxic uncertainty”, *American Sociological Review*, Vol. 73, No. 3, pp. 357 – 379.

示正常，该医院的医学权威第一次受到了怀疑，而8月份这些儿童在南京儿童医院检查出来的结果使这种怀疑得到了证实。10月27日，企业的“小聪明”使这种怀疑扩大化：8名被抽查的儿童家长一致提出疑问：“孩子是企业带去的，花的是企业的钱，结果都是正常，是不是里面有假？为什么后排的孩子中毒而我们离企业最近的距离都是正常？”这几名村民随后便到南京儿童医院自行求证，但是，“在家长还没拿到检查报告之前，南京市疾控中心就向P市疾控中心发函通报了这八个儿童血铅超标的情况”。这样的检查结果使村民们觉得有必要寻找更权威的医院检查，由此出现了91名儿童分三批前往西安求医的一幕。

11月中旬，当P市政府介入事件之后，首先允诺安排孩子公费治病，这实际上已经默认健康损害的事实。这时候的村民在医学权威问题上的集体心态已经发生了变化，他们对地方医院已经失去了兴趣和信任：

> 村民们一致认为，西安第四军医大学附属医院最好，因为他们有过曾经治疗甘肃的群体儿童中毒的例子，肯定有这方面的经验，再说，该院也是西部5省最好的医院。
>
> ——摘自张思明的日志：《CX企业污染与铅中毒事件全过程日记》

> 我们想找个好一点的医院自费治疗，至于哪个医院会更好些，村民们心里也是没底。经过几个儿童家长几番研究说法不一，最后孙福同说，要找好医院就找大医院，大的医院肯定就好，至于我们国家哪个大，张德明和孙福旺说：城市大、城市好肯定就有大医院，北京大，北京儿童医院肯定就好。”
>
> ——摘自张思明的日志：《P市“铅中毒”维权的村民们》

P 市政府没能满足村民的意愿，而是将中毒较严重的 21 名儿童统一安排到 O 市儿童医院住院治疗。村民们认为该医院没有治疗群体性铅中毒的经验，政府不把他们安排在他们想要的医院治疗，分明是在糊弄他们。糊弄的事还不止这些。当 O 市职业病防治医院的血铅检测受到村民的质疑之后，江苏省疾控中心成为企业与政府向村民推荐的唯一权威检测机构。11 月下旬至 12 月初，P 市政府两次邀请江苏省疾控中心到 N 村采血检测，可村民们反映：“检查结果出来不给我们报告单，只是把结果写在纸上在村部贴出来，有的名字和编号都对不上了，这样的检查结果能让人信?”强行“带回”事情发生后，政府安排的另外两次治疗同样给村民“糊弄”的感觉。12 月 11 日被安排到南京儿童医院的 10 名家长如是说：

我孩子第一次的血铅含量检测出来是 261 微克/升，第二次却高达 382 微克/升。抽血都抽五六次了，治疗也没有效果，不舍得再让孩子抽血了。

医生说是通过治疗把孩子骨髓里的血铅也排出来了，可我们看不到检测报告单，全是由政府安排在这儿的人转告。

12 月 19 日被安排到南京医科大附属二院的家长说出了类似的话语：

吃的药是省疾控中心给的，我们既看不到检测报告单，也不知道孩子吃的是什么药。每天就是将一颗红色药丸泡烂让孩子吃下去，吃过药的包装也被医护人员拿走。治疗只是在“拖时间”。

南京没有排铅治疗经验，现在其实就是在拿孩子做实验。

令人奇怪的是，P 市政府在处理事情的过程中总是在做一些自相矛盾的事情。张思明在他的日志中写道：11 月 14 日，政府派出 O 市医学专家赶奔 N 村，为村民讲解治疗问题时说，根本不需要治疗，吃一些豆腐就好了云云；到了 17 日，政府又邀请西安医学专家来 P 市演讲治疗方案和预防铅中毒的措施，村民们从中得出的最重要结论是：必须切断污染源。由此可见，政府既想对村民的污染认知进行解构，但同时又在帮助他们建构。16 ~ 17 日，政府已经安排儿童住院治疗了，可没过几天，却又派人到医院催促家长尽快带孩子出院，这不能不使村民怀疑政府帮他们治病的诚意，也直接导致部分村民放弃公费医疗幻想，自费带孩子到北京看病的事情发生。与此相似，政府在已经默认伤害事实的情况下，还想尽量掩盖事实，典型表现是 11 月 17 日将 21 名儿童拉到 O 市儿童医院血检，结果“宝宝们血液里的含铅量下去了一大半”。难怪有家长怀疑：“每次排铅都是 2 ~ 3 个疗程的滴注驱铅药品，还排不掉一半，难道小孩身上的重金属被来往 O 市的车上的颠簸震掉了？”

也许，我们比较一下不同医院对部分儿童血铅检测的结果，可能更能理解为什么村民们会对企业与政府捧出的医学权威持极大的怀疑态度。

表 6－1　N 村部分儿童在不同医院血铅检测结果对比

单位：微克/升

姓名	年龄	O 市职业病防治医院检测结果	南京儿童医院检测结果	西安西京医院检测结果	北京朝阳医院检测结果
周 Y	3	95	333	372	262
庄 YN	2	35		296	208
孙 M	5	72	254	268	221

注：根据卫生部颁布的关于儿童高铅血症和铅中毒分级标准，儿童每升血液中铅含量在 100 ~ 200 微克之间为高铅血症；200 ~ 250 微克为轻度铅中毒；250 ~ 450 微克为中度铅中毒；大于 450 微克为重度铅中毒。

四　结论

尽管 N 村铅中毒事件中农民的环境认知也涉及了日常生活的连续性和其他行动者的“困惑制造”问题，但在三个方面呈现了与国外学者所研究的案例不一样的特征。

第一，村民的日常生活被打断起源于他们的家庭成员的健康异常，而企业与村民住宅区的特定空间布局使村民们很自然地将这种异常归咎于企业。作为扰乱村民日常生活的主要责任方，企业原本可以通过“睦邻友好政策”对这种断裂的连续性加以修补，或者帮助村民完成另一种生活连续性的缔造，但傲慢自大的心态使这种可能性始终没有转化为现实。地方政府不恰当的事故处理方式对于加深村民日常生活的扰乱程度起到了推波助澜的作用。

第二，村民的环境污染认知远远达不到“大众流行病学”的水平。造成这种状况的表面原因是他们的文化程度太低，无法胜任研究任务，深层原因则是我国特定的国家与社会之间的关系。中国农民目前不具备从事“大众流行病学”的组织基础和社会土壤。

第三，企业和政府的“困惑制造”没有能够对村民的污染危险认知起到解构的作用，恰恰相反，正是这些解构促使村民不断地追求事实真相。

上述三种特征及其相互关系如图 6－2 所示。

长期以来，“权衡后果的群体”习惯于以这样一种态度对待村民：“你们一伙草民又能怎么样呢？给你把刀你也不会杀人，你们也不敢杀人。你们是泥饼子，粘住脚就把你们甩出去。”N 村铅中毒事件的发展结果超越了当地政企集团的初始预期。假如及早重视村民们的心声，即“用脚踩扁的泥饼子怎么甩还会落在地球上，还会粘住你的脚。这样反复终究不是个解决办法，得找个合适的地方把泥饼子放下才对”，也许结果就不是上述格局。

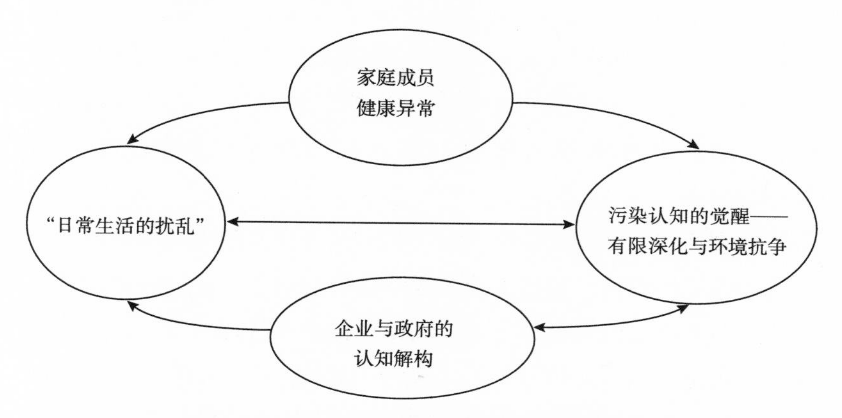

图6-2　N村村民污染危险认知的动力机制

第二节　农民环境维权与抗争过程中的动员机制

一　学术界关于草根维权中动员问题的讨论

（一）组织动员—草根动员—群体动员

关于由谁来动员的问题，学术界出现了三个概念：一是西方社会运动中的专业或组织动员；二是应星提出的“草根动员”；三是周志家提出的“群体动员”。

专业性的、依靠组织所进行的运动动员强调参与运动的经济成本和收益，如克兰德门斯（B. Klandemans）认为，运动参与是一个理性选择过程，动机是一种“对于集体利益的工具性感知”（perceived instrumentality of the collective good）。[①] 这种观点强调职

① Klandermans, Bert, 1984. “Mobilization and participation: Social - psychological expansions of re - source mobilization theory”, *American Sociological Review*, Vol. 49, No. 5, pp. 583 - 600, 585.

业性的政治组织者的能力对于运动成败的决定性作用，忽视了集体行动自发生成的可能性。此外，这种观点忽视了“情感”对于引发社会运动的重要性，公众参与集体行动往往出于即时的愤怒或个人损失，根本没有考虑会有何种回报或追求更大的集体目标。

在西方社会运动理论中占据主流地位的资源动员理论和政治过程理论都把组织和网络作为社会运动动员的核心，但这种“以精英为主导的、以正式组织为形式、以专业技术为特征的动员方式在中国现阶段是完全不适用的”,[①] 因此，中国本土化的维权行动中的动员呈现与西方社会不一样的特点。在对四个草根民众维权个案考察的基础上，应星提出了“草根动员”的概念，他对这一概念的界定是：“它是底层民众中对某些问题高度投入的积极分子自发地把周围具有同样利益，但却不如他们投入的人动员起来，加入群体利益表达行动的过程。底层民众中那些发起动员的积极分子就是所谓的‘草根行动者’”。[②] 由此可见，“草根动员”的重要特征就是“草根行动者”的出现及其在维权过程中的“高度投入”。应星认为，之所以强调“草根动员”视角，因为它可以超越有组织的精英政治场域与无组织的底层政治场域之间的简单对立。

诺里斯和凯博（G. L. Norris & S. Cable）提供了“草根动员”的另一种动力机制：由经济精英发起成立环境组织，并诱发了草根动员。在北卡罗来纳州的考克县（Cocke），最初精英压迫并抑制非精英的动员；后来，发展旅游和工业经济的欲望使精英成立组织，并号召社区民众起来反对企业的排污行为，由此导致抗争与悲愤的表达合法化。由于精英拒绝吸纳非精英成员加入组织并且限制抗争目标，导致组织分裂并瓦解。在精英组织的废墟上产

① 应星：《草根动员与农民群体利益的表达机制——四个个案的比较研究》，《社会学研究》2007 年第 2 期，第 4 页。

② 应星：《草根动员与农民群体利益的表达机制——四个个案的比较研究》，《社会学研究》2007 年第 2 期，第 4～5 页。

生草根非精英组织，其动员基础更加宽泛。[①]

“群体动员”是指由“社会动机”所引发的广泛参与。“群体动员”有五个特点：第一，动员者的群体性。社会运动不是由少数人或者组织发起和维系，而是在普通民众的日常攀谈、交流中发生。动员者是关注某个特定事件的无数普通居民，他们在相互鼓励中提升各自参与的可能性。第二，参与的自主性。个人是否参加、在什么阶段参加以及以何种方式参加，完全由个人决定。第三，群体话语的宏观导向。在运动中建构出的一些“群体话语”使参与者在目标、策略和方式等方面表现出较高的一致性和协调性。第四，社会网络和互联网的微观支持。其中，社会网络与居民面临的群体压力有紧密关系，而以互联网为代表的新媒体既是居民获取信息的主要渠道，又是群体话语得以形成的关键平台。第五，运动的自组织特性。整个运动可以被视作一个自组织系统，该系统具有较为明显的层次性，其中，居民的自主参与是核心。自主参与在微观层次上受社会网络和互联网影响，在宏观层次上受到群体话语的引导。这种动员既不同于西方社会运动中的“专业动员”，也不同于东方底层研究传统所刻画的碎片化抗争；既没有我国都市维权活动中中坚力量的动员和领导，也不同于应星所说的“草根动员”机制，而是在我国现有政治和社会背景下形成的一个有自身特色的城市社会运动动员机制。[②]

（二）渐进动员—快速动员

在动员的速度问题上，国外学者提出了“平等”运动动员和“技术”运动动员的划分。“平等”运动涉及被剥夺者数十年中积累的“软”的冤屈，基于对平等权利的诉求，其理想型涉及对长

---

① Norris, G. Lachelle & Sherry Cable, 1994. “The seeds of protest: From elite initiation to grassroots mobilization”, *Sociological Perspectives*, Vol. 37, No. 2, pp. 247 – 268.

② 周志家：《环境保护、群体压力还是利益波及：厦门居民 PX 环境运动参与行为的动机分析》，《社会》2011 年第 1 期，第 22 ~ 24 页。

期遭受不平者的渐进动员。"技术"运动则主要关注"硬"的冤屈，如反对在某地建造危险的废物设施或核动力工厂，其理想型的一个典型例证是对生存环境遭受污染的居民及其外部支持者的快速动员。①

（三）现实性动员—非现实性动员

所谓现实性动员，是指提出某种可以实现的目标作为动员的基础。美国学者斯派克特和基兹尤斯（M. Spector and J. Kitsuse）从社会建构主义的视角提出，某个问题之所以能成为社会问题，一个重要的前提条件是人们相信这个问题可以通过某些措施加以减轻或者解决。② 伯林哈姆（K. Burningham）将这一视角引入环境冲突领域，他研究了英国某地因为修建一条新马路而产生的"噪音问题"所引发的周围居民的抗议。研究发现，在道路修建之前，周围居民们担心新路的修建会带来很多后果，如空气污染、社区分割、更容易遭受外来者的侵入等。但是，在道路付诸建设与使用之后，路面噪音问题却成为民众唯一的担忧和环境抗争行动的理由，其他事前的忧虑均被抛置脑后。之所以是噪音而非其他问题被当地民众界定为抗争主题，是因为大家相信这个问题可以解决，而其他问题都是无法解决的，比如，一旦道路开始修筑，便很难再要求改道；社区分裂与情感伤害等问题都是看不见摸不着的，没有任何可行的应对措施。③ 无论是专业运动人员，还是草根行动精英，如果以非噪音议题来动员社区民众参与环境

---

① Walsh, Edward, Rex Warland, D. Clayton Smith, 1993. "Backyards, NIMBYs, and Incinerator sitings: Implications for social movement theory", *Social Problems*, Vol. 40, No. 1, pp. 25 – 38.

② Spector, M. and Kitsuse, J., 1977. *Constructing Social Problems*, New York: Aldine de Gruyter.

③ Burningham, Kate, 1998. "A noisy road or noisy resident? A demonstration of the utility of social constructionism for analysing environmental problems", *The Sociological Review*, Vol. 46, No. 3, pp. 536 – 563.

抗争，其成功的可能性会很渺茫。

非现实性动员一般基于某种情感或者某种信仰、意识形态。草根环境抗争精英如果仅仅在环境污染问题上进行动员，那么，环境抗争的参与规模以及持续时间必将有限，但是，如果将环境污染与社会正义、种族平等问题联系在一起，那么，动员的空间将大大增加。①

根据上述讨论，我们可以将动员做如表6－2的归类。

表6－2　关于动员的类型划分

分类标准	动员的类型
根据动员者的不同	专业或组织动员；草根动员；群体动员
根据动员的速度差异	“平等运动”式渐进动员；“技术运动”式快速动员
根据行动者的目标差异	“现实性动员”；“非现实性动员”

二　N村铅中毒事件中的动员

（一）非典型的“草根动员”＋部分“群体动员”特征

“非典型的草根动员”是指虽然出现了草根精英，但他们的动员努力不明显。草根精英可能有两种类型：一是本地的利益受害者。在众多受害者中，他们之所以成为维权精英，大多是因为具备一些他人所不及的素质和能力，如较丰富的阅历、较强的语言表达能力和处事技巧、较多的社会关系，或者一定的“公民勇气”。正是因为具备了这些素质和能力，周围群众才会赋予他们较高的社会评价和声望，对他们也有较多的期待。在很多情况下，草根精英的“英雄主义”情感是被他人制造出来的：大家都

① Gardner, Florence and Simon Greer, 1996. “Crossing the river: How local struggles build a broader movement”, *Antipode*, Vol. 28, No. 2, pp. 175－192.

认为他行，他就真的行了。二是外来的具有一定社会责任感的社会敏感集团成员，如一些知识分子或媒体工作者。

在 N 村血铅事件中，张思明可以被看成是一位草根精英。他的谈话和处事能力都很强。但是，纵观整个事件的过程，我们却难以发现典型的“草根动员”特征。

首先，张思明虽然积极介入，但并没有“高度投入”动员。积极介入是因为自己的孩子也出现铅中毒，因此一直希望企业能够给个说法。他带孩子血检并据此与企业交涉的做法对其他村民而言起到了示范效应，并直接导致其他村民的危险意识觉醒：

> 我应该是第五个发现小孩铅超标的。前面还有几个也发现过，但都没上心。后来我检查了之后，大家谈起来才说，“我家也有”，这才注意。……受我影响的是住得离我最近，靠着我饭店的两家。常接触的人一谈话就知道了，俺的小孩也超标了，俺也查查。后来的村民被我们三家共同影响，又去检查了。(2009 年 7 月 4 日，张思明访谈)

由于张思明是维权先驱，其他人有什么疑问或者出现了什么情况自然来找他商量，他便逐渐成为村民的维权代表。但是，他最初代表村民与企业进行交涉时提出的要求很低，而且在事情发生的前期始终能体谅企业的处境。

> ……每个小孩健康补偿要 1000 元。我为什么要这么多呢?也是为企业着想。以后一旦再发现中毒的情况，企业只要花很少的资金就可以解决。如果要多了，企业也不好赔偿，人家要开支多少啊！我想想，那么大的企业，跟它要 1000 元，那是很小的数字。(2009 年 7 月 4 日，张思明访谈)

这样的要求表明，张思明只是想尽快地结束事端，并不想过多地卷入。当企业派人来与他协商如何解决问题并力图收买他的时候，他回复说：“我的意见已经说得很清楚，你们就按照村民的意见办就行。这个事情我不想再过问了，事情问多了会累的。”

由于企业拒绝合作并且买通地方医院在血铅检测问题上弄虚作假，接下来便发生了村民们纷纷自行带孩子四处求医治病的事情。因此，总的看来，张思明在村民维权过程中并没有“高度投入”，他只是在社会阅历、法律意识、谈话水平、经济实力等方面比一般村民高出一筹，因而客观上成为村民的维权咨询对象和意见中心而已。

其次，媒体记者的介入在客观上对村民的维权与抗争起到了一定的动员作用。原先，村民们与企业交涉无果，到行政部门上访又不成功的时候，感到非常沮丧和无助。但是，《市场信息报》记者前来采访和随后的迅速报道使他们重新燃起了希望，企业随后派人前来洽谈解决事宜更是坚定了他们维权的信心。但是，媒体记者的介入只是因为事件具有新闻价值，记者本身并没有有意识地动员村民们进行维权，所以谈不上“草根动员”。

“草根动员”的特征为什么不太明显呢？应星曾就农村精英与群体动员之间的关系问题区分了两种情况：一是群体利益受损还不是很明显的时候，一般需要草根行动者的动员，大多数农民才会意识到问题的严重性。在这种情况下，草根行动者行动在先，群体行动在后。二是群体利益受损相当明显且普遍时，群体行动会先于草根行动者，在这种情况下，群体利益的严重受损本身就可以成为最强有力的动员因素。[①]

国外学者的很多研究都支持了应星的观点。梯利在讨论“威胁”“机会”与“集体行动”之间的关系时指出，“威胁”比“机会”更会导致“集体行动”。[②] 克洛丝（C. Krauss）对新泽西

① 应星：《草根动员与农民群体利益的表达机制——四个个案的比较研究》，《社会学研究》2007年第2期，第11～12页。

② Tilly, Charles, 1978. *From Mobilization to Revolution*. pp. 134 – 135. 转自 Snow, D. A., 1998. “‘Disrupting the quotidian’: Reconceptualizing the relationship between breakdown and the emergence of collective action”, *Mobilization*, Vol. 3, No. 1, pp. 1 – 22, 17。

州南布隆斯维克的一个有毒废物场所的研究表明，社区居民在家庭成员的健康与生命安全即将面临污染的威胁时，在环境问题上会变得非常积极。即使从不介入政治的人也会为了单个政治议题（如要求某个有毒废物场所搬离社区）而与政府机构交涉。[①] 与此相似，日常实践活动的断裂（如经济危机使工厂倒闭，因此不能再去上班）以及长期以来认为是理所当然的一些假定的破灭（如抚养孩子、花钱买东西、自己是一个中产阶级或者工人阶级成员等）把一些从来没有积极参加过政治的妇女推向了激进主义。[②] 如上文所述，斯诺也将群体利益受损与“日常生活的扰乱”联系在一起，认为受害者的日常生活被打断之后，不需要有外在力量动员个体克服参加运动的风险，“扰乱”本身就可能为参加集体行动提供足够的动力。

这些学者的研究结论有助于我们回答为何 N 村血铅事件中草根精英的动员作用仅仅限于最初唤醒村民的危险意识和协调村民对企业的要求。因为企业污染问题与各家的经济利益和家庭成员的身心健康息息相关，因此，一旦意识到问题的严重性，不需要动员，村民们自然会行动起来，甚至美国学者奥尔森所说的“搭便车”难题在这里也不是问题。村民们反映：“只要是跟企业打官司，我们每家都会自愿出钱，大家心是齐的。”

群体动员特征主要体现在三个方面：第一，动员者的群体性。维权与抗争在村民的日常交流中酝酿。从聚集在企业门口向企业讨要征地补偿款到带孩子看病并与企业交涉、从上访到各个行政部门到聚众推倒企业围墙与企业发生暴力冲突，所有集体行动中，动员者是关注事件发展进程的普通村民，

---

① Krauss, Celene, 1988. “Grass – root consumer protests and toxic wastes: Developing a critical political view”, *Community Development Journal*, Vol. 23, No. 4, pp. 258 – 265.

② Borland, Elizabeth & Barbara Sutton, 2007. “Quotidian disruption and women's activism in times of crisis, Argentina 2002 – 2003”, *Gender & Society*, Vol. 21, No. 5, pp. 700 – 722.

特别是妇女们，她们走东窜西，在相互攀谈和鼓励中提升了参与的可能性。第二，参与的自发性。以索要征地补偿款为例：

> 100多人在太阳底下静坐，上午去，目的是不给生产，把门堵上。大家从上午坐到下午，有时候干部来劝，说这钱马上能给。镇里干部找村支书，说这钱一星期之内肯定给。定个日子，到那天不给，你们说什么都行。过了一段时间没给，老百姓又到厂门口。连续4次，从3月份一直拖到5月份。承诺4次都没有履行。后来实在不行了，没法了，企业先拿出7万块钱。……大家是不约而同去的，一说没有，几个人一谈话，说这钱没给。就去了，然后大家跟着去。（2010年8月24日，张思明访谈）

第三，推动村民抗争的主要动力是应星所说的“气”。在企业门口静坐是因为企业“用了人家的地还想要赖，不给补偿”；到行政部门上访是因为企业不但不承认造成铅中毒事实，在血铅问题上造假，而且还诬告村民想借机敲诈；与企业发生第一次暴力冲突是因为上访材料递交到市政府三天，竟然没有回音；与企业发生第二次暴力冲突是因为自费赴京看病竟然遭到阻挠和殴打，而企业在没有解决问题的情况下竟然还要继续生产。这些事实说明，村民的抗争行动的背后是他们心里憋着一股气，他们的目的就是要争一个“理”字。这种“气”“理”通过村民的相互接触而不断散播并在客观上对村民起到了动员作用。与厦门居民PX环境运动相比，N村事件前期似乎有一个组织者，但后期由于张思明认为自己是一个“敏感人物”而退居幕后又变成群龙无首状态；由于缺乏群体话语的宏观导向，村民们没能像厦门居民那样始终保持理性抗争状态，而是表现出很强的感性色彩。

（二）由“现实性群体动员”向“非现实性群体动员”转变

张思明最初提出的解决问题的方式非常现实：“每个中毒超标的家庭必须得到1000元的补偿金，中毒重的给3000元（如一个叫张锋的儿童在检验时，医生建议治疗，家人已在医院交了5000元押金），企业报销孩子看病的车旅费和医疗费，总计不超过5万元。”这些要求是张思明与其他受害家庭协商之后提出来的，因此可以作为村民的“公意”。此时参与维权的家庭不多，只有十来户。他们压根儿就没有想到要让企业搬迁，因为将这么大的企业搬迁在他们看来根本就是不现实的，提出这样的要求不但不会得到政府和企业的理睬，而且也会受到很多村民的质疑。在经济补偿问题上动员村民与企业交涉要比其他动员方式有效得多，因此，在2008年11月之前，村民们的维权行动主要围绕着现实性的目标。这个阶段的动员可以称为“现实性群体动员”。

随着村民污染认知的深化以及政企集团不恰当的处理方式，威胁与情感因素在动员机制中具有越来越大的作用。11月10日，村民们拿着令他们惊骇的血铅报告单三级上访，这是事件的转折点。此时，N村大部分村民已经卷入事端。政府处理方式的失当导致村民的愤怒情感越来越强，村企冲突的烈度也越来越高。张思明对第一次村企严重暴力冲突的情景做如此描述：

> 愤怒情绪被激发最早是因为向三级政府递交材料，几天没人问。而且，那么多中毒名单，你企业还冒烟生产，就激发起来了。副市长来开村民会议，没说出什么所以然，于是就有村民嚷嚷，不给他生产，把墙推倒。村民一哄而散，走了。去围企业去了。去的时候，没人牵头，自动去的。市长还没走呢，那边说，墙被推倒了。（2010年8月24日，张思明访谈）

类似的情况发生在 12 月中旬村企的第二次严重暴力冲突。这个阶段的动员可以称为“非现实性群体动员”。

（三）利益对动员的解构

有很多例子表明，如果企业能够为当地居民提供经济上的利益或者工作机会等，那么，即使造成了环境污染，也不会导致受害民众的环境抗争。比如，诺里斯和凯博在他们的研究个案中发现，位于北卡罗来纳州的堪提县（Canty）的一家属于尚普兰国际纸浆与造纸公司的造纸厂在当地雇用了大约 2000 名工人，每年以提供薪水、商品与服务的方式向当地经济注入了 1.8 亿美元的资金，这使当地居民在经济上几乎完全依赖企业，就连很多企业也依赖造纸厂而生存。在这种情况下，堪提县虽然遭受了严重的环境污染，但当地民众没有起来抗争。①

我们当然不能断定，得了企业好处的民众一定不会起来抗争，也不能断定，没有得到企业好处的民众一定会起来抗争。这两种情况在 N 村铅中毒事件中都出现了：

> 没有在企业上班，家里没有小孩的，或者家里小孩也铅中毒的，有极少数没有参加维权，胆子特别小，怕人报复。
>
> 在企业工作的人可以分为三种情况，一种是观望，既不参加维权，也不会站在企业一边，他们是中性的，像墙头草一样，随风倒。如果企业没事，我以后在企业照常上班；如果企业倒闭，我家小孩也中毒，我也要赔偿。第二种呢，是非常理性的，我虽然在企业上班，但是，哪个重要？我孩子健康重要，我也参加维权。所有在企业上班的

① Norris, G. Lachelle & Sherry Cable, 1994. “The seeds of protest: From elite initiation to grassroots mobilization”, *Sociological Perspectives*, Vol. 37, No. 2, pp. 247 - 268.

人，大约有三成是中性，三成是理性的，还有三分之一呢，倾向于企业。牵扯进来的有三个小组，一组没人在里面工作；二组有70多人在里面工作；三组（就是我所在的小组）没人在里面工作，所以，中性的、理性的，以及给企业通风报信的，都在二组村民里面。（2010年8月24日，张思明访谈）

在利益没有波及的人群中，只有“极少数”没有参加行动，这种结果主要是由于心理或性格上的原因导致的；但是，在利益波及的人群中，如果加上持中性态度的，没有参加维权的比例高达60%以上。由此可见，利益已经对抗争动员起到了解构的作用。企业方面当然也认识到了分化瓦解的重要性，他们对个别村民特别优待，使自己在村民中不仅拥有了眼线，而且可以委托代言者对村民的行动直接进行劝解和吓阻：

少数人给企业通风报信，老百姓什么时候要出去上访了，到哪里去上告，老百姓下一步要怎么做，他们在老百姓中间听到风声，然后给企业通风报信。他们受了企业的恩典，企业曾经给过他们一定的好处，至于企业给了他们什么好处，咱也不知道。有的人家里有人在企业工作的，说：“看，你们这样和企业周旋、这样闹，闹下去，到后来，企业还是在这里生产。弄不好，你们几个都蹲监狱。等把你们几个都抓起来了，你们就不闹了。”他们在等着看笑话。有的家里有好几个人在企业工作的，他们把老百姓的动向掌握得一清二楚，然后给企业通风报信。他们给企业报信不会让老百姓看到，但老百姓都能估计到是谁干的，八九不离十。后来老百姓有所警觉，谈话的时候，发现他们来了，就不谈了。当然，像这样背叛我们的人毕竟不多。（2010年8月24日，张思明访谈）

污染受害者是否起来抗争除了与他们是否从致污企业得到了好处有关之外，还受其他很多因素的制约，如诺里斯和凯博发现，对造纸企业没有经济依赖的田纳西人没有草根环境抗争动员，因为当地多年来的权力关系，或者说是几十年的经济、社会和政治进程在普通民众中造成了依赖和无权（dependence and powerlessness）的情感，这种权力运作的结果使非精英接受了“牺牲环境以求经济增长”的观念。正是这种意识形态有效地阻止了草根动员长达几十年。[①] 尽管如此，从 N 村的实际情况来看，经济利益对环境抗争的动员起到了某种程度的解构作用是确定无疑的。

第三节　环境抗争中农民的心态与情感

从勒庞、布鲁默和斯梅尔塞等人开始，西方集群行为研究就一直关注情感的作用。自资源动员与政治过程理论兴起之后，情感因为其非理性特征而受到忽视，这种状况一直持续了 30 年。20 世纪 90 年代中期开始，情感在社会运动中的重要性再度受到重视，并且强调情感的社会或文化建构的特点。当代情感论虽然抓住了情感的文化特质，但只是总结情感行为在社会运动中的表现，并没有分析情感背后的宏观社会结构和微观心理机制。一方面，情感性行为能否在运动中起主导作用，取决于该运动的结构条件。一个社会的组织力量越发达，情感就越不可能成为社会运动的主导力量。另一方面，情感在集体行为中发挥作用是通过微妙的心理作用实现的。从布鲁默到突生规范理论、常人方法学和柯林斯的互动仪式链理论，背后都有微观社会学机制。因此，同早期情感论相似，当代情感论也具有片面性。总体而言，情感性

① Norris, G. Lachelle & Sherry Cable, 1994. “The seeds of protest: From elite initiation to grassroots mobilization”, *Sociological Perspectives*, Vol. 37, No. 2, pp. 247 - 268.

行为在集群行为中的作用可能比在社会运动中的作用更为关键。①

对于心态的探讨可以上溯到18世纪法国启蒙运动泰斗伏尔泰，但明确提出心态史可以作为一个历史研究领域并对“心态”一词进行界定的是1929年诞生的法国历史学年鉴学派第一代代表人吕西安·费弗尔（Lucien Febvre）。② 年鉴史家主张历史研究不应该以政治、军事、外交等历史表层现象为主，而应该着重探讨经济、社会、文化、地理、思维等中层和深层结构；历史学家的视野应该从君主、政客、外交家等“个人”转向下层群众集体生活经验。心态即为底层人群集体生活经验的重要构成。费弗尔的《马丁·路德传》与《十六世纪不信仰的问题：拉伯雷的宗教》以及马克·布洛赫（Marc Bloch）的《国王的触摸》开创了年鉴学派心态史研究之先河，并在20世纪60年代形成一种研究风潮。探讨心态能使我们更加贴近研究对象，使我们对“小人物”的日常生活的运作有更加深入的理解。

一 “这种结果吧，是没有预料到的！”

仔细考察一下，我们会发现，在N村铅中毒事件中，村民们的心态经历了一个逐渐转变的过程。在事件发生之初，村民们是以一种“小人物”的心态介入的。他们对自己的行为底线非常清楚，知道“小人物”只能做什么，什么样的要求是合理的，企业能接受的，什么样的要求则是不现实的。他们对企业的扩张尽管不满，但非常包容，对政府牺牲环境以发展经济的做法也能充分理解。与此同时，他们对自己的交涉对象也有一定的行为预期。

① 赵鼎新：《社会与政治运动讲义》，社会科学文献出版社，2006，第69~71页。

② 关于年鉴学派心态史研究的历史根源详见潘宗亿《论心态史的历史解释：以布洛克〈国王神迹〉为中心探讨》，载于陈恒、耿相新主编《新史学》第四辑，大象出版社，2005。

只要“大人物”的做法与他们的行为预期大体吻合，他们也不想过于斤斤计较。遗憾的是，“大人物”的实际言行远远越过了他们的心理底线，以至于“小人物”自己都没有预料到事情会如此结束。

张思明在他的日志中这样描述自己当初是如何以“小人物”的心态找企业交涉的：

> （2008 年）6 月底，我到企业找老板理论，到了 CX 公司的门口被保安拦住。我说明了来意之后，保安说：老总在家呢，但是不一定见你。我当然知道这么大的老板不会见自己，这是当然的事情。保安给企业负责人打电话，一个叫任峰的办公室主任接见了我。任峰说，这事情我要向老板汇报，看老板怎么说。过了几天，任峰打电话给我，说他已经向老板汇报了。老板说了：“怎么，小孩铅中毒的事情还想来敲诈不成？”我听到这样的话心里不是滋味，这是一个大老板该说的话吗？这么大的老板怎能说出这样的话，令人不解！
>
> ——摘自张思明的日志《偶然的发现》

这样的心理惊诧随着事态的发展不断重复，以至于村民们的态度逐渐变得强硬，他们的行为也逐渐变得激进，最后提出的要求以及要求的满足程度都远远超出了他们最初的想法。我们还是在事件的发展过程中慢慢体会村民心态的转变吧。

据村民所言，企业在最初建厂时，曾一次性买断过村里 36 亩土地，价格是每亩七八千块钱，同时每一亩地可以带两个人入厂工作，这样，二组就有了 70 多个村民成了企业职工。后来，企业陆续扩张了 3 次，每一次都是以每亩 800～1000 元不等的租金以租代征，以至于形成现在占地 100 多亩的厂区。最后一次扩张是在 2007 年 3 月，当时村里派人拿来不规范的《用地补偿协议》，逼迫村民签字出让土地。这些空白合同上只有担保方（P

市 YH 镇人民政府）的公章，甲方（N 村村民委员会）既没有盖公章也没有经办人签字，甚至连用地面积一栏也是空白内容。合同规定甲方每年补偿乙方（被占地村民）900～1000 元。

如果说追究企业违法征地在村民看来显得有点玄乎，因为政府和企业要做的事情，平民老百姓要去干预一般是没有什么效果的，那么，按照合同的规定向企业索要租地补偿款是再合理不过的事情了，村民们也认为企业没有任何理由拒绝这一要求。令他们失望的是，企业没有信守承诺在当年年底给钱。租地满一年之后，即 2008 年 3 月，村民开始围着企业讨要 2007 年的土地款项，企业以各种理由拖欠拒付。村民坚持不懈在企业门口索要了一个多月，一直到 5 月份企业才最终拿钱。这件事很大程度上恶化了企业与村民之间的关系，按照村民的话讲："从那以后，老百姓对这个厂就有看法。你用人家的土地，可这个租地金你想要赖，这也太不像话了。"土地租金问题还不足以使双方关系闹僵，如果没有其他事情的发生，这样的纠纷即使在未来几年里可能不断重演，企业和村民们也会各安现状。

2008 年 5 月，村民张思明偶然发现自己的孩子血铅严重超标。他拿着孩子的发铅化验报告去找企业理论，结果企业以发铅检测不标准为由拒绝赔偿。既然发铅标准不被承认，为了让企业心服口服，同时也为了进一步确认孩子的健康状况，张思明随后带孩子走遍了 O 市几家医院，并在该市职业病医院做了血铅化验。化验结果证明，孩子血铅超标得非常厉害。张思明拿着新的血检报告单又多次找企业讨个说法，企业每一次都是推诿不做回应。在张思明不断找企业理论的过程中，孩子铅中毒的说法开始为越来越多的村民所知晓。于是，很多村民也带着孩子到 O 市职业病医院检测，结果令他们大吃一惊，他们孩子的血铅指标都在正常范围之内，甚至比正常的比值含量还要低。村民们怀疑该医院可能涉嫌作假，于是，四家在该院检查正常的孩子被家长带到南京儿童医院再次进行血检。血检报告显示，几个孩子全部超标，其中一个孩子被认定为严重铅中毒，医生建议药物治疗并需定期复查。

孩子铅中毒的情况得到证实之后，村民们的心态再次发生了变化，主要体现为对企业和地方专家系统的不信任，以及后悔自己竟然将土地出让给不顾他们生命与健康安全的唯利是图者。在这种情况下，由污染引发的环境维权开始与土地维权掺和在一起。2008 年 9 月，村民们携带两家医院的真假血液检验单上访到 O 市卫生局和江苏省卫生厅。稍后，他们向 P 市国土资源局和江苏省国土资源厅递交了 CX 企业违法用地的举报信。需要注意的是，这个时候的村民还没有想到要与企业撕破脸皮，仍然能站在企业的角度想问题：

> 到 P 市国土资源局的举报信是我一个人带过去的。当时的接访人员说，你是一定要求复垦，还是要求他们给你们补偿款？我说，要求复垦太不合乎人情。车间都盖好了，院墙都砌好生产了，你叫他复垦，你不是难为他嘛！复垦不容易做到，你就叫他给安置补偿费吧！（2010 年 8 月 24 日，张思明访谈）

到卫生部门的上访没有任何结果，到国土资源局的举报倒是有了答复。由于此时媒体开始卷入，国土资源局声称要秉公办理。在法定时间内，国土资源局给出了处理意见书。在这份《P 市国土资源局国土资源信访事项处理意见书》（P 国土资访处字〔2008〕18 号）中标明："该公司用地既不符合 YH 镇土地利用总体规划，也没经有关机关批准。针对江苏 CX 公司二宗非法占地的事实，我局已做出行政处罚"，要求企业将村民的安置补偿一次性到位。但是，国土局的处理意见并没有兑现：

> 结果他们这个企业，通过各个部门的一种地方保护，始终没拿出这个钱，就是说，耕地没有要回来，钱也没

有。（2010 年 8 月 24 日，张思明访谈）

2008 年 10 月，《市场信息报》记者的来访与报道引起了企业的紧张。在收买维权村民代表失败之后，企业开始实行欺骗与愚民政策。10 月 27 日，企业从离得最近的一排村民住户中抽选了 8 名儿童统一到 O 市职业病医院检查，血检报告全部显示正常。[①] 企业的这种做法不但没有平息儿童群体铅中毒的传言，反而激起更多家长的怀疑。后来也加入维权行列并且起到一定的核心作用的周成勇正是在这个时候发现了自己的孩子也中毒了。

> 周成勇找到我，说：‘你那小孩铅超标了，住得近，俺住得也近，为什么俺这个小孩他给写成在正常健康范围之内？你看对不对啊？我对这个企业负责检查有怀疑了。’我说：“具体对还是不对，我也没有把握说。除了再复查，别的也没什么办法。你怀疑归怀疑，只有检查事实才能证明一切。”（2010 年 8 月 24 日，张思明访谈）

由此可见，企业的欺骗做法不但没有获得成功，反而将更多的村民推向了对立面。本书认为主要原因是企业把村民想象得过于愚钝，他们想凭借专家系统和专业知识的权威性来打消村民的疑虑。殊不知，他们所捧出的专家系统已经在显而易见的矛盾中逐渐失去了村民的信任。为了对抗企业的说辞，村民们开始寻求自己的专家系统和专业权威。始自 11 月 6 日，N 村 91 个孩子先后分三批前往西安西京医院做检查，结果显示，

---

① 张思明说，企业之所以这么做还有一个重要原因是，继《市场信息报》之后，国务院新闻部产经新闻中心的一个记者也来到了 N 村采访，并且准备报道铅中毒事宜。如果有两个媒体都对铅中毒做出报道，事件的影响力必定大大增加。企业为了封住报社的嘴，所以从离企业最近的住户中抽取 8 名儿童检测，并将显示一切正常的 8 份检测报告以传真的方式发送到产经新闻报社。后来该记者的采访稿果然没有付诸报端。

有89个孩子不同程度血铅超标，甚至严重铅中毒。至此，传言获得了专业知识的证实，村民们开始产生集体性恐慌，村民和企业之间的矛盾也开始升级，村民对企业的怨恨情感也开始加剧。

在这个时候，村民们还没有失去对基层和地方政府的信任。血铅群体检测结果出来之后，村民们拿着检查报告单开始按程序向村委会—镇政府—市政府信访办公室三级上访。由于没有经历过如此重大的事件，村和镇两级政权都不敢擅自处理。村民们在11月10日上访到市里，可一直等到13日还不见答复。P市政府的这种拖拉态度对于事件朝激进方向演变起了极其重要的作用：

> 都四五天了，那么多儿童铅中毒，你市里应该马上回应，派人过来了解情况，可是一直没有人过来。既然市里没人问，老百姓就把企业围起来不让他生产。老百姓把企业团团围住，不让人进，不让人出。没有人进出，你看就没法生产了吧。但是企业不理不问，继续生产。13日中午，老百姓把围墙推倒了。小孩子都已经中毒了，你这边还冒着黑烟生产，老百姓肯定有过激行为。（2009年7月4日，张思明访谈）

政府对村民们的过激行为反应非常迅速。当日即有P市副市长，并P市环保局局长、卫生局局长和YH镇镇委书记和镇长等来到了N村。在随后召开的村民代表会议上，P市领导同意按照村民要求安排中毒儿童赴西安治疗。但是，政府并没有兑现诺言。11月16日，政府拿出的治疗方案是将中毒较重的21名儿童送往O市儿童医院接受驱铅治疗。在多数村民看来，O市医院都是黑暗造假的地方，也没有治疗群体性血铅中毒的经验，政府安排去那里治疗，分明是在糊弄百姓。由于政府明确宣称承担一切医疗费用，所以，村民们才勉强答应接受治疗。

在治疗医院问题上，政府已经失信于民，接下来发生的事情更使村民怀疑政府解决问题的诚意。11 月 29 日，YH 镇镇委书记李崇俊和纪委书记王斌及卫生局负责人在 N 村一所小学召开了全体村民会议。李崇俊在讲话中说道：

> 儿童住院治疗老是住着也没啥意思。医院也不是什么好地方，该出院的出院，免得感染其他疾病。
>
> ——摘自张思明日志：《CX 企业污染与铅中毒事件全过程日记》

纪委书记王斌次日与村民的谈话更是引起反感：

> 事情能有多大？死人了没有？
>
> ——摘自张思明日志：《CX 企业污染与铅中毒事件全过程日记》

言下之意，大批儿童身心受到铅中毒的摧残也没有什么大不了的。这些话语虽然出自基层政府干部之口，但是老百姓认定必是高层领导（即 P 市政府相关负责人）的意思。这种态度使村民们逐渐丧失了对政府的幻想。他们感觉到政府能为他们做的与他们期望政府做的这两者之间存在着相当大的差距。在此之后便发生了村民两次赴京求医治病但均遭到地方政府阻挠与强行“带回”之事，特别是第二次，自己花钱看病竟然遭到政府的殴打和劫持，这使村民对地方政府的愤恨达到了顶点。在这种情况下，地方政府的任何解决尝试似乎都不能引起村民的好感。典型例证是：12 月 16 日下午，参与阻挠求医的 YH 镇纪委书记王斌到 N 村村委会进行协调时，被挨打的村民妇女大骂了一顿；P 市政府将从北京拉回家的儿童送到了南京医科大学第二附属医院进行驱铅治疗，一切由政府埋单，并且由副市长出面，为每个中毒儿童发放 1000 元慰问金，但此举也没有得到村民太好的评价。更让 N 村村民津津乐道的一个细节是：2009 年 1 月 2 日上午，在 YH 镇镇政府小会议室，江苏省环保厅、卫生厅相关领导与 N 村村民代表举行座谈会，本想参加座谈的 P 市副市长和 YH 镇党委书记被"请出会议室"。由此可见，从 11 月中旬地方政府介入铅中毒事件开始，短短 1 个月，其与村民之间的信任关系已经完全破裂。在这种情况下，仅仅依靠地方政府—企业—村民这一三角系统内部的力量已经很难解决问题了。外来媒体和高层政府的介入才使激化的官民矛盾逐渐趋于缓和。

N 村铅中毒事件中村民的心态与情感的演变过程及其诱发因素可用图 6－3 概括表示。

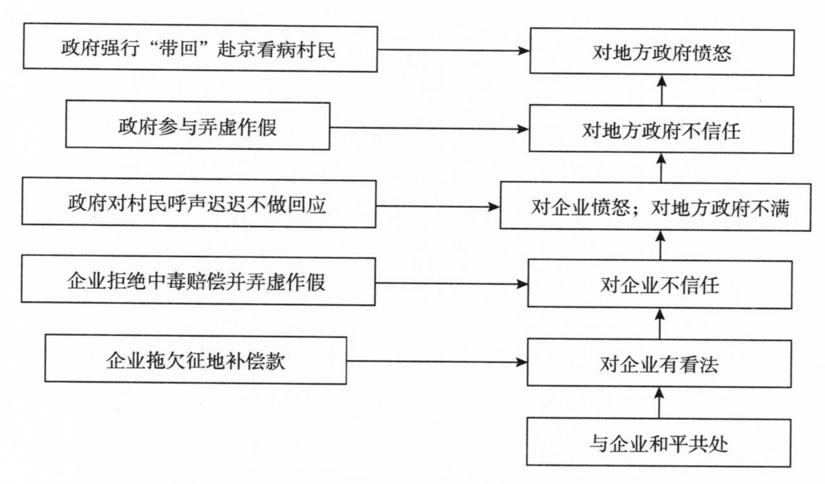

图 6－3　N 村铅中毒事件中村民的心态演变

时隔一年半之后，笔者问张思明："现在企业搬走了，很多村民也不在企业上班了，这种结果是你们真正想要的吗？"他的回答如下：

> 这种结果吧，是没有预料到的。以前总认为，企业把小孩给治疗，受污染的群众给一定的福利也就算了。企业老总呢，说什么就是傲慢不服，后来导致企业搬迁，也导致村民现在无法在里面工作上班……市里一意孤行，只讲政绩，把老百姓的健康不放在眼里，农村的事不放在眼里。如果市里

很早就拿出处理方案，和企业协商处理，儿童中毒怎么办。处理好了，能导致后来发生的后果吗？导致这么大一个企业搬迁，虽然这个企业搁在整个国家里不算大，但在这个行业里是最大的，亚洲最大嘛！导致搬迁的后果多大啊！损失多少金额！（2010 年 8 月 24 日，张思明访谈）

二 “事情越大越好”？

很多地区的农民维权抗争（或利益表达）有一个共同的特征，即他们都想把事情闹大，如 2005 年浙江新昌县环境冲突事件中，黄尼村的村民希望“事情越大越好”;① 湖南塘镇村民“非要扯出动静，往大的扯，往危言耸听的扯”。② 农民之所以这么想，是因为他们认识到，只有将自己的困境建构为国家真正重视的社会秩序问题，才能使自己的具体问题纳入政府解决问题的议事日程中。③

蔡禾等认为，造成这种状况的更深层原因是目前我国法律诉讼和行政调节这两套利益调节机制发展不均衡。本应通过法律形式解决的利益纠纷转向了行政部门，而行政部门在市场经济条件下直接解决利益纠纷的能力不足。为了缓解需求与能力之间的紧张，行政部门按照科层制原则有选择地处理行政诉求，一是上级领导督办的问题优先解决，二是已经或有可能产生重大社会影响的问题优先解决。“不把事情闹大办不成事情”的社会心态正是这种处理方式的结果。④ 笔者在政治机会结构一章中指出，目前

① 郎友兴：《商议性民主与公众参与环境治理：以浙江农民抗议环境污染事件为例》，广州“转型社会中的公共政策与治理”国际学术研讨会论文，2005。

② 董海军，2008，第 53 页。

③ 应星，2001，第 317 ~ 320 页。

④ 蔡禾、李超海、冯建华：《利益受损农民工的利益抗争行为研究：基于珠三角企业的调查》，《社会学研究》2009 年第 1 期。

中国特定的政治环境也在一定程度上促成了这种心态的生成。

然而，从上文描述中我们可以看出，村民们起初并不想将事情弄大，只要企业给个说法就行。直到大批儿童的血检报告单出来之后，少数村民才向姗姗来迟的副市长提出："不行，这么多人中毒，这厂不能在这开了。"但是，他们对政府能否采纳他们的要求是没有任何信心的，也没有下定决心决不与企业共存于同一空间。企业搬迁的结果是他们"没有预料到的"。村民们一直希望政府部门能够帮他们解决问题，甚至没有想到要通过媒体宣传将事情放大。这种情况有点类似于吴毅对华中 A 镇的一起石场纠纷的研究结论：由于"权力—利益的结构之网"成为影响农民维权特征的更为优先和常态的因素，因此，农民维权在多数情况下会"适可而止"，而非不达目的誓不罢休。[①]

为什么"事情越大越好"的心态在 N 村村民中间不太明显？为了回答这个问题，我们需要考察这种心态的生成情境。本书将其生成条件概括如下。

第一，抗争者的要求是合理合法的，具有一定的正义性，能够得到公众的同情和支持，因此抗争者不害怕将事情闹大。诸如移民安置、强制拆迁、乱征耕地、环境污染、选举乱象等，此类事件均涉及公平公正问题，极可能引发道德震撼，自然容易生成将事情弄大的心态。此外，抗争者对他们抗争行为的合法性要有一定的认知，即他们对政府意志和国家的相关法律法规有一定的了解，并据此能够判断他们的行为在多大程度上是合理合法的。

第二，事情不弄大不行，即抗争者的底线要求无法得到满足，因此问题在地区层面上迟迟得不到解决。如果能够在地方上解决问题，抗争者也就无须通过扩大事态来达到抗争目的。"事情越大越好"的心态形成一般都有一个过程。在这个过程中，

---

① 吴毅：《"权力—利益的结构之网"与农民群体性利益的表达困境》，《社会学研究》2007 年第 5 期。

抗争者因为要求总是得不到满足而积累了大量的怨气，最终通过发泄怨恨的非现实性冲突方式在客观上起到了扩大事态的效果。

第三，事情可以被弄大。弄大通常都要借助于媒体。个体行为，如指向他人的暴力袭击和指向自己的自残或自焚等，如果没有媒体报道，产生不了广泛的影响力；集体行为，如多人集群，如果没有媒体报道，影响力也毕竟有限。媒体（特别是高层媒体）的介入可以迅速放大冲突的社会效应，由此造成对抗争对象的社会压力。因此，“事情越大越好”的心态容易发生在政体相对开放的社会中，特别是媒体有一定的自由度，并且媒体通过报道抗争事宜能够获得较高的阅听率的情况下。

第四，事情闹大之后，问题极有可能得到解决。将事情弄大，是为了引起高层政府的注意并且希望借助于自上而下的权力压迫机制来实现抗争目的。所以，这种抗争心态最有可能发生在行政权处于强势地位的向上负责的权力结构中。

综合以上四个条件，我们可以看出，N村村民形成“事情越大越好”的心态完全是可能的，只不过有三种情况阻碍了这种心态在抗争中显化。第一，媒体记者的主动和迅速介入没给这种心态表现出来提供足够的时间。第二，村民们带着孩子走南闯北治病求医在客观上起到了放大事态的效果，这种效果抑制了他们对这种心态的期望。而且，问医求药的行为天经地义，就算因此而暴露了地方乱象，他日地方权力之网也绝不可能因此而向村民兴师问罪，因此在行动时不需要顾虑吴毅所说的要为日后修复官民关系留有回旋余地。第三，高层权力部门的介入使事件很快得到平息，不需要村民们将事情弄大。总之，中国目前特定的发展环境特别容易诱发基层维权者希望“事情越大越好”的心态，但这种心态是不是显现出来以及维权者是否真的希望将事情闹大则要依据不同的抗争情境。

三　“画皮”般的嘴脸：地方政府官员的妖魔化

环境突发事件与环境冲突对于科学研究具有重要意义。美国学者莫罗奇（H. Molotch）区分了“环境事故”（accidents）、“假事件”（pseudo - event）和“拉长的事件”（creeping event）三个概念。“假事件”是指人为创造出来的事件，通过设置事件发生的条件，以至于使事先安排的结果就像真的一样。比如在 1969 年发生的圣巴巴拉地区原油泄漏事故中，美国政府邀请当地民众参与制定更严格的石油钻探规则，结果遭到拒绝，因为这种参与被看成是一个“假事件”，其目的不是真的要制定出“安全”的钻探规则，而只是要造成石油钻探已经经过民主决策和当地民众同意的假象，以此方式避免激怒民众起来闹事。“拉长的事件”是将事件的结果人为地一点一点呈现；环境事件或“事故”通常是造成其爆发的行动者没有料到的，具有突发性和轰动性，它将一系列的条件、行动和结果一起揭示出来，它可以使人们能够注意到平时没有注意或者无法注意的社会体制特征或者个人的行为与性格特征。比如，圣巴巴拉地区原油泄漏事故发生之后，当地居民一下子深刻认识到了事故背后的美国权力结构。①

在 N 村铅中毒事件中，村民们也许谈不上深刻认识到事件背后的权力结构及其运作机制，但对于权力结构的认知无疑进一步深化：三级上访铅中毒事件迟迟得不到回应；政府派人挨家挨户看住村民，不让他们上访；政府参与血铅检测造假并且在治疗中毒者过程中敷衍……所有这些都在悄然改变村民对权力机制的认识。在 P 市政府的应对措施中，本书认为处理村民两次进京看病问题也许给村民带来的印象最深。村民自己对那段经历描述如下：

① Molotch, Harvey, 1970. “Oil in Santa Barbara and power in America”, *Sociological Inquiry*, Vol. 40, No. 1, pp. 131 - 144.

12月3日，北京C医院的检测报告出来之后，专家建议，治疗属于自费，既然你们群体性污染中毒，必定里面有纠纷，最好叫你们政府出面委托治疗鉴定，否则，治疗好就走，不出鉴定，村民表示同意。当晚村民给镇委书记打电话告知事由。

12月3日晚至12月6日，政府驻京办事处和政府的人，进京30余人，把儿童家长软禁困至地下室，要村民回P市安排到南京治疗，当时天气很冷，有的孩子感冒也得不到治疗，村民家长在被困无奈的情况下（当时，严重侵犯了人身自由，由政府买盒饭送进地下室），后来被政府的人强行拉回。

12月9日晚，村民孩子得不到治疗，只有再次去北京C医院自费治疗（第二次又添加了3个儿童），但事情并不像想象的那样简单。在门诊专家安排住院的同时，接到政府人的匿名电话，不准许医院接诊治疗，随后门诊和住院部就像踢皮球一样踢来踢去，家长一天就在儿科和专家中毒科进行了3次的挂号。而且在病例上写道：儿童在我院接受治疗，必须有政府委托。

12月12日，家长在北京那个高消费的地方，吃的是饭店，住的是宾馆，几天来实在是耗不起，到处带着孩子找知名度高的医院，在北京市民的帮助下，找到了B医院，但B医院也没这个能力治疗孩子铅中毒的症状。到了下午，无奈的家长们看到卫生部就在身边，他们就抱着小孩，上访到卫生部，参了C医院的所为，为什么给孩子看病，要政府来委托，我们孩子的健康为什么要把握在政府的手里？在卫生部上访C医院的事惹恼了政府相关领导人，在他们认为，你可以上访C医院就可能上访政府的不作为。

12月12日凌晨0点28分，由LB组成的政府队伍，接近20人，冲进村民和孩子所住的蓝天旅馆地下室……顿时，妇女孩子哭声一片……

打倒了周成勇，劫走了张思明，打手们冲进地下室，冲向手无寸铁的没有穿好衣服的妇女。吓呆了 3 名儿童，1 名妇女，回家后才得到神经治疗。被打的周成勇，一直被扔在蓝天旅馆地下室没有人过问，被另一位叫 SJJ 的村民背进朝阳医院疗伤挂水。10 家家长和儿童在 12 月 15 日凌晨被政府用威逼的手段遣送回家，回家后周成勇又在 P 市人民医院接受了一个多月的住院治疗，到现在还没有痊愈。

事后，维权骨干之一写下了如下一段话：

政府官员面对老百姓大规模铅超标、铅中毒事件，却首先想到的只是自己在任的政绩，并企图运用可以掌控的机构，提供错误诊断结果，压服民众，化解危机。面对这样代表人民利益的党政官员，老百姓怎能不心寒！

一是铅中毒事件，使得公众对当地政府的公信力降到了冰点。面对深受铅污染之害的老百姓，平日里学习的“三个代表”重要思想和科学发展观，不是为了给我们装门面用的，也不是为了让我们糊弄老百姓的。党政官员只有按照“三个代表”重要思想规范其言行，敢于面对公共危机，讲实话、办实事，才能够取信于老百姓，才能够有执政力，才谈得上科学发展。

二是铅中毒事件，使得公众对政府直接掌控的专家的可信度同样降到了冰点。专家的良知不允许在自己的专业领域以欺骗公众的手段，出具假报告，来讨好党政官员和企业，拿捏公众事件。从法律角度来说，这已经不仅仅是良知的问题，而是严重的违法事件，必须依法追究其刑事责任。

三是铅中毒事件，使得公众对企业及企业家的良知产生了强烈的质疑。企业是追求经济效益最大化的经济实体，也应是社会责任的担当者。企业家如果忘记了造福社会、反哺社会的责任感，就会成为见利忘义的小人。钱可以买得来违法的报告，但永远也买不来企业和企业家的社会良知！

四是铅中毒事件，暴露出现存的职业病防治、环保工作的弊端。企业选址要进行环保评价和验收，要按照有关法规进行居民的搬迁。但江苏 CX（集团）有限公司建成以后，周围住户最近的仅有 100 米。对周围村民已经造成了如此严重的危害，企业内部工人的健康状况如何可想而知。每年一度的职业病排查，职业病防治机构进行得如何？执法的职业病防治机构、环保监测部门，不要只伴大款，而不作为！

——摘自 N 村维权代表日志：《铅中毒事件中才看清楚 P 市高官和有钱人的丑恶》

铅中毒事件加剧了村民原本因为征地、拆迁等事宜对政府的负面印象，对政府与民众之间信任的断裂起到了推波助澜的作用。本书在此引用一段 N 村维权精英之一所写的日志来证明这一点。这段日志是 2010 年 YH 镇另一村庄发生了征地血案之后该精英所写下的感想：

走进 HW 异常的“冷”，看到存在于现实中的“画皮”般的嘴脸。

手机里收到信息，P 市 HW 村有男青年维权被政府杀害的消息，我开着摩托车，到 HW 看个究竟。天很冷，到了 HW 村庄更感到异常阴冷，老天也像这场事件一样不肯露出真正的面目，我赶紧把帽子戴好。

看到死者的家属，心中有说不出的酸楚，死者对于政府来说，简直是死了一只蝼蚁，但是对于这个家庭而言，等于塌下了整个的天空，很显然，死者的亲属在哭，市政府的人却在暗处露出诡秘的奸笑，这也是他们惯用的杀手锏，百姓永远是弱者，杀了一个来叫其他村民们引以为戒，这叫杀一儆百，看谁还敢出来维权，以后就任他宰割。

P市，中国百强县，至于是真正的百强还是假的百强这都不重要，关键是百姓能不能安居乐业，过上正常人的生活，解决温饱。如果在P市安全感都没有又怎么能谈上什么百强呢？

对于生活在P市，就是夜晚睡觉都不踏实，生怕在梦中突然来个铲车或者挖掘机把房子推倒，把自己埋在里面——因为这样的事已经是屡见不鲜了，至于LCR（HW村所属乡镇主要领导人——笔者注）所说的这次是文明拆迁是否属实？真让百姓心里没底。至于HW一死一重伤事件，死者的尸体都被政府抢走，看来是焚尸灭迹，面对这些政府又做何解释呢？到医院得知，伤者的医疗费一切由政府买单，这又为何？政府真的现在变成慈善机构了吗???

这些答案都留待众人慢慢地去想象，这不是在最丑恶的时候看到最美丽的画皮吗？对于这些，伤者的家属和其他的百姓还真的不如找出当年的老片——《画皮》!

对于这样的政府黑暗做法，我们感到的只是心痛和无望，真的想找父母问问为什么不负责任当初把我们生在这黑暗冰冷的P市!

如今的LLY（P市主要领导人——笔者注）和LCR，真的好比三国里的“董卓”，人见人怕！面对P市这次的事件，到这里我无语了，只能说两个字——“可悲”!

第四节 几个问题的讨论

一 村民们如何能够克服法律与信息盲区？

在铅中毒事件中，村民的法律意识非常强。当然，这种情况主要体现在极少数维权精英身上，而绝大多数村民对于如何依法维权并不清楚。按照张思明的话讲，早期几个因为家里小孩铅中毒因而跟着他维权的村民都是“莽汉”“粗人”，“像张飞一样”，“该何去何从，根本不知道”。考虑到村民们在具体行动之前一般都会咨询维权精英的意见，因此，我们不妨认为，维权精英的法律意识和法律知识实际上是由所有参与维权的村民所共享。

村民们克服了法律和信息的盲区从以下两个事实上可以得到证明。

第一，维权精英搜集了众多的相关法律，如《土地管理法》《环境保护法》《土地使用法》《土地征用赔偿法》《农村土地承包法》和最高人民法院《关于审理破坏土地资源刑事案件具体应用法律若干问题的解释》等等。由于详细阅读过这些法律的条文，因此，农民维权精英对国家的相关政策了解较多，领悟也比较透彻，并且能够根据中央和省颁布的法律对企业与地方政府的作为提出质疑。在此列举两例。

（一）P市N村村民关于“天正公司”化工厂和农村集体经济组织合法权益情况反映

> 数年来，“天正公司”化工厂违反法律规定强行占用我组村民的基本农田，几年来没有支付村民应当享有的经济补偿和安置费用，现在有关情况反映如下：
>
> 一、没有党中央批文，把基本农田占为建设用地，该厂占地为高产水旱两用耕地。使用方法为以租代征的非法手段，在老百姓没有签名同意的情况下强行占用。从2003年到现在，一直以年度900元每亩的青苗费来补偿，化工厂占地在原来（以前倒闭）造纸厂基础上的18亩，后来又扩建49亩，到今年（2008年）为止还是按照租地补偿的900元一亩的标准。直到现在还没有实施安置补偿标准，但土地破坏已成事实，复垦已经不可能。
>
> 二、现在三组村民已联名向有关部门要求查处租地的非

法，向该企业讨要补偿费和安置费。

三、因为以前补偿和安置费一直没有实施，村民要求按照江苏省省长梁保华2005年7月1日53次常务会讨论通过的《江苏省征地补偿和被征地农民基本生活保障办法》实施，按照江苏省四类土地土地补偿标准应该为每亩50000元标准和按期交地奖励被征对象5000元一亩，67亩应该给三组村民3685000元的补偿费和安置费。

目前，我组村民承包地已全部被占用，但是，上述安置补偿费全部没有到位，而其他经济保障和待遇也没享受到，如被征地农民基本生活保障，该撤组转户，被征地农民纳入城镇居民社会保障体系等。

N村三组村民

（二）P市N村村民向P市国土资源局递交的举报信

国土资源局：

P市CX厂于2007年非法占用我村民耕地约50亩，百姓特此举报如下：

CX厂占用我N村一组和三组地块，位于原厂北边。其中占用一组和三组各25亩，使用方法为以租代征。

该企业现在居然在该土地上盖起了永久性的建筑（车间），车间为砖混合钢结构，给土地造成永久性的破坏。现在已经在县级土地部门查实，该土地没有登记造册。属于土地占用“黑户”，违反了中华人民共和国有关土地使用法规。

该土地为百姓们的基本农田，占用该土地已彻底断送了百姓的基本生活保障，对该土地的损坏已严重违反了《中华人民共和国土地使用法》、《中华人民共和国土地管理法》与《中华人民共和国土地承包法》相关法律规定。现在百姓已经联名，打算去北京上访。

以上所述事实，望有关单位明察。该土地已被严重损坏及污染。在此三组村民达法定年龄者共97人，已联名参与《土地管理法》的相关法规向有关政府举报，望有关政府能够给以复垦的批示！

下联以百姓联名签字为证，望有关领导能够给以关注！

N村三组村民

联系人：×××

电话：1381×××6866

注：着重号为笔者所加。

从这两封举报信中我们可以看出，村民不仅熟悉国家有关土地征用方面的法律法规，并依法对企业的违法行为进行质疑，而且对自己应该享有的权利非常清楚。张思明还告诉笔者，有关土地违规的举报信是他一个人带到P市国土资源局的，在处理期限内，他又陪另一村民来到南京向江苏省国土资源厅递交了举报信，但是在国土厅，他没有出示身份证，也没有提上访的事，而是由另一村民出面。之所以没有亲自提交是因为他知道“在处理期间，你不能重复上访”。

第二，维权精英在事后对铅中毒事件中的个别记者的名誉侵权行为提起赔偿诉讼。

前文已经提及，媒体既可以成为村民维权的重要联盟，也可以成为企业与地方政府解构村民认知和话语的重要工具。2009年初，北京某报记者SMZ就N村铅中毒事件发表了一篇调查报告，报告中有这样一段话：

近几年，该村村民张思明在CX公司南侧桥东的河上开了一家水上餐厅，使用CX公司的电。2008年8月，因企业整修供电线路遂对水上餐厅予以断电。张思明认为企业断电导致其餐厅亏本，一再要求企业赔偿，要价5万元降到3.5万元，遭到企业拒绝后，遂带其子到职业病防治医院检查，以血铅超标为由要求 CX 公司补偿，未果。随后，张思明向媒体申诉，反映 CX 公司存在污染。

这些描述引发了张思明极大的不满。按照村民的说法，该记者涉嫌收受企业负责人的好处，因而听从了企业单方面的说辞。但是，愤怒之下的张思明没有采取任何情感性的鲁莽行为，而是寻求法律途径解决。他首先在网络上搜索并下载了《关于名誉侵权纠纷案件的处理意见》，在详细阅读了相关规定之后，于 2009 年 4 月赴北京向海淀区基层法院提交了关于名誉侵权的民事起诉状。起诉状中阐明了以下几点：

（1）被告的报道严重失实，因为被告在采访时，根本没有见到原告本人。作为一个新闻工作者，被告缺乏自律，在主观上置事实于不顾，甚至参与虚假报道的采写和传播，丧失了新闻报道的原则，违背了职业道德。

（2）由于报道中使用的是实名，因此把“饭店亏本向企业要求索赔”这种“讹诈”行为强加给原告，已经严重损害了原告的声誉，又经过面向全国发行的报纸的宣传和互联网各大网站的转载，影响范围大大扩大。

（3）报道对原告家庭成员的身心健康也已造成了损害。原告无论走到哪里，都因此事被人讥笑！原告的长子就读于当地一所重点高中，在学校里因为父亲的污名而背了黑锅。本来成绩优秀，现在因为遭受同学的白眼和老师的误解而导致成绩直线下降。长时间感觉低人一等使孩子的心理发生了一定程度的畸变。

（4）被告所在单位没有认真审查自己记者的报道内容，失于管理，严重失职。后来经与其协商，但仍然抱着自己是“大报”“大单位”的自大心理，对侵权拒不纠正。

（5）原告因为相信法律是公正的，所以不怕辛苦，远涉千里，进京告状，希望法院给原告一个公道，还新闻报道工作一片纯洁的蓝天！

这些话语哪里像一个农民说的，分明是出自一个经过训练的法律专业工作者之口。这样一来，在法律意识问题上，N 村铅中毒事件的维权精英的行为体现出了与张玉林所总结的“环境抗争的中国经验”不太一致的特征：“分裂的村庄和村庄领袖的自肥现象及局外人的角色扮演，以及缺少外部精英的支持，使得村庄和农民陷入法律和信息的盲区，也无力抵抗经常丧失底线的资本和几乎不受约束的权力。”① 村庄确实是分裂了，如前所述，“所有在企业工作的村民可以分为三部分，一部分是中性的，一部分是非常理性的，积极参与维权，还有少数是给企业通风报信的。”但是村民领袖没有自肥，也没有扮演局外人的角色；体现出很强的法律意识的上述两封举报信也是发生在众多媒体来到 N 村之前，况且，不辞劳苦远赴千里提起名誉侵权诉讼的勇气和法律意识也绝非在短期之内就能培养出来。这就给我们带来一个疑问：N 村村民们为何能够克服法律和信息的盲区？本书认为，以下几个因素比较重要。

第一，维权精英本身的个性特征与社会阅历。张思明只有小学文化水平。在小学结束的时候，“因为家里经济特别困难，困难到没有衣服鞋子穿的地步”，所以，只考完一门试就回家了。他向笔者描述当时的情况时，非常自豪地说：“最后一门考试我考了全班第一名，校长、班主任都非常欣赏，上我家找了我两次。”尽管因为家境贫寒而辍学，但张思明对读书学习依然非常眷恋：“不上学之后，我找各种机会接触一些书籍，字不认识，就翻翻字典查查。认识的字越来越多，比上学的时候认识的还多。”张思明有一个哥哥，大学毕业后考上了律师，服务于 P 市的一家律师事务所。他对张思明的法律意识产生了深刻影响。20 世纪末，张思明辗转于哈尔滨、上海等地打工，从事建筑行业的

① 张玉林：《环境抗争的中国经验》，《学海》2010 年第 2 期，第 68 页。

工作。N村有很多村民都在外打工，但与张思明相比，法律意识远远不及，更遑论积极学法并以法律作为工具来维护自己的合法权益。正是刻苦求知的精神和特殊的家庭背景使张思明在“依法维权”上与一般村民拉开了距离，也是他能克服法律和信息盲区的一个重要原因。

第二，网络的发达。张思明声称，“哥哥在家的时候，很少跟我讲法律知识”，因此，哥哥对他的影响主要是提升了他的法律意识，而具体的法律知识的获得主要是自己努力的结果。这种获得之所以成为可能，最重要的因素就是网络。“到2004年，小孩上学要用电脑，所以装了一台电脑。一开始不会用，后来慢慢摸索会用之后，在上面了解的东西越来越多。有关农村的民法一类的，搁网上都能查查看看，所以在法律上有一定的认识。”概括一下，网络对N村村民环境维权的影响主要体现在三个方面：首先，网络为村民提供了投诉的空间，正是通过网络投诉，村民们唤来了媒体。通过媒体，村民们获得了有关维权的更多的认知，并且得以将铅中毒事件“问题化”。其次，网络为村民们提供了有关疾病的知识以及其他地区（如甘肃徽县）农民环境抗争的经验。最后，网络为村民提供了众多有关环境和农村的法律知识，从而为村民“依法抗争”提供了依据，并且增强了他们抗争的信心和勇气。

第三，N村空间的特点。信息的闭塞往往是由空间的闭塞所导致的。N村紧邻250省道，沿省道向北跨过运河大桥即可到达P市。这种便利的交通条件和优越的空间位置为N村村民信息搜集、看病求医、污染求证、维权上访等提供了极大的便利，甚至张思明在家就可以上网查资料也应该归咎于空间的特殊性，网络运营商绝不可能将网络安装延伸到一个偏僻的山区或者离县城很远的乡村。另外，紧邻P市大大降低了村民维权的经济成本。

二 维权精英为何没有被收编？

于建嵘曾经提出过一个化解农村社会冲突的策略。他认为，利益分化和冲突及基层党政行为失范造成了农村权威结构失衡，这是农村社会政治性冲突的基础性根源。制度错位使民间权威膨胀，在体制之外造就了一批农民利益代言人。这些人是农村社会冲突中的中坚力量。为了重建农村社会秩序，在进行利益整合的同时，需要对农村政治资源进行重新配置，其中最为现实的对策就是将具有对抗性的地方权威纳入农村基层政权体制的运行之中。①

在这里，于建嵘实际上提出了要将农村维权精英进行收编的问题。我们首先来了解一下 N 村事件中维权精英的实际遭遇，而后回答农村环境抗争的精英有没有被收编的可能性。

张思明告诉笔者，2008 年 10 月，在《市场信息报》首次将铅中毒事件诉诸报端之后，企业方面感到了紧张，于是派总经理刘清扬以同学的身份来找他商议：

> 处理期间，刘清扬三次到我的住处协调，他多次提到要给我部分钱，把事情化解，但要求我请记者删帖，并且在网上给他们说好话，就说事情得到了妥善处理。我对他讲，要想处理好事情，每个中毒超标的家庭必须得到 1000 元的补偿金，中毒重的给 3000 元（如一个叫张博的儿童在检验时，医生建议治疗，家人已在医院交了 5000 元押金），企业报销孩子看病的车旅费和医疗费，总计不超过 5 万元。
>
> 2008 年 11 月 1 日夜里 11 点，刘给我发来短信：“思明

① 于建嵘：《利益、权威和秩序：对村民对抗基层政府的群体性事件的分析》，《中国农村观察》2000 年第 4 期。

你好！请理解老同学，请说一下你的底线，我尽力协调。”①

——摘自张思明日志：《CX企业污染与铅中毒事件全过程日记》

由此可见，企业对待事件的态度是力图用金钱对维权精英加以收买，以此瓦解村民维权的领导力量。这种策略在农村很多地区非常有效。2008年8月，笔者在苏北另一个盛产芒硝因而造成环境污染的村庄调研时，发现该村庄的政企集团对维权精英的收买与瓦解手段主要有三种：一是直接以金钱贿赂，“给他个三两万，让他别吭声”；二是岗位诱惑，“镇里的民办小学教师岗位还有一个空缺，你弟媳妇暂时也没什么事，就让她去学校上班”；三是威胁逼迫，“你女儿预备党员正在考察期，你要是掺和这事，我们就把她下掉”。在这种软硬兼施之下，该村连续两名维权精英退出维权行列。在N村事件中，企业的收买策略没有起到效果。张思明在回答这个问题时这样说道：

我既然出面维权，企业私下给我点钱，表面上就过去了，没分出输赢，人家看不到吗？哎，他怎么不了了之了，肯定给他钱了。别人一下子就想到了。另一个，我已经发现十几个小孩中毒了，那你给我钱收了，别人怎么看我？我怎么做人？人家又怎么办？如果我不找你了，别的村民肯定找不起来这事。（2010年8月24日，张思明访谈）

很明显，张思明没有接受企业的收买。他在说出这段话时表现出一脸的诚挚，因此，笔者相信他是由衷而发。尽管N村很多村民在外面打工，但村庄作为一个“熟人社会”的性质没有发生变化。对于自己在道德层面上会被村民排斥在外的担忧，以及对于熟人之间人际关系的长远谋划压倒了经济利益上的诱惑。此

① 这条短信笔者曾在张思明的手机里亲眼所见。

外，我看到了张思明身上迸发出了一丝“公民精神”的萌芽。他感觉到了带领村民维权既是要向企业“讨个说法”，维护自身的合法权利，也是自己应当承担的责任。

铅中毒事情发生前，张思明在企业南端不到100米处开设了一家水上饭店，靠提供实惠、量多的农家饭菜而生意兴隆。自从村民发现了污染之后，水上饭店的生意日渐冷清，而张思明为了向企业“讨个说法”，也无心再考虑如何扭转这种状况。在拒绝了企业的收买之后，张思明估计企业可能怀恨在心并且做出一些对自己不利的事情，于是提前为自己买好了48万元的身价保险，并在N村广而告之，颇有点破釜沉舟的意味。他原想，就算企业将自己谋害，48万的理赔金也足够养活他们一家人。令他万万没有想到的是，2009年春天，灾难没有落在他身上，而是落在了他4岁的孩子身上。

张思明回忆当时发生的情况时这样描述：

> 3月20日早上8点多，我起床后去附近的小店买香烟。出门前，孩子已经醒了，但还赖着不肯起床，老婆催儿子穿衣服。孩子起床后，她到厨房炒菜。孩子像往常一样，骑着扭扭车上岸边玩耍。8点50分不到，老婆突然慌张跑来问：“小孩呢？”我立即赶回饭店，发现扭扭车漂在甲板边，孩子仰面漂浮在甲板另一头。老婆跳下水，一把将孩子抱上岸，我随即进行了人工呼吸。邻居帮忙拨了110和120。由于发现得太晚，孩子入院后不久就被宣布脑死亡，并于当晚7点多停止了心跳。（2009年7月4日，张思明访谈）

孩子发生意外的时间、现场出现的陌生男子的模糊脚印、企业负责人在医院宣布治疗无效后的半小时内即从苏州发来安慰短信等等，诸种事实均使张思明怀疑此乃有人故意谋害，但介入的警方宣称，仅凭一个模糊的脚印就断定谋杀证据不足。张思明拒绝了警方解剖尸体的要求，因为他坚信解剖的结果肯定还是“溺水死亡”。

幼子的离奇身亡使张思明肝肠寸断。他很快卖掉了船只，离开了村庄和那条伤心河，在 P 市租了一间门面房惨淡经营内衣和鞋帽生意。一年后因成本与收益的严重失衡将店铺亏本转让给他人，从此为生计四处奔忙。

我们可以将张思明与华南 P 县环境集团诉讼案件中的章金山[①]做一对比。事情发生前，章金山在村里开设私人诊所，生意很好，并因此在城关盖了一座令人羡慕的两层小楼。化工厂的污染导致村里生怪病的人越来越多，他的诊所因此更加红火。事情发生后，章金山赖以生存的诊所被地方政府取缔。他在"地球村""绿色家园"等环保组织的帮助下成立了一个环境 NGO，取名叫"P 县绿色之家"。章金山将自己的角色定位为农民维权专业人士，他的视野扩大到法制宣传，培养农民的法律意识，保护自然生态环境，为此发起抵抗政府建立火葬场、垃圾厂、公墓等活动，帮助农民维权等。

张思明和章金山可以说代表了农民维权精英的两种不同结局：一是落魄。维权过程耗费了许多资财，也牵扯了众多时间和精力，原本安定、红火的日子经维权事件的冲击变得动荡和窘迫。二是转型。利用维权经验和维权过程所产生的广泛影响力走上专业化的济世之路。但无论是哪种结局，维权精英都没有被体制所收编。

"收编"是美国学者塞尔兹尼克（P. Selznick）在其对田纳西河谷管理局的经典研究中提出的一个概念。塞氏认为，一个组织可以通过为民众中的一些关键人物提供政治参与，或者通过对这些领袖提供行政职位的方式消解某个社区的敌视或抵制态度。田纳西河谷管理局就是通过这种方式渗透到一个封闭的、紧密联结的农村社区中。塞氏认为，收编可以实现两种功能：政治功能

---

① 详细内容参见黄家亮《通过集团诉讼的环境维权：多重困境与行动逻辑——基于华南 P 县一起环境诉讼案件的分析》，载于黄宗智主编《中国乡村研究》第 6 辑，福建教育出版社，2008。

(political function)——捍卫合法性；行政功能（administrative function）——建立可靠的交流和疏通渠道。[1]

在塞氏的概念基础上，墨弗瑞（D. W. Murphree）提出，“收编”有三个组成部分：①导引（channeling）——将反对势力导入一个有组织的、权力集中的实体；②包容/参与（inclusion/participation）——如果敌对方感到他们被纳入了决策过程，感到他们是决策参与者的话，即使他们的建议对最终结果影响不大，他们也会放弃敌对立场；③显著度控制（salience control）——使某个群体或组织觉得他们所关注的一些重要问题已经得到了充分表达，不需要再列入未获解决的问题的前列，通过这种方式使这些问题的显著度降低。人们对某个问题越是关注，就越会投身其中使问题获得解决。显著度控制得越好，收编越可能成功。[2]

在美国，为了解决废物排放所引发的环境冲突问题，很多州都以立法的形式规定，废物处理企业的选址过程必须包括与当地居民协商或调解的环节。在协商的过程中，企业因为在信息、经验、技术、财政等方面占有优势因而可能对谈判对象加以操控或施以不适当的影响。尽管如此，如果惹恼了民众，企业的项目是无法实施的。墨弗瑞所研究的得克萨斯州的代顿（Dayton）个案即是典型代表。这是企业不惜花重大代价收编民众领袖的重要原因。由此可见，能否被权力集团选中成为收编对象是有条件的。

第一，所代表的群体拥有一定的权力，这种权力有可能使收编集团的目标与利益受到威胁。潜在威胁的可能性越大，收编越可能发生。

第二，在所代表的群体中拥有领袖的地位或者享有很高的威

① Selznick, Philip, 1948. “Foundations of the theory of organization”, *American Sociological Review*, Vol. 13 No. 1, pp. 25 – 35.

② Murphree, David W., 1996. “Toxic waste siting and community resistance: How cooptation of local citizen opposition failed”, *Sociological Perspectives*, Vol. 39, No. 4, pp. 447 – 463.

望，只有这样才值得权力占优势的集团收编。通过授予反对精英某种“表面权力”可以破坏反对团体的领导结构和权力基础。

第三，支配方要有一套将对抗者纳入决策或参与进程的制度化渠道，不管对方的意见或参与对最终的决策结果有没有作用，这些渠道都要让对方感觉到他们被包容进了决策进程。

第四，利益受损一方的民众要对他们的领袖有足够的信任，相信他们被收编后能够维护他们的利益。如果民众认为领袖背叛了他们的利益，收编就不能起到平息不满和对抗的作用。

如果参照这些条件，我们就能理解为什么中国草根环境抗争的代表难以被体制收编了。本书以 N 村事件为个案，对这一问题做一回答。

首先，N 村村民对企业利益并不能构成有威胁性的压力。CX 企业是 P 市政府招商引资的重要成果，在政府的大力支持下，企业不需要通过收编农民精英的方式打入农村社区。另外，从企业选址、项目建设到企业征地与扩建，村民的意见与力量基本上被忽略。既然村民被看成是完全不值得一虑的“草民”，企业集团就没有收编村民精英的动力了。

其次，张思明虽然在法律知识和法律维权意识方面比一般村民强很多，在经济实力方面也比一般村民占据优势，因此，在整个事件过程中是其他村民的智力库，也能对村民进行一些经济上的帮助，如每次维权归来，张思明大多会请参与者在自家饭店吃饭，但是，张思明在村里并非一个举足轻重的人物。如果他像华西村的吴仁宝一样在当地社区具有克里斯玛型魅力，政企集团也许就会考虑将他收编。换言之，张思明还不具备被收编的资格。

再次，我国目前缺乏一套完善的公众环境参与的制度化渠道。现有的环境参与的法律规定，如环境影响评价公众听证制度等，要么被完全忽略，要么徒具形式。在这种情况下，收编农民维权代表的结构性条件不足，收编渠道不畅，维权代表更难以获得决策包容的感觉，他们很可能会在“熟人社会”的约束下拒绝被收编。

最后，由于缺乏名正言顺地通过参与而影响决策的渠道，村民对维权代表进入体制之后是否会始终维护他们的利益信心不足。一旦村民不再相信他们的代表，收编这些代表的意义也就大大降低了。

三　组织在维权行动中是否必要？

德国古典社会学家米歇尔斯曾明确提出，组织是“形成集体意志的唯一途径”，任何阶级一旦“公开提出某种明确要求，并渴望实现与本阶级经济地位相一致的一整套理想目标，它就需要建立组织”。“组织是大众进行政治斗争必不可少的条件”。另外，组织是“弱者对抗强者的武器”。社会弱势群体的地位和影响与他们的人数成正比，而众多的人数只有在结构上联合起来才能获得政治上的抵抗能力。① 这些观点常常被引申到社会运动领域，认为组织是社会运动所必需的。

米歇尔斯的这一观点受到了一些学者的反驳，如布雷尼斯（W. Breines）指出，与“穷人运动”相似的是，20 世纪 60 年代美国的新左派与学生运动也采取了扰乱性行动（disruption）或直接行动方式，如游行示威、宣讲、静坐等。新左派意识到，组织在运作过程中很可能由手段变成目的，与组织相伴随的寡头化、精英主义、官僚政治、僵化与保守等与他们所提倡的“后喻政治”（prefigurative politics）和“参与民主”背道而驰，因此，新左派在大多数情况下表现出了反组织的姿态。这种姿态与美国 60 年代到处出现反战运动的历史背景有很大关系，因此，如果社会运动具有自发性，集中在地区层面而目标又是非经济的，也许作

---

① 〔德〕罗伯特·米歇尔斯：《寡头统治铁律——现代民主制度中的政党社会学》，任军锋等译，天津人民出版社，2003，第 18 ~ 19 页。

为一种策略性手段的组织就不是非要不可的。①

其实，米歇尔斯并没有强调组织对于社会运动的必需性，只是说组织可以成为社会运动的一种重要手段。也许西方国家的社会运动更多地带有政治诉求的色彩，所以，米歇尔斯对于组织在政治斗争中的必要性强调才被挪移到社会运动领域。与西方相比，中国社会的“群体性利益表达行动”极少带有政治与意识形态色彩，因此，组织在运动中也不一定是必需的。应星在讨论中国农民的利益诉求问题时说，在群体利益的受损已经相当明显且普遍的时候，群体行动往往是自发动员，不需要草根行动者的组织工作。草根行动者出现之后，群体行动的组织化程度会大大提高，但草根精英考虑的因素主要是自身的安全困境、“踩线不越线”的行动策略的高度危险性，以及对跳跃性的农民政治行动的控制。另外，对群体行动进行精心组织与为了维权而成立一个组织不是一码事：“尽管大部分草根行动者实际上必须通过某种组织化的活动才能有效地控制群体行动的局势，但他们都不愿意以一个正式或非正式的组织名称来发号施令。”②

应星在他对大河移民上访的研究中谈到了组织的“合法性困境”的另一个原因，即集体上访中出现的自发组织有变质或“被别有居心的人利用”的危险。“在国家看来，既然中央与群众之间都常常被国家建立起的各级党政组织所滋生出来的官僚主义所阻隔，那么，农民自己建立起来的上访组织或推举出来的上访代表当然就更有可能把农民引到歧路上去。”③ 这就是说，国家禁止农民以成立组织的方法维权并不是说组织本身不好，而是因为组织有可能在运作过程中变质而成为扰乱社会秩序的工具。既然于

① Breines, W., 1980. “Community and organization: The new left and Michels' ‘Iron Law’”, *Social Problems*, Vol. 27, No. 4, pp. 419 - 429.

② 应星：《草根动员与农民群体利益的表达机制——四个个案的比较研究》，《社会学研究》2007年第2期，第18页。

③ 应星：《大河移民上访的故事》，生活·读书·新知三联书店，2001，第315~316页。

建嵘所说的“农民有组织抗争”仅仅局限于部分地区，而多数地区的农民都小心翼翼地避开组织这一敏感区域，那么，从总体来看，中国农民的维权与抗争行动可以为组织与社会运动之间的必然关联提供反面佐证（与本书第四章讨论的内容不同的是，这里的组织侧重于实体，而不是行动）。

第七章　农村环境冲突的防范与治理

关于如何治理环境冲突问题，国内学者提出了不少建议，其主要思路有面向政府的，如于建嵘认为，改变地方政府的环境政策是预防和制止发生环境污染冲突的关键所在，因为，从根源上看，政府职能缺位和错位应对环境污染冲突及发生的后果承担责任;[①] 有面向公众的，如杨仁泰提出，信息公开、让公众充分参与环境法律法规的制定和执行过程可以化解环境冲突;[②] 还有一些激情化的建议，如对不怕环保监察和污染处罚的企业要反复督察、穷追不舍；要动用新闻媒体的力量加强舆论监督；要提高群众环境维权意识，使他们打消害怕受到打击报复的顾虑，挺起腰杆与环境污染行为做斗争；等等。[③] 这些建议的缺陷在于，第一，它们只能针对污染“妄为”和环保“不为”，没有触及环保“不能”。盛产芒硝的苏北 B 镇副镇长曹俊成曾向笔者说了这样一段话：

> 应该说，绝大部分企业对于污染问题从内心来说并不愿意发生，他们也知道发生污染对于企业和群众关系，企业的名誉等都有不利影响，但由于工艺水平的相对落后，污染防治成本高昂等原因企业污染既很难避免也较难治理。

其实，不仅是企业，政府从内心深处同样不愿意看到原先山

① 于建嵘：《当前农村环境污染冲突的主要特征及对策》，《世界环境》2008 年第 1 期。

② 杨仁泰：《信息公开化解环境冲突》，《绿叶》2005 年第 12 期。

③ 武卫政：《环境维权亟待走出困境》，《人民日报》2008 年 1 月 22 日，第 5 版。

清水秀的环境变成毒烟袅袅、污水滔滔。同样，政府与企业也不希望自己陷入与污染受害者之间的复杂纠纷。因此，企业污染以及地方政府的纵容背后还有更复杂的原因。第二，只是局限于单个阶段的治理，忽略了环境冲突形成的整体性和复杂性。环境冲突从出现之前的积聚酝酿，到出现之后的解决，再到事件的善后，每一个环节都应有恰当的防范和处理措施，只有这样，才能将环境问题所引发的社会风险降至最低。为此，本章提出如图7－1所示的治理框架。

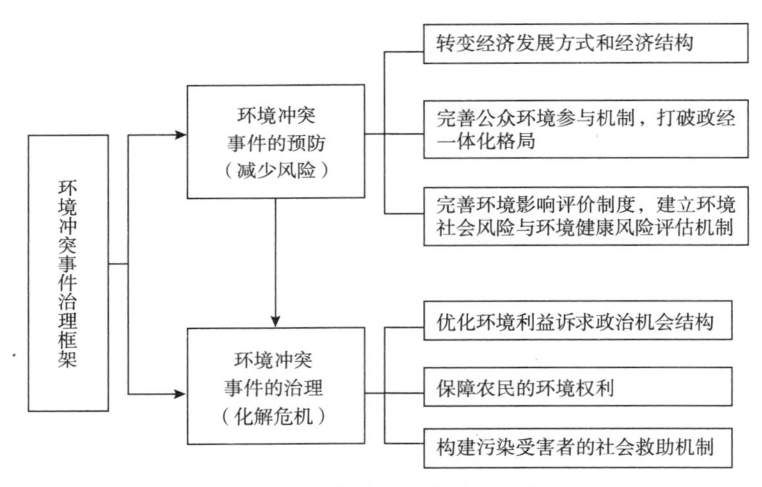

图7－1　环境冲突事件的治理框架

第一节　环境冲突事件的风险预防

一　转变经济发展方式与经济结构，尽快走向生态现代化

污染的治理必须在寻找到致污原因的基础上对症下药。如前所述，环境污染是工业化过程的必然产物，因此，解决环境问题的根本路径在于尽快完成工业化的过程。降低经济结构对工业化特别是

重化工业、高耗能高污染产业的依赖，这是减少环境污染和环境冲突的根本性措施。环境冲突少了，环境维权事件自然也不会很多。

由于工业化过程不能一蹴而就，即使工业化完成，社会发展还是离不开经济增长，还是要消耗资源和能源并有可能带来环境破坏，因此，无论何时，人类都需要处理好经济增长与环境保护之间的关系。

30多年前，美国学者施奈伯格在一篇论文中曾讨论过“社会与环境的辩证关系”（societal - environmental dialectic），即经济增长是一种社会需要，但经济扩张必然导致生态破坏，生态破坏必然为以后的经济扩张设下潜在的限制。由此产生了这样一个问题：

> 经济扩张到何种程度导致生态被破坏到何种程度才是可接受的？换言之，经济扩张受到何种程度的抑制以求得何种程度的生态保护才是可接受的？

这是经济发展与生态保护之间的平衡问题，对二者的综合可以得出以下三种合题：

（1）经济合题（economic synthesis）：最大限度追求经济增长，很少或不考虑改善由此带来的环境问题；

（2）有计划匮乏合题（planned scarcity synthesis）：维持适度经济扩张的同时，处理某些最严重的环境问题；

（3）生态合题（ecological synthesis）：通过严格限制或放慢经济扩张，仅仅利用可再生资源维持生产与消费。

发达国家的现代化过程开始于经济合题。到20世纪60年代，美国和其他工业发达国家的绝大部分环境规制都处于“有计划匮乏合题”阶段。①

① 详见Schnaiberg, Allan, 1975. “Social syntheses of the societal - environmental dialectic: the role of distributional impacts”, *Social Science Quarterly*, Vol. 56, No. 1, pp. 5 - 20。

斯耐伯格不仅指出了环境污染的根源在于“经济合题”，而且指出了解决环境问题的根本途径在于“生态合题”，这与稍后出现的“生态现代化”理论是一致的。一般认为，生态现代化理论由德国学者约瑟夫·胡伯（Joseph Huber）和马汀·雅尼克（Martin Jänicke）于20世纪80年代初创立，他们与盖尔特·斯帕尔戈林（Gert Spaargaren）、亚瑟·摩尔（Ather J. Mol）和马腾·哈杰（Maarten Hajer）等人从社会学视角提出，解决生态危机的必由之路是工业社会的转型。还有一些学者如乌多·西蒙尼斯（Udo Simonis）、阿尔伯特·威尔（Albert Weale）、马可·安德森（Mikael S. Andersen）等人则从政治学角度将生态现代化当作一种“政治规划策略”加以界定，使之成为西欧环境政治实践的新议程。①

生态现代化理论认为生态危机可以通过修正态度、法律、政策、企业行为和个人生活方式来解决，不需要进行根本性的结构变革。斯帕尔戈林和摩尔研究了荷兰的化学产业（生产的生态现代化的典型例证）时发现，污染企业在遭遇到消费者的环境压力之后，立即采取绿色措施，包括引进环保技术、制定新的环保制度等等。这样一来，我们不需要抛弃化学产业、不需要抛弃“化学化”的生活方式、不需要抛弃现代性的社会制度。因此，生态现代化与“生产永动机”的资本主义生产方式并不矛盾，只是要用新技术对资本主义生产过程进行大规模重构就可以解决经济发展与环境污染之间的内在紧张。

生态现代化理论着重强调以下几点。

第一，强调科技在生态转化过程中的作用，如雅尼克认为，生态现代化即是通过技术创新使环境问题的解决从补救性策略向预防性策略转化的过程。风险社会理论将技术当作造成生态危机

① 黄英娜、叶平：《20世纪末西方生态现代化思想述评》，《国外社会科学》2001年第4期。

的罪魁祸首，因此对技术在解决生态问题方面的作用持怀疑态度；生态现代化理论则指出，科技是实现生态改革的关键。如亚瑟·摩尔呼吁，必须在“反思现代性”的基础上改变技术的发展方向，要开发先进的环境技术，使生产过程和产品更加适应环境，同时促使已不能满足生态需求的大型技术系统精简和规模压缩。

第二，强调企业的环境责任，尽可能树立“防止污染会有回报”的理念。企业要改变“环保只会增加成本”的传统意识，尽可能树立“防止污染会有回报”的理念。只有充分认识到生态现代化的重要性，企业在发展策略的每一个阶段才会认真考虑企业的生产所带来的环境影响。沃德（Wood）曾经将企业的产品周期分成五个阶段，生态现代化理论强调在每个阶段，企业都应该采用新的行为方式：原材料供应阶段，当企业对供应商采取新策略时，可能对环保起巨大作用，如美国联合利华用豆油和棕榈油代替鱼油进行生产（鱼油供货商用小鱼生产鱼油，这些小鱼是其他鱼类和水鸟的食物来源），这对维持鱼类资源的长期储量有重要意义；生产阶段，企业如果重视生态效率，会不断研发清洁技术，不断更新生产程序，以消除环境危害；销售阶段，销售商如果购买无有机污染、无氨、无氟技术的设备，或者承担进货、送货过程中的包装处理责任，会对生产阶段产生影响；消费阶段，企业应努力去影响购买者对其产品的使用方式，如化工企业指导农民正确使用化肥、杀虫剂减少农民对农业的污染；消费后阶段，企业应渐渐承担起处理其产品消费后剩下的废弃物的责任，实现废弃物循环利用。

第三，强调政府在环保方面的作用。如政府在政策决策时要促进“低废”“无废”技术的开发，以“预防性”技术投资代替“末端治理”技术投资；要引入“多价值考评”观念，即衡量企业成功与否不仅仅看它赚了多少钱，而且看它的能源与资源的利用率；要制定政策，使企业的外部成本内部化。这样一来，就可以对企业构成一种直接的约束力，使企业意识到：如果它不能对环境有所贡献，那么，它也没有资格从环境中获益。

第四，强调政策制定过程中的公众参与。政府在环境管理中的作用虽然不可或缺，但要防止自己成为环境利维坦（Environmental Leviathan）：政府要尽量把自己制定环境政策的任务降低到最低限度，尽可能发挥市场与社会的作用。在这方面，哈杰有两个重要概念：一是“技术—组合主义”生态现代化，即政府、商人、环境改革主义者、科学家多方组合，形成政策制定中心；二是“反省式”生态现代化——不是以技术作为决策参考的权威，而是吸纳公众意见来决定行动路径。这里的“反省”不是贝克的“自反性”（自我对抗、自我否定）含义，而是一种“在反思基础上改进”的含义。哈杰是要在“技术—组合主义”生态现代化基础上再引入公众意见。[①]

从“生态现代化”理论的宣称可以看出，它与风险社会理论在应对环境危机方面走了两条不同的道路。风险社会理论从现代性的悖论中寻找环境危机的根源，而生态现代化理论则从治理的角度对环境危机做出回应。生态现代化理论已经成为“一个重要的‘透镜’，通过这种‘透镜’，可以看到工业社会中正在变化的经济—生态关系”。[②]

走向生态现代化不一定一帆风顺，政策的错误选择可能导致社会的发展方向发生偏离。美国学者科恩（M. J Cohen）在其综合“生态现代化”理论与“风险社会”理论的模型中指出了这种复杂性。科恩的模型如图 7－2 所示。

从前现代社会向现代社会，再向生态现代化社会过渡，这是

① 参阅郭熙保、杨开泰《生态现代化理论评述》，《教学与研究》2006 年第 4 期；黄英娜、叶平：《20 世纪末西方生态现代化思想述评》，《国外社会科学》2001 年第 4 期。

② 〔加〕约翰·汉尼根：《环境社会学》，洪大用等译，中国人民大学出版社，2009，第 29 页。

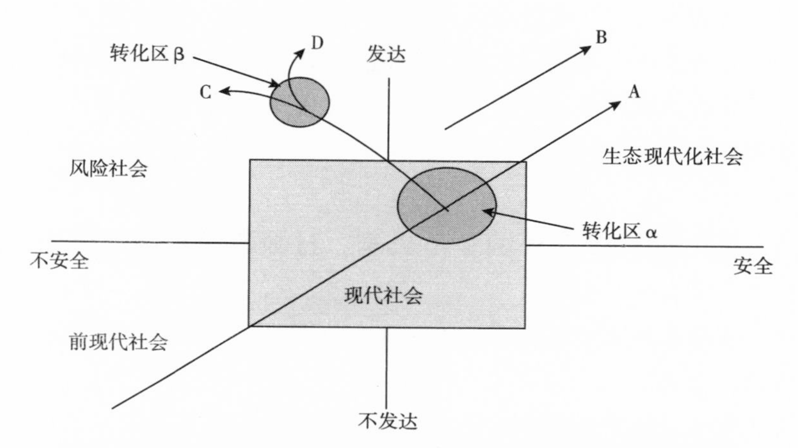

图 7－2　科恩对于“生态现代化理论”和“风险社会理论”的整合

发展趋势，但历史发展不是沿直线前进（图中的路径 A）。

左下象限：不安全且不发达的前现代社会发展到一定阶段会进入不安全且不发达的现代社会（有些现代社会是安全的，即右下象限区域）。

右上象限：当现代社会变得发达了之后，会经历一个转化区域（α），如果经济发展方式及配套的行政管理方式与现代社会发生断裂，即不再沿用现代社会的思路，就会沿着路径 B 发展，从而顺利地走向发达且安全的生态现代化社会。

左上象限：如果在转化区域的时段内不能实现断裂，继续沿用现代社会的思路，就会转向发达但不安全的风险社会。当然，在迈向风险社会之后，有些国家迷途知返，认识到了风险社会的危害，因而调整了经济与政治发展思路，还是可以重新回归生态现代化社会（路径 D）；如果继续沿着以往的思路发展（路径 C），则不安全的因素会越来越大。越发达则越不安全。①

① 详细阐述参见 Cohen，Maurie J.，1997. “Risk society and ecological modernisation：Alternative visions for post－industiral nations”，*Futures*，Vol. 29，No. 2，pp. 105－119。

生态现代化理论是根据发达国家的实践做出的总结，对发展中国家也许不一定完全适合，但毕竟指出了人类努力的方向，其中所蕴含的调整经济增长与生态保护之间关系的理念对每一个国家都有重要意义。

二 完善公众环境参与机制，打破政经一体化格局

目前，培育多元治理主体的现实依据已经具备，表现在以下方面。

第一，社会主旋律的变化。有学者提出，改革开放之初，我国推动社会进步发展的动力源在中央上层，社会的主旋律是“改革”；1992 年之后，动力源主要在于中层精英，即各地区、各部门、各单位的领导和精英、“能人”，社会的主旋律是“发展”；2003 年以来，社会的主旋律变成“共享”，动力源已经蕴藏在下层民众之中。在这样的背景下，不可能将公众排斥在治理主体之外。[①]

第二，环境事故频频发生，牵扯到的受害者数量众多，已经不允许政府作为唯一的治理行动主体。以 2005 年松花江污染为例，大量苯类污染物流入松花江后，给沿岸群众的生活和经济发展带来严重影响，拥有 300 多万城区人口的特大城市哈尔滨连续四天全城停水。如此大规模、长时间停水，不仅在哈尔滨历史上是第一次，而且在全国大城市中也属罕见。突发公共事件的“常态化”引起了学术界的呼吁：应对突发事件要带着战略性思维，面向“战略性治理”。[②]

第三，中国经过多年的经济高速发展，民众在满足了物质需

---

① 童星、张海波等著《中国应急管理：理论、实践、政策》，电子版，第 274 页。

② 张海波、童星：《战略性治理：应对突发事件的新思维》，《天府新论》2009 年第 6 期。

求之后，在安全、民主、参与、平等、正义、生活质量等方面提出了新的要求。作为对这些要求的回应，在经济增长中获得很大自信的政府开始提出社会管理和社会创新的思想，这一姿态为社会力量参与治理提供了契机。

40 多年前，美国学者沙莉·安斯婷（Sherry Arnstein）曾建构了一个公民参与政府决策的阶梯。如图 7－3 所示，阶梯的底层是操控或收编性质的“非参与”（manipulative or cooptive “non-participation”）；中间层代表“象征性参与”（“token” participation），自下而上分别由“告知”（informing）、“咨询”（consultation）和“安抚”（placation）三级构成；阶梯的上部则由“伙伴关系”（partnership）、“受委托的权力”（delegated power）和“公民控制”（citizen control）三层构成，下、中、上三层分别代表着不同程度的公民权力。[①]

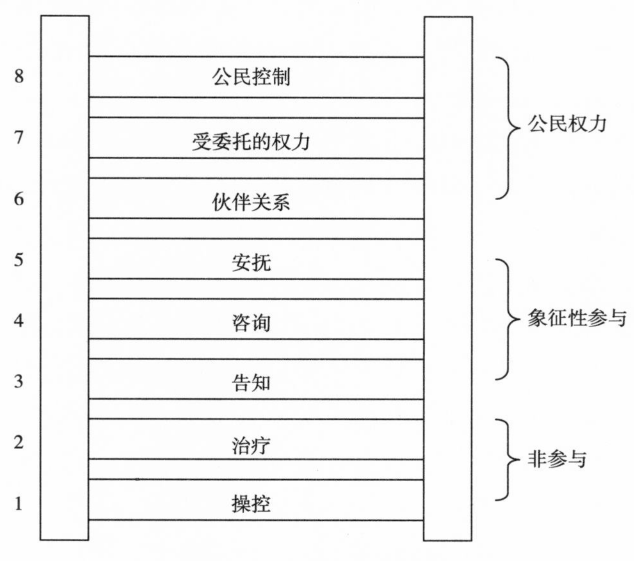

图 7－3　公民参与的阶梯

① Arnstein, Sherry R. 1969. “A ladder of citizen participation”, *Journal of the American Institute of Planners*, Vol. 25, pp. 216－224.

当安斯婷提出公民参与阶梯理论时，美国人也不相信阶梯上层的三种地位关系会实现。但到了 20 世纪 90 年代，美国很多社区的民众发现，他们与企业、政府之间竟然已经形成了平等的伙伴关系，他们参与了有关社区空气、水源的政策的制定，项目的确立，以及其他各种决策。①

中国基层民众在环境参与问题上目前至多处于“象征性参与”层面，离真正握有“公民权力”，形成与企业和政府之间的伙伴关系还很遥远，但如果政府和民众都以积极的姿态对待这一问题，在未来的某个时刻，这种局面的形成也不是没有可能。从民众的角度看，公众决策参与的进步过程往往伴随着利益受损民众的不断抗争。以美国密苏里州堪萨斯市高速公路的建造为例，1951 年最初规划时主要体现了权力阶层的意愿，经过沿高速公路两岸城市社区居民，特别是黑人社区民众的抗争，到 80 年代，公路的设计与建造者不得不对原先的方案进行修改，连公路的名称都以一个一直反对该公路建造的非裔城市议员的名字来命名。“现在已经不像 20 世纪 40 和 50 年代那样，高速公路的建造者、工程师，以及堪萨斯市的领导人与计划制订者要面对一个由城市社区与公民权组织结成的有威胁性的、不肯妥协的联盟。这一联盟拥有新的法律工具、统一的组织基础和深邃的论点，以挑战不受欢迎的城市再开发事业。”80 年代的权力精英再也不能随心所欲地单方面决策而没有公民参与。② 从政府角度考虑，既不能使公众参与总是流于形式，更不能将公众参与变成一个“假事件”和实现自己某种目的的工具。

---

① Wondolleck, Julia M., N. J. Manring and J. E. Crowfoot. 1996. “Teetering at the top of the ladder: The experience of citizen group participants in alternative dispute resolution processes”, *Sociological Perspectives*, Vol. 39, No. 2, pp. 249 - 262.

② Gotham, Kevin Fox, 1999. “Political opportunity, community identity, and the emergence of a local anti - expressway movement”, *Social Problems*, Vol. 46, No. 3, pp. 332 - 354, 348.

（一）消除导致公众“非参与”的诱因

“非参与”主要由两种因素导致：一是因为主观上不为，即不愿意参与；二是客观上不能，即无法参与。这种情况既可能因为公众环境参与缺乏有效的制度化渠道，也有可能是因为地方政府和污染企业故意将现有的参与渠道堵塞。为了避免“非参与”，可以采取以下措施。

首先，通过媒体、环境民间组织以及各种教育培训机构对公众进行环境教育，努力提高人们的环境意识和公民意识，只有让民众认为保护环境是自己应尽的责任时，民众才会积极主动地进行环境参与，即使有所付出，也在所不惜。

其次，培育民众环境参与的组织，通过利益的聚合来激发民众环境参与的动机。民众之所以不愿意环境参与，除了环境意识和公民意识薄弱之外，另外一个重要原因是环境参与要耗费大量时间、金钱等资源成本，从中获得的利益又非常微小。解决这一问题的最好方法就是让分散的公众组织起来。童星和张海波在论述环境灾害管理和决策中的公众参与问题时指出，对分散的利益加以组织化，可以在很大程度上缓和参与中利益代表结构的失衡，因为“一旦分散的利益通过动员和组织而聚合起来，那么，原来一个个分散的、微小的利益就变成在总量上巨大的利益。巨大的利益意味着强烈的参与动机，驱动主体采取实质性的参与行动”①。由于文化和历史传统的差异，中国人不像美国人那样，“不论年龄多大，不论处于什么地位，不论志趣是什么，无不时时在组织社团”②。并不是中国人不擅长运用结社权，而是因为结社权受到政治的严格限制。因此，民众环境参与组织的发展需要

① 童星、张海波等著《中国应急管理：理论、实践、政策》，电子版，第338页。

② 〔法〕亚力克西·德·托克维尔：《论美国的民主》（下），董果良译，商务印书馆，1988，第635～636页。

政府在政策上予以放宽。

再次，畅通公众环境参与的渠道，如12369环保热线、环保部门的投诉信箱、参加环境影响评价的公众听证会等。这些渠道在很多地方由于政府的故意忽略甚至阻塞而没有发挥应有的作用。2009年，中央电视台记者在福建省环境采访时曾以当地居民身份拨打环保投诉热线，向福州市环保局反映福清市江阴镇化工园区的严重污染问题，结果没有得到任何回应。再比如，地方公权部门可以不组织听证会，或者对公众意见不给予合理答复等。为此，一方面需要确保现有的环境参与渠道的有效性，对于拖延回应甚至不执行国家法律的相关责任人必须严格问责；另一方面，政府要探索让公众参与的新渠道，比如可以为公众环境参与提供舆论条件，允许民间环保组织创设自己的媒体，扩大公众参与的社会影响力。

（二）减少公众参与的象征性特征，增加参与的实质性内容

在“告知”“咨询”“安抚”层面上，公众全部处于被动状态。至于被告知什么、告知多少、咨询哪些内容、怎样咨询、意见能否被采纳、对哪些人做安抚、做怎样的安抚等，都是由地方公权部门决定的。地方政府为了自身利益，很多情况下在公众参与方面只是做做样子。

为了改变这一现状，必须在法律上对“告知”和“咨询”做出细致的规定，将环境信息公开、环境决策咨询等制度化、法律化，确保公众完整的环境信息知情权和环境决策建议权。另外，在地方公权部门之外培育第三方监督力量和环境信息传递渠道。可以放宽对媒体的监控力度，放宽对民间环保组织和研究团体成立的限制，在人事安排、活动决策、资源配置等方面给予民间环保组织一定的扶持。可以尝试建立环境保护定期问卷调查制度，由第三方力量每年向公众发放环保问卷，了解公众对政府环境决

策与监管、环境执法与信息公开方面的要求和意见。这种做法既可以搜集民意，为政府工作帮忙，也可以对环保部门的工作起到测评和监督的作用。

（三）扩大公众参与范围，努力推进政府—企业—民众三方合作伙伴关系

公众参与不仅仅体现在环境知情、咨询、监督等方面，还要朝环境决策、环境执法和法律救济方向深化。环境决策参与，指公众参与国家权力机关制定、修改、废除影响环境质量的法律法规、管理政策、技术规范和措施，鉴定那些规定公共环境目标和价值的活动和过程；环境执法参与，指参与到环境法律法规和政策的执行和贯彻活动中，执法参与可以确保公众决策的落实；法律救济参与，指公众对于违反环保法律法规和政策，致使环境受到损害或可能受到损害的行为，通过法律途径使环境得到恢复或免遭破坏。目前，我国环境决策由政府主导，在参与环境法律救济方面仅规定个人权利受到侵犯时可以通过诉讼救济，没有规定公益诉讼制度。这种不全面的参与，可能最终导致参与的“空化”，使公众参与的积极性和主动性受到打击。[①]

长期以来，政府—企业—民众三方之所以不能建立良好的伙伴关系，民众的意见之所以能被地方政府和企业轻易忽略，是因为民众处于原子化状态，力量太分散，而聚集民众力量的最好方法是允许民众组织起来。洪大用曾举过一个简单的例子来说明这个问题：如何解决一家化工厂排放污水和废气污染了当地居民的生活环境问题？通过国家直接投资治理要受制于国家的财力，同时受到国家采取措施的动机的影响；通过国家监督企业治理会增加国家监控成本，并且牵扯到国家与企业的关系；通过制度创新

① 详细内容参见饶世权《环境保护的公众参与制度研究》，《资源与人居环境》2007 年第 8 期。

使外部成本内部化要受到企业内部的技术和资金等条件的影响，还牵涉到企业治污的意愿。总之，这三种方案都有问题。但是，假如把当地的居民组织起来，形成与企业平等的对话实体，通过双方的互动、博弈，最终会形成对双方都有利的解决方案，使总体效益最大化。[①]

三　完善环境影响评价制度，建立环境社会风险与健康风险评估机制

（一）完善环境影响评价制度

现行的环境风险评价体制与运行存在很多问题，主要包括：

第一，允许环境影响“后评价”，即项目在建设和运行之后补办环评手续。“先上车，后买票”的做法在《中华人民共和国环境影响评价法》（以下简称《环评法》）第二十四条和第二十九条规定中获得依据。

第二，对公众参与环境影响评价的参与主体和参与方式规定不明确。《环评法》第十一条和第二十一条规定：除国家规定需要保密的情形外，对环境可能造成重大影响、应当编制环境影响报告书的规划和建设项目，规划编制机关和建设单位应当在报批规划和建设项目环境影响报告书前，举行论证会、听证会，或者采取其他形式，征求有关单位、专家和公众意见。这两条规定并没有指明由哪些公众参与听证会，这就可能导致参与听证会的公众可能不是受规划和建设项目环境影响最大的受害者。对于公众参与方式，《环评法》只在第五条中含糊地说：“国家鼓励有关单位、专家和公众以适当方式参与环境影响评价。”

第三，对违法者的处罚不够具体，对违法成本规定得过低。

① 洪大用：《社会变迁与环境问题》，首都师范大学出版社，2001，第238~239页。

在法律责任一章中，对组织环境影响评价时弄虚作假或者有失职行为，造成环境影响评价严重失实的规划编制机关的主管人和直接责任人，对未依法行事的规划审批机关主管人和直接责任人，只模糊地规定“由上级机关或者监察机关依法给予行政处分”。对于建设项目未报批环境影响评价文件即擅自开工建设，或者逾期不补办环评手续的建设单位，第三十一条仅仅规定处以五万元以上二十万元以下的罚款，并对主管人和直接责任人同样模糊地规定“依法给予行政处分”。

第四，地方专项规划和建设项目的环境影响评价报告书由地方环保部门审批（第十三条和第二十二条），地方专项规划的编制者是地方政府，建设项目往往也是地方政府招商引资得来的，而地方环保部门又受地方政府控制，这样必然导致环评被屡屡绕过或者只流于形式或者环评报告能轻易通过地方环保部门审批。

第五，受委托为企业进行环评的机构极有可能最终出具虚假的环境影响报告书。典型证据是广东工业大学环境科学与工程学院为广东河源市紫金县临江工业园区三威公司出具的环评报告书中，竟然“忽略”了需要搬迁的129户村民。[①] 之所以出现这种现象，是因为《环评法》第十九条和第二十条仅仅规定了接受委托为建设项目环评提供技术服务的机构的资质、环评机构不得与负责审批环评文件的政府环保部门存在利益关系等，没有具体规定如何防范和惩罚环评机构环评不实。

为了使环评能够有效抵制GDP的压力，本书认为可以做如下调整。

第一，严格执行环评程序，不允许“先上车，后买票”。

第二，增加企业违法成本，改变目前很多企业对环保局的罚单不屑一顾的态度，还有一些企业宁愿年复一年地缴纳罚款也不

① 付航、王凯蕾：《紫金血铅超标事件追踪：环评报告竟然“蒸发”九成村民家庭》，http：//news. hexun. com/2011 - 09 - 09/133241642. html。

愿设法降低污染的现状。

第三，对于环评听证会，为确保有效性，必须硬性规定让相关民众充分发表意见。任何开发建设项目的决策，或者环境政策法规或环境制度的出台，如果没有经过专家论证或听取公众意见，没有对公众合理意见做出答复，地方政府一律不准最后拍板。

第四，调整环评审批体制。环评的审批权限不能分散到各地的环保部门，因为这些部门隶属于引进污染企业的当地政府，势必会受到政府的掣肘。在 2011 年的“肃铅风暴”中，四川省规定，今后铅酸蓄电池项目的环境影响评价审批权限一律由省级或省级以上环保主管部门负责，各市（州）环保部门不得再审批此类项目。除了环境影响评价审批权向省级环保部门集中之外，可以考虑对环保部门实行条形管理，各地的环保部门不再受当地政府领导，而是直接隶属于上级环保部门，以此改变环保官员不敢执法和执法不力的现象。

第五，为了解决环评机构环评不实的问题，可以采取以下措施：其一，加重惩罚。如果环评机构出具虚假的《环境影响评价报告书》，并对社会造成较大危害的，应当永久取消该机构的环评资质，严格追究该机构及环评报告书签字者的刑事责任和民事赔偿责任；如果环保机构违法审批或地方政府干预环评，要加大对相关责任人的惩罚力度。只有重惩才能真正起到震慑效果。其二，加强监督。必须严格实行《环境影响评价报告书》公示制度，要求地方环保部门在审批环评报告书之前，必须在媒体上或通过其他方式公示报告书的内容，接受公众监督。其三，环评制衡。在公示期间，如果公众对环评报告书产生异议，可以采纳中山大学岳经纶的建议，即由政府委托另一家环评机构进行环评，两方意见对比，以降低单一环评风险。

（二）建立环境社会风险和环境健康风险评估机制

环境影响评价制度以及 20 世纪 90 年代之后出现的环境预审

制度主要针对项目建设所带来的环境影响，并没有涉及项目建成之后是否会引发受害民众的环境抗争并由此带来的社会动荡，也没有考虑到项目所造成的环境后果是否会给周围居民带来健康风险。我国目前在这两个方面的立法都非常欠缺。目前国内已有学者在这两个方面发出了呼吁：南京大学的童星指出，近些年来，许多地方在政策和建设项目的实施过程中，过于依赖专家话语和科技理性，不顾民众对风险的可接受性而强制推行，由此引发了大量不满；[①] 中国法学会的吕忠梅指出，国内血铅事件的频繁爆发与我国大多数项目没有做“以人群健康为中心”的环境健康风险评价有很大关系，因此，必须在建设项目的环评中引入健康风险评价方法，建立环境健康标准体系、环境健康风险的科学评价和预测预警机制、环境健康风险评价与风险预防的协调机制，以及环境健康监管的部门协调机制。[②]

重大工程建设项目的社会稳定风险评估最早由四川省遂宁市在2005年率先建立。2010年，党的十七届五中全会在《国民经济和社会发展第十二个五年规划》中对建立这一评估机制提出了明确要求。作为社会风险的一个层面，环境社会风险是指由环境污染和生态破坏所导致的社会风险，而环境污染和生态破坏不是环境自身演变的结果，而是由人类活动导致。其中的内在逻辑是：重大事项——环境影响——社会风险。环境社会风险评估可以纳入社会稳定风险评估之中，没有必要单独进行。

从纯技术层面上定义，“环境健康风险评估”指“以风险度作为评价指标，把环境污染与人体健康联系起来，定量描述污染

① 童星：《对重大政策项目开展社会稳定风险评估》，《探索与争鸣》2011年第2期。

② 吕忠梅：《根治血铅顽疾须回归法治》，《南方周末》2011年5月26日，第B9～10版。

对人体产生健康危害的风险”[1]。这一定义对于防范环境突发事件是不够的。本书从管理学层面将“环境健康风险评估”定义为：在重大环境决策或规划的出台、重大建设项目的审批和实施之前，对可能影响人民群众身心健康的因素进行调查、分析、预测和评估，制定出风险应对的策略和预案。环境健康风险评估需做好以下工作。

在法制层面上，完善环境与健康立法，加快制定环境健康标准体系。《中华人民共和国环境保护法》第一条虽然规定了“保护和改善生活环境与生态环境，防治污染和其他公害，保障人体健康”的立法目的，但在环境法律机制建构和环境制度设计中没有规定“保障人体健康”的具体内容，[2] 如没有具体规定污染损害赔偿等问题，这就导致环保部门和各级法院在处理污染健康问题时无章可循。因此，确立保障公民健康的法律依据可以使环境健康问题走向常态化管理，使政府各部门的相关工作以及民众的健康诉求获得合法性。环境健康标准体系目前尚处于空白阶段，需要在借鉴国外经验的基础上尽快制定出有中国特色的标准体系。

在体制层面上，可以单独设立处理环境健康事件的部门，从环保部门和公共卫生部门等机构中抽调人员组成。这一环境健康管理体制可以充分发挥各部门优势，如环保部门可以利用对污染源的约束手段，从源头上消除危害健康的污染因素；卫生部门可以运用专业知识确立环境健康标准等。

在机制层面上，需要建立环境健康风险的科学评价和预测预警机制；建立环境健康风险监测和预防的部门联动与协调机制；建立环境健康标准的绩效考核机制，以敦促各级政府将环境与健康工作作为工作的重点之一；建立环境健康风险

---

① 陈华：《环境健康风险评价方法探讨》，《科技资讯》2009 年第 34 期。

② 刘超：《突发环境事件应急机制的价值转向和制度重构——从血铅超标事件切入》，《湖北行政学院学报》2011 年第 4 期。

的专项基金筹措与运作机制；建立环境健康风险的信息搜集、储存、交流与反馈机制；建立突发环境健康伤害事件的应急机制等。

第二节　环境冲突事件的治理

一　完善环境利益诉求的政治机会结构

陈映芳在研究城市贫困居民的利益诉求时将他们的利益表达渠道分为六大类。

表 7－1　城市贫困居民的利益表达渠道

执政党	政府行政	职能部门	单位企业	各种团体	其　他
基层党组织	居委会	物业	单位行政领导	民主党派	律师
区委	街道	开发商	企业上司	工、青、妇组织	政法部门
市委	区政府		单位企业的上级部门	人大代表	新闻媒体
	市政府	工商税务		政协委员	援助机构
		劳动部门			
		社保机构			

资料来源：选自陈映芳《贫困群体利益表达渠道调查》，《战略与管理》2003 年第 6 期。

陈映芳的研究结论是，居委会（其次为街道）是贫困群体最主要的利益表达渠道。在贫困群体中间，普遍存在着对体制内利益表达渠道的“不利用”“表达无门”以及“表达无用”的现象。这种状况表明，中国政体虽然提供了很多利益表达的渠道，但绝大部分没有发挥效能，这样的利益诉求政治机会结构很不完善。

环境利益诉求与一般性的利益诉求不一样，找居委会、街道、村委会等不会有任何实质性效果。农民环境利益诉求比较重要的制度化渠道大体可以归纳为三个方面：一是涉及党委和政府的信访和上访；二是涉及律师、法律援助机构和法院的诉讼；三是涉及专家学者、知识分子、新闻媒体、各类环保组织和社会团体的外援。这三个方面的政治机会目前都存在严重缺陷。就信访渠道而言，信访部门权力低微，解决问题的能力很弱，主要工作是登记、转送和协调信访事宜，再加上“属地管理、分级负责”的信访工作原则，导致上访者绕了一圈往往又回到了原点，信访事件的解决者还是信访事件的制造者。另外，事情长期得不到解决导致民众不停地越级上访，最终出现于建嵘指出的各种矛盾都朝中央汇聚，而中央信访机构同样无法解决问题，这会造成中央政府在民众心目中威信的降低从而导致合法性危机。就诉讼渠道而言，缺陷在于，第一，诉讼成本高昂，不仅花时间、钱财，而且对法律知识、诉讼技巧和人际关系的要求很高，特别是环境诉讼，对污染及其与健康伤害之间的关联的举证非常困难，处于原子化状态的农民根本不可能与经济资源和社会资本都很丰富的污染企业抗衡。第二，司法系统的不独立，因此难以做到司法公正。法院法官受地方政府领导，因此，只要在政府找到后台，就可以通过行政压迫司法，使其不去维护污染受害者的权益。第三，中国社会的运作逻辑是情—理—法，与情、理相比，法不占优势。第四，法庭系统内权力相对集中，判决由少数几个法官做出，所以，只要对法官进行疏通、交流，就可以得到司法偏袒，这与古希腊的陪审法庭的运作状况形成鲜明对比。由于这些问题的存在，农民在一般情况下都对环境诉讼望而却步。根据统计，中国每年的环保纠纷案件有10多万件，但真正告到法院的不足1%。[①] 农民不愿意到法院提起诉讼，因为他们担心花了时间、花了钱，最后却见不到任何效果。就外援而言，由于地方上存在着

① 武卫政：《环境维权亟待走出困境》，《人民日报》2008年1月22日，第5版。

“权力—利益的结构之网”①，地方政府对外部力量的介入持高度警惕甚至敌视的态度，乡村社会实际上“到处都树着‘非经同意，不得入内’的路牌”②，因此，农民所能获得的外部援助实际上非常有限。

农民利益诉求政治机会结构的完善需要在以上三个方面进行改革，总体思路是提升现有利益诉求渠道的效能，同时开辟利益诉求的新渠道。

（一）改革信访制度

信访制度改革的宗旨是要回归其最初的宗旨，即它是各级党委和政府“倾听人民群众的意见、建议和要求，接受人民群众的监督，努力为人民服务”的重要途径。③ 这种制度虽然被于建嵘批评为只是“民意上达”而不是“民意表达”的制度，但因契合中国封建时代行政与司法合一的历史传统留给民众的心态，契合当前司法救济存在缺陷的现实，因此目前仍然有存在的现实意义。为了更好地发挥信访制度的效用，本书结合 N 村事件，谈谈改革现行信访制度的几点感受。④

（1）必须推行主要领导接访的包案、跟踪、反馈与评估制度，提高信访制度化解社会矛盾、处理事故的效率，对因迟滞回应、敷衍了事，甚至胡乱妄为而导致事件升级的相关责任人必须严厉追究。

政府对民众呼声采取什么样的回应姿态往往直接关系到事件发展的结果，及时、有效的回应对于消解对抗，防止群体性事件

---

① 吴毅：《“权力—利益的结构之网”与农民群体性利益的表达困境》，《社会学研究》2007 年第 5 期。

② 转自祝天智《政治机会结构视野中的农民维权行为及其优化》，《理论与改革》2011 年第 6 期。

③ 《中华人民共和国信访条例》第 3 条，1995 年 10 月。

④ 对于当前信访制度运行中出现的突出问题以及相应的消解措施可参阅童星、张海波《进一步加强和完善信访制度的政策建议》，电子版。

升级至关重要。一个众所周知的例子是，1968年，美国反对ABM（反弹道导弹）的势力与和平主义者对政府构筑太空防御网，并准备在芝加哥等大城市部署核武器的设想发起凌厉攻势。对此，尼克松采取了“制度性吸纳”（institutional accommodation）的方式，一方面对ABM的任务重新界定，将核武器的部署地点从大都市转移到政治风险不大的偏远地区，从而使对抗精英与草根行动者分离；另一方面着手限制ABM系统的谈判，该谈判成为后来限制战略武器会谈的前身。① 尼克松的明智回应、适当妥协与主动措施有效地防止了ABM反对者构建广泛的社会联盟，及时化解了政府危机。后来里根做总统时，清洗了很多政府和国防部中对军事防务计划持怀疑和反对态度的官员，这不但导致了精英集团的内部分裂，而且预示着通过体制内路径解决问题的希望落空。在这样的背景下，精英与反核运动人士结成联盟，掀起了规模庞大的反核运动浪潮。

N村铅中毒事件中，在污染已经对村民造成了经济和健康伤害的情况下，政府和企业不是去积极正面应对，而是千方百计加以掩盖，或者靠金钱收买与恫吓威胁。正是因为企业的傲慢和抵制态度，政府的拖沓和偏袒态度使村民对抗情绪迅速升级。P市政府在引进企业的时候，对企业可能带来的污染应该说心知肚明，因此理应对民众的抗争有充分估计并预先设计出处理环境纠纷与冲突的最佳方案，但由于抱着“你们一伙草民又能怎么样”的心态，这样的方案始终没有成形。

（2）必须将“信访事件制造者”与“信访事件解决者”相分离，改变通常所说的“运动员兼裁判员”的状况，将信访事务集中于强势第三方仲裁者。

N村铅中毒事件发生后，农民首先做的事情是到村委会反

---

① Meyer, David S., 1993. “Protest cycles and political process: American peace movements in the nuclear age”, *Political Research Quarterly*, Vol. 46, No. 3, pp. 451 - 479, p. 469.

映情况，然后到镇、县级市上访。由于村委会和镇政府都没有能力解决问题，因此，信访到这两级根本没有用处，而且还耽误了不少时间。村民原指望 P 市政府能迅速拿出解决方案，平息事端，但 P 市政府是污染企业的主要引入者和主要受益人，在心理上必然倾向于企业，对村民进行压制和打击。最终的结果要么是迟滞回应，要么是有失公允。因此，村民的信访对象不能是直接利益相关者。此外，张思明等人就 O 市医院弄虚作假一事上访到江苏省卫生厅，等到的结果却是事件转交给 O 市卫生局处理。这样的结果令村民非常懊丧，增加了对政府的不满情绪。因此，目前信访制度中"层层批转"的运行规则容易消解民众对省级和中央政府的信任，矛盾因迟迟得不到解决容易在民众中积聚怨气，最终导致带有强烈情感的暴力冲突。

为了解决这一问题，童星和张海波构建"椭圆形"信访部门结构的建议较为可行，即弱化中央一级和县（区）以下的信访职能，将信访事务逐渐归并到省市级，加强省市级解决问题的能力，在机构设置、人力资源配备、工作权限授予、行政经费拨付等方面予以倾斜。另外，可以效仿中国传统基层社会由地方士绅处理社会矛盾的做法，大力建构矛盾协调的第三方力量，特别是在香港等地相当发达的专业社会工作者队伍。①

（3）充分发挥人大代表和政协委员的作用，增强人大代表和政协委员在农民利益表达和农民权利救济方面的职能。

2010 年开始，中央决定城乡按照 1∶1 同等比例选举人大代

① 陈映芳认为贫困群体利益表达中的一个重要问题是"社会利益结构的断裂"，而"断裂"的一个重要原因是沟通国家与基层社会、官与民的社会力量（如传统中国社会中士绅）的消失（见陈映芳《贫困群体利益表达渠道调查》，《战略与管理》2003 年第 6 期），为了克服"断裂"现象，必须重建社会力量。

表，这给农民利益表达提供了一个极好的机会。但在实际生活中，人大代表却很难获得农民的充分信任，N村村民甚至将这种选举民主看成是“神话”，其主要原因有：首先，基层人大代表的选举过程不够透明，结果导致选出来的代表不是代表农民，而是代表基层党委和政府，农民找他们维权说不定会起相反的作用。其次，基层人大能发挥的作用不大，它只是在形式上使早已被确定的行政官员以及地方政府制定的政策合法化，既没有决策权，也没有对政府官员的监督权、质询权甚至罢免权。既然不能在权利救济方面提供任何实质性帮助，农民又何必去找人大代表呢？最后，基层人大代表缺乏帮助农民维权的动力和压力。除非有很强的责任意识或者同情农民的情感倾向，否则，迫使人大代表维护农民权益只能依靠制度上的设置，比如，在法律上对人大代表在维权方面赋权，在人大代表的业绩考核中增加维权指标，在法律上规定人大代表的工作必须接受农民的监督，农民可以罢免人大代表等等。既然这些规定在现实中不存在，农民当然不相信找人大代表帮忙能起到什么作用。

解决这一问题的措施有：第一，提高人大的地位，增加人大的权力。人大不能仅仅是增加党政合法性的工具，而应该是能对同级党委进行质询、监督甚至罢免的机构。只有让农民实实在在地看到人大的权力，认识到人大的重要性，才能让农民真正相信人大能为他们说话。第二，增加人大的信访功能，可以在人大中设立信访事务处理机构或“公民权益维护机关”[①]，并赋予这一机构处理问题的能力，在人员配置、资金安排、权力分配上适度倾斜，与此相适应的措施是赋予人大代表在休会期间了解、传达、反馈民众利益诉求意愿的权利和义务。第三，树立人大代表公仆的形象。人大代表选出来是为人民服务的，而不是

① 祝天智：《政治机会结构视野中的农民维权行为及其优化》，《理论与改革》2011年第6期。

去当官的，享受特权的。公仆形象可以拉近人大代表与普通民众之间的距离。

（二）改革环境污染诉讼制度，提升司法救济的功能

1. 加强司法独立性，使司法领域成为独立的社会空间

托克维尔在谈论封建时代的法国时说，当时存在四种社会空间，即领主的领地、农村的基层教区、城市，以及司法领域，其中，司法领域之所以具有较大的独立性，以较为公正的裁决维护着公共利益，是因为法官的撤职、调离、擢升等与行政权力无关。① 这种情况可以作为中国司法系统改革的方向，应该尽量减少党政系统对法官职业活动、职位获得与升降，以及人身安全的干预，确保法官裁决的公正性。

2. 简化环境利益诉讼程序，或者建立专门的审理程序

现有的民事诉讼程序很烦琐，假设要控告某污染企业，原告将起诉状送达法院后，法院在7日内决定是否立案；立案后5日内向被告发诉讼起诉副本；立案后由法院组成合议庭，时间没有具体规定；审理的时间也没有具体规定，一般从立案之日起6个月内审结，特殊情况下经法院院长批准可延长6个月，如仍无法审结，可报请上级法院二次延长，没有时间规定。这样一来，案件经一审、二审至少需要一年时间，而环境污染时效性很强，时间一过，证据就会消失。此外，民事诉讼实行“谁主张，谁举证”原则，虽然环境诉讼特殊规定“举证责任倒置”原则，但原告要求停止侵权的话，必须证明存在污染；如果要求经济赔偿，则必须证明损害有无以及损害程度，这些举证对于普通百姓而言非常困难。更为重要的是，诉讼时

① 〔法〕亚力克西·德·托克维尔：《旧制度与大革命》，冯棠译，商务印书馆，1992，第92页。

间的漫长消除了农民解决事件的其他机会成本，如政府部门会推脱说，既然你们告到法院了，那就等判决吧。由此可见，环境利益诉讼必须在程序上区别于一般的民事诉讼，才能吸引民众寻求环境司法救济。

3. 突破传统民事诉讼对环境诉讼原告资格的限制，建立环境公益诉讼制度

《民事诉讼法》第一百零八条规定，原告必须属于“与本案有直接利害关系的公民、法人和其他组织”。也就是说，原告必须是直接受害人，而直接受害人因为法律知识的欠缺、财政能力的有限、受害取证的艰难，加上对法院是否会公正判决的担忧等因素往往不愿或不能进行环境诉讼。环境公益诉讼可以缓解这一问题。所谓公益诉讼是指任何人或者社会团体为了公共利益都可以向法院起诉污染环境行为。国内第一起民事环境公益诉讼是2005年北京大学法学院贺卫方等6位公民向黑龙江省高级人民法院对中石油的起诉，以自然物（鲟鳇鱼、松花江、太阳岛）作为共同原告，要求中石油拿出100亿元作为松花江流域污染治理基金。[①] 2009年，中华环保联合会向无锡市中级人民法院环境保护庭起诉江阴港集装箱公司，缘由是被告方在作业过程中产生铁矿粉尘污染，这是国内第一起由环保社团组织提起的民事公益诉讼。[②] 2011年，中华环保联合会向贵州省修文县环保局申请公开污染企业贵州好一多乳业股份有限公司相关的环境信息，但在法律规定时间内没有得到答复，于是向贵州省清镇环保法庭起诉修文县环保局不履行政府信息公开的法定职责，这是国内首例环

① 庄晓春：《环境问题的公众参与及其制度保障》，《中共四川省委省级机关党校学报》2007年第4期。

② 《环保组织告赢了污染企业》，《现代快报》2011年6月3日。

境信息公开公益诉讼。[①] 环境公益诉讼制度在不断完善之后应该逐步推广。

4. 建立农民环境利益诉讼的财政与法律援助体系

目前仅有少数民间环境组织能够在财政和法律方面对农民的环境诉讼给予援助，如国家环境保护部所属的“中华环保联合会环境法律服务中心”、经司法部备案的“中国政法大学污染受害者法律帮助中心”[②] 等。有限的援助对于频繁涌现的环境污染与环境冲突而言只能是杯水车薪，因此，应进一步完善污染受害者法律援助和财政援助机制。

（三）草根环境维权组织合法化

城市社区业主维权可以依托业主委员会，农民则缺乏这样的组织。让农民拥有组织化的利益表达渠道的好处是：第一，既可以增加农民与污染企业对话的权重，也可以增强他们调集各种资源（包括获得各种外部援助）从事“大众流行病学”的能力；第二，使政府和其他机构在与农民利益发生冲突时可以找到公开谈判的对象；第三，有利于促进地方社会协商机制的建立，从而完善基层民主；第四，对于农民而言，由于通过组织承接制度和政策的压力，可以减弱个人直接承受压力和损害的程度，将个体的不公正感化解为集体共同承担的情感，从而有利于缓解个人与社会的直接冲突。[③]

---

① 《环境信息公开公益诉讼第一案顺利立案》，http：//www. acef. com. cn/envlaw/wqdxal/38833. shtml。

② 中华环保联合会环境法律服务中心是国家环保总局批准，中华环保联合会所属的非营利性机构，主要业务有环境法律、政策咨询、环境诉讼代理、法律援助等；中国政法大学污染受害者法律帮助中心成立于 1998 年 10 月，中心主任是王灿发教授。作为一个环境资源研究机构，中心通过开通免费的法律咨询热线电话，接待污染受害者的来信来访，为污染受害者提供无偿的法律咨询服务。

③ 折晓叶：《合作与非对抗性抵制：弱者的“韧武器”》，《社会学研究》2008 年第 3 期，第 25 页。

二　保障农民的环境权利

孙立平认为，不同群体在表达和追求自己利益能力上的失衡是他们之间社会权利失衡的结果。[①] 换句话说，要提高农民的利益表达能力，必须同时保障他们的利益表达权利。目前，中国突发事件应急管理的总体思路以整体主义为主，即侧重于维持社会秩序，忽略了个体主义原则，即实现公民的权利保障和救济。既然社会管理机制实施的正当性在于对于公民权利的维护和保障，那么，环境突发事件的应急管理机制的正当性也必须能实现和保障公民的环境权利。[②]

关于环境权利的内涵问题，学术界已有一些探讨。蔡守秋较早将环境权界定为公民环境权、法人环境权和国家环境权三个部分；[③] 罗典荣和陈茂云在此基础上将“公民环境权”做了细分，并区分出“核心环境权”和“派生环境权”两种类型；[④] 陈泉生认为环境权利包括在不受一定程度污染和破坏的环境里生存和在一定程度上利用环境资源的权利。[⑤] 1994 年，联合国《人权和环境原则宣言（草案）》从实体和程序两个方面对环境权做了区分，吕忠梅在此基础上认为，就环境权的性质而言，它在程序上表现为国家环境管理的参与决策权；在实体上则被赋予民事权利的性质。[⑥]

我们可以参照马歇尔对于“公民权”的概括对公民的“环境

① 孙立平：《失衡——断裂社会的运作逻辑》，社会科学文献出版社，2004，自序，第 6 页。

② 刘超：《突发环境事件应急机制的价值转向和制度重构——从血铅超标事件切入》，《湖北行政学院学报》2011 年第 4 期。

③ 蔡守秋：《环境权初论》，《中国社会科学》1982 年第 3 期。

④ 参见罗典荣、陈茂云《环境权初探》，《法学研究》1988 年第 3 期；陈茂云：《论公民环境权》，《政法论坛》1990 年第 6 期。

⑤ 陈泉生：《环境法原理》，法律出版社，1997，第 105 ~ 106 页。

⑥ 吕忠梅：《沟通与协调之途——论公民环境权的民法保护》，中国人民大学出版社，2005，第 44 页。

权”进行界定。马歇尔在《公民权与社会阶级》一书中将“公民权”（citizenship）分为民事权（civil rights）、政治权（political rights）和社会权（social rights）三个部分，其中，民事权包括人身自由的权利，言论、思想、信仰自由的权利以及拥有财产和自主交易的权利；政治权包括诉讼、寻求司法救济，以及参与政治生活的权利（如被选举权、举报权、监督权和选举权）；社会权包括人身安全方面的权利（如健康医疗）以及过一种达到社会一般标准的文明、体面生活的权利（如获得社会服务与受教育）。①公民的“环境权”大体上也包括三部分内容：在民事权层面，公民有权获得环境救济，在生命、健康、财产、生存环境受到损害时有权向司法部门提起诉讼，要求引起损害发生者停止侵权、赔礼道歉、承担损害赔偿的民事责任；在政治权层面，公民有权参与国家环境管理，因此享有环境知情权、环境参与权、环境监督权、环境控告和检举的权利；在社会权层面，公民享有在适宜的环境中生活的权利，享有洁净空气、清洁水源、安宁、适度光照、有效通风等环境权利。社会权层面上的环境权又可以被进一步划分为周作翰和张英洪所说的“基本的环境权”和“非基本的环境权”两种类型，前者指享有最低环境生活标准的权利，即身心健康和生命安全免于在环境中受到危害；后者指享有舒适、优美的环境生活的权利。②

农民环境权的争取和实现需要如下两个重要条件。

首先，对于环境权利的认知。与城市市民维权行动相比，农民的环境抗争停留在利益诉求上。在诉求的内容上，主要体现为利益损害赔偿；在诉求表达方式上，从反映、诉讼、信访到静坐、示威、堵厂等，体现出理性与非理性的结合。N 地区铅中毒

---

① 转自施云卿《机会空间的营造——以 B 市被拆迁居民集团行政诉讼为例》，《社会学研究》2007 年第 2 期。

② 周作翰、张英洪：《当代中国农民的环境权》，《湖南师范大学社会科学学报》2007 年第 3 期。

事件的演变中，农民精英已经超越了利益诉求，转向为“争一口气”的正义诉求和权利诉求。这种转变在相当程度上是依托于法律知识的知晓，换句话说，如果相关法律与信息的盲区没有能够突破，这种转变很难发生。蔡禾等人在对珠三角企业的农民工的利益抗争行为进行考察时指出，农民工对法律赋予自己权益的认知是极为重要的，因为只有这种认知才会给他们一个权益获得是否公平的理性评价基础。[①] 为此，国家除了要完善相关的法律法规，切实保障人民的各项权利之外，还要通过具体的措施，保证民众对这些法律法规的认知。

其次，对于环境权利的保护。如果公民权受到侵犯，主要还是要依靠社会力量来保护。因此，环境权利的实现离不开社会空间的培育。

三 构建污染受害者的社会救助与社会保障机制

目前，中国在为因污染而导致健康受损、智力水平下降，甚至丧失劳动能力的人进行社会救助、提供社会保障方面没有任何相应的法律法规，这种状况使得很多地区的污染受害者的生活状况令人担忧。2010 年 8 月，笔者在 P 市铅中毒事件结束一年多之后再次来到 N 村。这时，致污企业早已搬迁，企业围墙外的河沟里又开始出现了一些绿色的野草，企业与村民住宅区之间相隔不到百米的农田里也长满了玉米，蓊蓊郁郁。笔者还看见两三个老人带着孩子在第一排住宅区前面的水泥路上悠闲地玩耍，村民们的生活似乎又回归常态。但是，铅中毒事件对村民的心理打击依然十分明显。许多村民对他们孩子的未来健康状况深深担忧，尤其担心影响智力发育。少数村民反映，他们的孩子虽然排铅了，

① 蔡禾、李超海、冯建华：《利益受损农民工的利益抗争行为研究——基于珠三角企业的调查》，《社会学研究》2009 年第 1 期。

身上的微量元素排下来了，但时有走走就欲晕倒的迹象。政府自他们从医院回家之后对他们再也没有过问，村民们因为意识淡薄、信心不足、缺乏外援和行动依据等不可能再向企业和政府提起健康赔偿要求，孩子的未来只能靠自己把握。

污染受害者社会救助机制的缺失与遍布全国的环境污染及其伤害的现实形成了巨大反差。按照美国社会学家威廉·F. 奥格本的话说，“适应文化”已经严重滞后于“物质文化”,[①] 这是社会问题产生的重要原因。为此，构建污染受害者的社会救助机制迫在眉睫。

国外在污染救助方面比较著名的有美国的“超级基金”制度。1980 年，美国国会通过《综合环境反应、赔偿和责任法》，该法案建立了环保超级基金制度，即当污染责任主体不能确定，或无力或不愿承担治理费用时，可以动用“超级基金”（指用来治理闲置不用或被抛弃的危险废物处理场，并对危险物品泄漏做出紧急反应的专项基金）。治理之后，环保部门将提起诉讼，向能找到的责任主体追索治理费用。超级基金的资金大部分来源于对石化行业征收的专门税，还有一部分来源于联邦政府拨款。1996 年修改了《超级基金法》之后，又开始对年收入超过 200 万美元的企业征收附加税。超级基金只涉及污染责任追究和污染治理，不针对污染受害者的健康赔偿和社会保障。日本在污染社会救助方面也发展较快。日本曾制定过《公害纠纷处理法》和《公害健康受害补偿法》，并且建立了世界上唯一的流域水污染受害者社会救助制度。

污染受害者的社会救助应具有以下特征：一是全社会参与，损害赔偿不能指望完全由污染企业承担，首先是因为在市场经济下企业不稳定，今年很红火，明年说不定就会倒闭；其次，污染

① 〔美〕威廉·费尔丁·奥格本：《社会变迁——关于文化和先天的本质》，王晓毅、陈育国译，浙江人民出版社，1987。

所波及的受害者很多，一般企业也没有经济实力赔偿。走向工业化和现代化是整个社会的选择，惠及每一个人，因此，工业化的负面后果理应由整个社会来承担。二是综合救助。日本经济学家宫本宪一指出，公害受害以健康损害为顶点，同时涉及地域社会、文化和自然的破坏，它们之间有连续性；日本环境社会学家饭岛伸子也指出，公害受害不仅给受害者本人带来身体残疾，还影响本人和家庭成员的生活、人格水平，乃至地域环境和地域社会的水平。[①] 因此，污染受害救助需要波及受害者的身心健康、家庭、经济、社区和生存环境等多方面的损害。三是多手段救助，除了经济上的补偿之外，还应该包括心理疏导、医疗救助、家庭重建、法律援助、生存资源保障、环境修复、社区复兴等等。四是要做战略性谋划。污染救助不能停留在对突发事件的临时应急，而应该做通盘分析，并依靠法律和制度支持，建立长效机制。

污染受害者社会救助与社会保障机制体系如图 7－4 所示。[②]

第一，救助主体的动员与激励机制。如前所述，污染受害者的社会救助主体不能局限于污染企业和政府，要扩及整个大社会，包括政府部门、企业部门和社会领域。政府应该是救助者的社会动员和激励主体，应该通过制度规定鼓励、引导非污染企业和社会人士（如民间环保组织、慈善组织、志愿团体、行业协会等）参与社会救助。

第二，救助主体的分工与协作机制。三大类别的救助主体必须相互分工协作。政府是社会救助政策和制度的制定者，救助的组织者、动员者和激励者；污染企业是责任的主要承担者；其他

① 转自周纪昌《构建我国农村流域水污染受害者社会救助机制》，《生态经济》2009 年第 12 期。

② 本书的污染受害者社会救助机制体系的构建受到周纪昌的相关论述的启发，详见周纪昌《构建我国农村流域水污染受害者社会救助机制》，《生态经济》2009 年第 12 期。

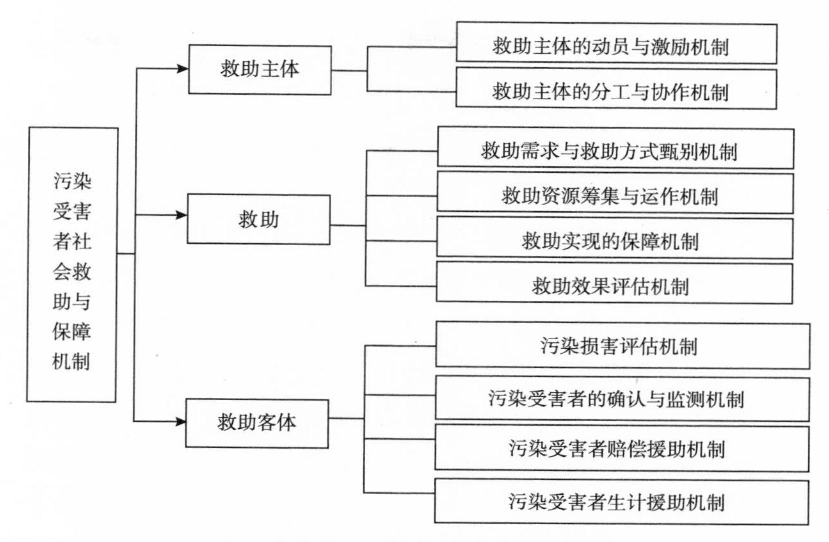

图 7－4　污染受害者社会救助与保障机制

救助主体则是社会救助的重要补充。三者协调一致，共同履行救助任务。

第三，救助需求和救助方式甄别机制。污染受害者因受污染影响的程度不同会有不同的救助需求。经济补偿、心理疏导、家庭扶持、医疗救助、环境整治、发展培力、社区重建等对于不同的受害者可能是不同的救助重心，因此，需要发展出一套甄别救助需求和救助方式的机制，因地制宜，因人而异。

第四，救助资源筹集与运作机制。救助资源包括资金、人力、财物、技术等。资金和财物可以效仿国外经验，采取政府拨款＋对企业征税＋社会捐赠的方式筹措；人力资源可以依托民间团体和社会志愿者；技术则可依靠大专院校和科研机构。救助资源的运作一定要保证透明，要有有效的监督、评价和反馈机制。

第五，救助实现的保障机制。污染受害者救助不是一个地区、一个部门就能解决的问题，而是一项系统工程，需要法律法规的制定、政策的落实、部门之间的协调、地区之间的配合等。

第六，救助效果的评估机制。必须在实践的基础上建立一套污染受害者救助效果的评估指标体系。救助效果的评估者可以包括政府和企业代表，但评估主体必须是污染受害者和社会公众。评估的目的是了解救助的真实状况，发现其中存在的问题，以更好地实现救助的目标。

第七，污染损害评估机制。环境污染，特别是重大环境事故之后，需要有一套对因污染而遭受的损害进行评估的机制。这一评估应至少包括三个方面。一是针对自然环境：因污染而使环境遭到什么样的损害？损害程度如何？二是针对个人及其家庭：因污染而死亡的树木、庄稼、家禽、淡水鱼、牲畜等财产损害，因污染而丧失工作收入或获益机会（如环境的恶化使饭店、旅馆、日常用品销售等经营者丧失大量客源），因污染而导致自身和家人健康受到伤害、污染事故对受害人的心理产生的影响等；三是针对社区：污染对社区造成了什么样的破坏？

第八，救助对象的确认与监测机制。由于受害者的受害结构不同，因此，救助对象应该有不同的确认和监测标准。对于健康受害者，可以采取因果关系推定的方法予以认定，即用医学实验的方法确定一定区域内流行疾病的发生与该区域内存在某些污染物有关，而疾病患者所居住的环境中恰好有某些污染源排放的这些污染物，如此可断定患者所患疾病与某些污染源排放物之间存在因果关系。对于健康伤害以外的受害者，可以根据与污染物的距离来确定。[①]

第九，污染受害者赔偿援助机制。在现阶段，由于民众环境维权的政治机会结构存在缺陷，导致他们正常的损害赔偿要求得不到实现（典型表现是地方法院往往因政府压力而拒绝受理相关民事诉讼），这就需要建立一套援助机制，以帮助污染受害者实

---

① 详见周纪昌《构建我国农村流域水污染受害者社会救助机制》，《生态经济》2009 年第 12 期。

现损害赔偿。美国政府在墨西哥湾漏油事件爆发后，一方面开设24小时的赔偿咨询热线帮助受害者；另一方面强令BP在接到受害人赔偿请求之后，要么直接派出专门的赔偿代表与受害人协商赔偿事宜，要么指导赔偿请求人与设在亚拉巴马州、佛罗里达州、路易斯安那州和密西西比州的28个赔偿办公室进行协商。[①]在中国，目前除了少数民间环境组织能对污染受害者施以援手之外，政府在这方面处于“缺位”状态。

第十，污染受害者生计援助机制。这一机制应包括对污染受害者的再就业提供帮助；对受害者及其家人特别是孩童的健康实行医疗补助和医疗保险；对逃离被污染家园的人进行重新安置；对遭受污染破坏的社区重建进行援助；等等。

总之，污染受害者是我国现代化特定阶段的产物，这些人不能被武断地当成发展的牺牲品。建立污染受害者的社会救助机制不仅是出于人道主义精神，而且对保障社会稳定，建立和谐社会具有重大意义。

① 王慧：《中美海上石油泄露应急机制的比较研究——以墨西哥湾石油泄露事件和大连湾石油泄露事件为例》，《中国政法大学学报》2011年第3期。

参考文献

一　中文文献

（一）著作

〔英〕埃比尼泽·霍华德：《明日的田园城市》，金经元译，商务印书馆，2000。

〔英〕安东尼·吉登斯：《失控的世界》，周红云译，江西人民出版社，2001。

安贞元：《人民公社化运动研究》，中央文献出版社，2003。

陈泉生：《环境法原理》，法律出版社，1997。

〔日〕饭岛伸子：《环境社会学》，包智明译，社会科学文献出版社，1999。

〔瑞士〕汉斯彼得·克里西等：《西欧新社会运动——比较分析》，张峰译，重庆出版集团、重庆出版社，2006。

〔比利时〕亨利·皮雷纳：《中世纪的城市》，陈国樑译，商务印书馆，1985。

贺雪峰：《新乡土中国——转型期乡村社会调查笔记》，广西师范大学出版社，2003。

洪大用：《中国民间环保力量的成长》，中国人民大学出版社，2007。

黄家亮：《通过集团诉讼的环境维权：多重困境与行动逻辑——基于华南P县一起环境诉讼案件的分析》，黄宗智主编

《中国乡村研究》第6辑，福建教育出版社，2008。

〔美〕杰里米·里夫金、特德·霍华德：《熵——一种新的世界观》，吕明、袁舟译，上海译文出版社，1987。

晋文：《桑弘羊评传》，南京大学出版社，2005。

〔英〕卡尔·波兰尼：《大转型：我们时代的政治与经济起源》，冯钢、刘阳译，浙江人民出版社，2007。

〔英〕克莱夫·庞廷：《环境与伟大文明的衰落》，王毅、张学广译，上海人民出版社，2002。

〔德〕罗伯特·米歇尔斯：《寡头统治铁律——现代民主制度中的政党社会学》，任军锋等译，天津人民出版社，2003。

吕忠梅：《沟通与协调之途——论公民环境权的民法保护》，中国人民大学出版社，2005。

偶正涛：《暗访淮河》，新华出版社，2005。

潘宗亿：《论心态史的历史解释：以布洛克〈国王神迹〉为中心探讨》，陈恒、耿相新主编《新史学》，第四辑，大象出版社，2005。

〔美〕乔纳森·特纳：《社会学理论的结构》，邱泽奇等译，华夏出版社，2001。

孙立平：《断裂——20世纪90年代以来的中国社会》，社会科学文献出版社，2003。

孙立平：《失衡——断裂社会的运作逻辑》，社会科学文献出版社，2004。

童星：《世纪末的挑战——当代中国社会问题研究》，南京大学出版社，1995。

童星、张海波：《中国转型期的社会风险及识别——理论探讨与经验研究》，南京大学出版社，2007。

童星、张海波：《中国应急管理：理论、实践、政策》，电子版。

汪澎：《当前新农村建设中的环境问题》，自然之友编《2006

年：中国环境的转型与博弈》，社会科学文献出版社，2007。

〔美〕威廉·费尔丁·奥格本：《社会变迁——关于文化和先天的本质》，王晓毅、陈育国译，浙江人民出版社，1987。

〔德〕乌尔里希·贝克：《风险社会》，何博闻译，译林出版社，2004。

吴慧：《桑弘羊研究》，齐鲁书社，1981。

〔法〕亚力克西·德·托克维尔：《旧制度与大革命》，冯棠译，商务印书馆，1992。

〔法〕亚力克西·德·托克维尔：《论美国的民主》，董果良译，商务印书馆，1988。

杨善华主编《当代西方社会学理论》，北京大学出版社，1999。

姚开建主编《经济学说史》，中国人民大学出版社，2003。

〔法〕伊曼纽埃尔·勒鲁瓦·拉迪里：《历史学家的思想和方法》，杨豫等译，上海人民出版社，2002。

应星：《大河移民上访的故事》，生活·读书·新知三联书店，2001。

应星：《“气”与抗争政治》，社会科学文献出版社，2011。

于建嵘：《抗争性政治：中国政治社会学基本问题》，人民出版社，2010。

〔加〕约翰·汉尼根：《环境社会学》，洪大用等译，中国人民大学出版社，2009。

〔美〕詹姆斯·汉斯林：《社会学入门——一种现实的分析方法》，林聚仁等译，北京大学出版社，2007。

〔美〕詹姆斯·C. 斯科特：《农民的道义经济学：东南亚的反叛与生存》，程立显、刘建等译，译林出版社，2001。

〔美〕詹姆斯·C. 斯科特：《弱者的武器》，郑广怀等译，译林出版社，2007。

张兢兢、梁晓燕：《北京百旺家苑小区环境维权事件》，梁从诚主编《2005：中国的环境危局与突围》，社会科学文献出版社，2006。

张玉林：《中国农村环境恶化与冲突加剧的动力机制——从三起“群体性事件”看“政经一体化”》，吴敬琏、江平主编《洪范评论》第9辑，中国法制出版社，2007。

赵鼎新：《社会与政治运动讲义》，社会科学文献出版社，2006。

赵永康编《环境纠纷案例》，中国环境科学出版社，1989。

周晓虹：《现代社会心理学》，上海人民出版社，1997。

左玉辉主编《环境社会学》，高等教育出版社，2003。

（二）期刊论文

蔡禾、李超海、冯建华：《利益受损农民工的利益抗争行为研究——基于珠三角企业的调查》，《社会学研究》2009年第1期。

蔡守秋：《环境权初论》，《中国社会科学》1982年第3期。

陈阿江、程鹏立：《“癌症—污染”的认知与风险应对——基于若干“癌症村”的经验研究》，《学海》2011年第3期。

陈华：《环境健康风险评价方法探讨》，《科技资讯》2009年第34期。

陈磊：《“风险社会”理论与“和谐社会”建设》，《南京社会科学》2005年第2期。

陈茂云：《论公民环境权》，《政法论坛》1990年第6期。

陈鹏：《当代中国城市业主的法权抗争》，《社会学研究》2010年第1期。

陈映芳：《贫困群体利益表达渠道调查》，《战略与管理》2003年第6期。

陈映芳：《行动力与制度限制：都市运动中的中产阶层》，《社会学研究》2006年第4期。

冯仕政：《沉默的大多数：差序格局与环境抗争》，《中国人民大学学报》2007年第1期。

高恩新：《社会关系网络与集体维权行动——以Z省H镇的环境维权行动为例》，《中共浙江省委党校学报》2010年第1期。

郭熙保、杨开泰：《生态现代化理论评述》，《教学与研究》2006年第4期。

何艳玲：《后单位制时期街区集体抗争的产生及其逻辑：对一次街区集体抗争事件的实证分析》，《公共管理学报》2005年第3期。

洪大用：《西方环境社会学研究》，《社会学研究》1999年第2期。

洪大用、龚文娟：《环境公正研究的理论与方法述评》，《中国人民大学学报》2008年第6期。

洪大用、马芳馨：《二元社会结构的再生产——中国农村面源污染的社会学分析》，《社会学研究》2004年第4期。

洪大用、肖晨阳：《环境关心的性别差异分析》，《社会学研究》2007年第2期。

黄英娜、叶平：《20世纪末西方生态现代化思想述评》，《国外社会科学》2001年第4期。

晋文：《从西汉抑商政策看官僚地主的经商》，《中国史研究》1991年第4期。

晋文：《关于秦代抑商政策的若干问题》，《中国经济史研究》1994年第3期。

晋文：《也谈秦代的工商业政策》，《江苏社会科学》1997年第6期。

景军：《认知与自觉：一个西北乡村的环境抗争》，《中国农业大学学报（社会科学版）》2009年第4期。

郎友兴：《商议性民主与公众参与环境治理：以浙江农民抗议环境污染事件为例》，广州“转型社会中的公共政策与治理”

国际学术研讨会论文，2005。

李路路：《社会变迁：风险与社会控制》，《中国人民大学学报》2004年第2期。

李强：《“丁字型”社会结构与“结构紧张”》，《社会学研究》2005年第2期。

廉如鉴：《在社会稳定风险评估中引入第三方的思考》，《前进》2011年第10期。

刘超：《突发环境事件应急机制的价值转向和制度重构——从血铅超标事件切入》，《湖北行政学院学报》2011年第4期。

罗典荣、陈茂云：《环境权初探》，《法学研究》1988年第3期。

罗亚娟：《乡村工业污染中的环境抗争——东井村个案研究》，《学海》2010年第2期。

吕涛：《环境社会学研究综述——对环境社会学学科定位问题的讨论》，《社会学研究》2004年第4期。

裴宜理：《底层社会与抗争性政治》，阎小骏译，《东南学术》2008年第3期。

钱水苗：《论环保自力救济》，《浙江大学学报》2001年第5期。

饶世权：《环境保护的公众参与制度研究》，《资源与人居环境》2007年第8期。

施芸卿：《机会空间的营造——以B市被拆迁居民集团行政诉讼为例》，《社会学研究》2007年第2期。

宋林飞：《中国社会风险预警系统的设计与运行》，《东南大学学报（社会科学版）》1999年第1期。

童星：《发展市场经济的社会风险》，《社会科学研究》1994年第3期。

童星：《公共政策的社会稳定风险评估》，《学习与实践》2010年第9期。

童星：《对重大政策项目开展社会稳定风险评估》，《探索与争鸣》2011 年第 2 期。

童星、张海波：《基于中国问题的灾害管理分析框架》，《中国社会科学》2010 年第 1 期。

童星、张海波：《进一步加强和完善信访制度的政策建议》，电子版。

童志锋：《历程与特点：社会转型期下的环境抗争研究》，《甘肃理论学刊》2008 年第 6 期。

童志锋：《认同建构与农民集体行动——以环境抗争事件为例》，《中共杭州市委党校学报》2011 年第 1 期。

王慧：《中美海上石油泄露应急机制的比较研究——以墨西哥湾石油泄露事件和大连湾石油泄露事件为例》，《中国政法大学学报》2011 年第 3 期。

吴狄、武春友：《建国以来中国环境政策的演进分析》，《大连理工大学学报（社会科学版）》2006 年第 4 期。

吴国刚：《环保自力救济研究》，《科技与法律》2004 年第 2 期。

吴毅：《"权力—利益的结构之网"与农民群体性利益的表达困境》，《社会学研究》2007 年第 5 期。

吴宇虹：《生态环境的破坏和苏美尔文明的灭亡》，《世界历史》2001 年第 3 期。

熊易寒：《市场"脱嵌"与环境冲突》，《读书》2007 年第 9 期。

郇庆治：《环境非政府组织与政府的关系：以自然之友为例》，《江海学刊》2008 年第 2 期。

杨仁泰：《信息公开化解环境冲突》，《绿叶》2005 年第 12 期。

应星：《作为特殊行政救济的信访救济》，《法学研究》2004 年第 3 期。

应星：《草根动员与农民群体利益的表达机制——四个个案的比较研究》，《社会学研究》2007年第2期。

应星：《“气”与中国乡村集体行动的再生产》，《开放时代》2007年第5期。

应星：《“气场”与群体性事件的发生机制——两个个案的比较》，《社会学研究》2009年第6期。

于建嵘：《农民有组织抗争及其政治风险》，《战略与管理》2003年第3期。

于建嵘：《当前农民维权活动的一个解释框架》，《社会学研究》2004年第2期。

于建嵘：《九十年代以来中国农民的维权抗争》，《二十一世纪》2004年第5期。

于建嵘：《中国信访制度批判》，《中国改革》2005年第2期。

于建嵘：《集体行动的原动力机制研究——基于H县农民维权抗争的观察》，《学海》2006年第2期。

于建嵘：《当前农村环境污染冲突的主要特征及对策》，《世界环境》2008年第1期。

张高陵：《华夏第一相——世界重商主义创始人》，《中国商人》2011年第5期。

张高陵：《开创官商联姻的历史先河》，《中国商人》2010年第11期。

张海波、童星：《战略性治理：应对突发事件的新思维》，《天府新论》2009年第6期。

张磊：《业主维权运动：产生原因及动员机制》，《社会学研究》2005年第6期。

张泰苏：《中国人在行政纠纷中为何偏好信访?》，《社会学研究》2009年第3期。

张玉林、顾金土：《环境污染背景下的“三农问题”》，《战略与管理》2003年第3期。

张玉林：《政经一体化开发机制与中国农村的环境冲突》，《探索与争鸣》2006年第5期。

张玉林：《环境抗争的中国经验》，《学海》2010年第2期。

郑少华：《环保自力救济：台湾民众参与环保运动的途径》，《宁夏社会科学》1994年第4期。

周纪昌：《构建我国农村流域水污染受害者社会救助机制》，《生态经济》2009年第12期。

周晓虹：《国家、市场与社会——秦淮河污染治理的多维动因》，《社会学研究》2008年第1期。

周志家：《环境保护、群体压力还是利益波及：厦门居民PX环境运动参与行为的动机分析》，《社会》2011年第1期。

周作翰、张英洪：《当代中国农民的环境权》，《湖南师范大学社会科学学报》2007年第3期。

祝天智：《农村维权精英的博弈分析》，《天津社会科学》2011年第3期。

祝天智：《政治机会结构视野中的农民维权行为及其优化》，《理论与改革》2010年第6期。

庄晓春：《环境问题的公众参与及其制度保障》，《中共四川省委省级机关党校学报》2007年第4期。

（三）报纸与电视

北京电视台：《江苏大丰一村庄大批儿童血铅中毒，政府表示严肃调查追究》，2010年1月6日。

丁志军：《山西：450万农民期盼安全饮用水（记者调查）》，《人民日报》2005年11月25日，第16版。

东方卫视：《河南：免费救治血铅超标儿童》，2009年10月18日。

东方卫视：《四川隆昌：94名村民血铅异常，责任企业停产》，2010年3月15日。

东方卫视：《陕西凤翔血铅超标儿童增至851名》，2009年8月19日。

东方卫视：《江苏大丰：儿童血铅中毒“祸首”为蓄电池厂》，2010年1月6日。

傅丕毅：《警惕产业转移背后隐藏的“污染接力”》，《中国高新技术产业导报》2008年1月14日，第5版。

吕明合：《肃铅风暴》，《南方周末》2011年6月2日，C15版。

吕忠梅：《根治血铅顽疾须回归法治》，《南方周末》2011年5月26日，B9~10版。

苏杨：《中国农村环境污染调查》，《经济参考报》2006年1月15日，第3版。

王鉴强：《“弱势部门”再掀环保风暴，潘岳誓言决不虎头蛇尾》，《南方周末》2006年2月9日，A1版。

武卫政：《环境维权亟待走出困境》，《人民日版》2008年1月22日，第5版。

徐楠：《中国环境污染“拐点”在哪里?》，《南方周末》2010年8月5日，C10版。

于建嵘、斯科特：《底层政治与社会稳定》，《南方周末》2008年1月24日，E31版。

中央电视台《东方时空》：《云南鹤庆北衙村儿童铅中毒事件调查》，2010年7月23日。

中央电视台《经济与法》“环境保护系列节目”，2009年6月。

中央电视台《新闻1+1》：《铅中毒：招商莫成招伤》，2009年8月14日。

二　英文文献

Alimi, Eitan Y., William A. Gamson, and Charlotte Ryan,

2006. "Knowing your adversary: Israeli structure of political opportunity and the inception of the Palestinian Intifada", *Sociological Forum*, Vol. 21, No. 4, pp. 535 - 557.

Alley, Kate, CharlesFaupel, and Conner Bailey, 1995. "The historical transformation of a grassroots environmental group", *Human Organization* , Vol. 54, No. 4, pp. 410 - 416.

Almeida, Paul and Linda Brewster Stearns, 1998. "Political opportunities and local grassroots environmental movements: The case of Minamata", *Social Problems*, Vol. 45, No. 1, pp. 37 - 60.

Amenta, Edwin and Yvonne Zylan, 1991. "It happened here: Political opportunity, the new institutionalism, and the townsend movement", *American Sociological Review*, Vol. 56, No. 2, pp. 250 - 265.

Arzheimer, Kai & Elisabeth Carter, 2006. "Political opportunity structures and right - wing extremist party success", *European Journal of Political Research*, Vol. 45, pp. 419 - 443.

Auyero, Javier and Debora Swistun, 2008. "The social production of toxic uncertainty", *American Sociological Review*, Vol. 73, No. 3, pp. 357 - 379.

Baum, A., R. & L. M. Davidson 1983. "Natural hazards and technological catastrophes", *Environment and Behavior*, Vol. 15, No. 3, pp. 333 - 354.

Beamish, Thomas, 2001, "Environmental hazard and institutional betrayal", *Organization and Environment*, Vol. 14, pp. 5 - 33.

Blocker, T. Jean and Douglas LeeEckberg, 1989. "Environmental issues as women's issues: General concerns and local hazards", *Social Science Quarterly*, Vol. 70, pp. 586 - 593.

Borland, Elizabeth & Barbara Sutton, 2007. "Quotidian disruption and women's activism in times of crisis, Argentina 2002 - 2003", *Gender & Society*, Vol. 21, No. 5, pp. 700 - 722.

Brown, Phil, 1987. "Popular epidemiology: Community response to toxic waste – Induced disease in Woburn, Massachusetts", *Science, Technology, & Human Values*, Vol. 12, Issues 3 &4, pp. 78 –85.

Brown, Phil, 1992. "Popular epidemiology and toxic waste contamination: Lay and professional ways of knowing", *Journal of Health and Social Behavior*, Vol. 33, No. 3, pp. 267 –281.

Brown, Phil, 1997. "Popular epidemiology revisted", *Current Sociology*, Vol. 45, No. 3, pp. 137 – 156.

Brown, Phil and Edwin J. Mikkelsen, 1990. *No Safe Place: Toxic Waste, Leukemia, and Community Action*, Berkeley: University of California Press.

Brown, Phil and Faith I. T. Ferguson, 1995. " 'Making a big stink': Women's work, women's relationships, and toxic waste activism", *Gender and Society*, Vol. 9, No. 2, pp. 145 – 172.

Bullard, Robert, 1990. *Dumping in Dixie: Race, class and environmental quality*, Boulder: Westview Press.

Burningham, Kate, 1998. "A noisy road or noisy resident? A demonstration of the utility of social constructionism for analysing environmental problems", *The Sociological Review*, Vol. 46, No. 3, pp. 536 –563.

Buttel, F. H. , 1987. "New directions in environmental sociology", *Annual Review of Sociology*, Vol. 13, pp. 465 –488.

Cable, Sherry, 1992. "Women's social movement involvement: The role of structural availability in recruitment and participation processes", *The Sociological Quarterly*, Vol. 33, No. 1, pp. 35 –50.

Cable, Sherry, and Charles Cable, 1995. *Environmental Problems Grassroots Solutions*. New York: St. Martin's Press.

Cable, Sherry, and Michael Benson, 1993. "Acting locally: Environmental injustice and the emergence of grass – roots environmental organizations", *Social Problems*, Vol. 40, No. 4, pp. 464 –477.

Clapp, Brian W., 1994. *An Environmental History of Britain: Since the Industrial Revolution*, Longman.

Cohen, Maurie J, 1997. "Risk society and ecological modernisation: Alternative visions for post – industiral nations", *Futures*, Vol. 29, No. 2, pp. 105 –119.

Couch, Stephen Robert and Stephen Kroll – Smith, 1991. *Communities at Risk*, New York: Peter Lang.

Couto, Richard A, 1986. "Failing health and new prescriptions: Community – based approaches to environmental risks", in Carole E. Hill, ed., *Current Health Policy Issues and Alternatives: An Applied Social Science Perspective*, Athens: University of Georgia Press.

Edelstein, Michael R., 1988. *Contaminated Communities: The Social and Psychological Impacts of Residential Toxic Exposure*, Boulder, Colorado: Westview Press.

Edwards, Bob, 1995. "With liberty and justice for all: The emergence and challenge of grassroots environmentalism in the United States", In *Ecological Resistance Movements: The Global Emergence of Radical and Popular Environmentalism*, ed. Bron Raymond Taylor, Albany, New York: State University of New York Press, pp. 35 –55.

Eisinger, P. K., 1973. "The conditions of protest behavior in American cities", *American Political Science Review*, Vol. 67, No. 1, pp. 11 –28.

Fell, Dafydd, 2006. "The rise and decline of the new party: Ideology, resources and the political opportunity structure", *East Asia*, Vol. 23, No. 1, pp. 47 –67.

Foster, John Bellamy, 1999. "Marx's theory of metabolic rift: Classical foundations for environmental sociology", *American Journal of*

Sociology, Vol. 105, No. 2, pp. 366 - 405.

Foster, Sheila, 1998. "Justice from the ground up: Distributive inequities, grassroots resistance, and the transformative politics of the environmental justice movement", *California Law Review*, Vol. 86, No. 4, pp. 775 - 841.

Freudenberg, Nicholas, and CarolSteinspar, 1992. "Not in our backyards: The grassroots environmental movement", In *American Environmentalism: The U. S. Environmental Movement*, 1970 - 1990, eds. Riley Dunlap and Angela Mertig, Philadelphia: Taylor and Francis, pp. 27 - 37.

Gardner, Florence and Simon Greer, 1996. "Crossing the river: How local struggles build a broader movement", *Antipode*, Vol. 28, No. 2, pp. 175 - 192.

Gaventa, J., 1980. *Power and Powerlessness: Quiescence and Rebellion in an Appalachian Valley*, Chicago: University of Illinois Press.

Goldstone Jack A. and Charles Tilly, 2001. "Threat (and opportunity): Popular action and state response in the dynamics of contentious action", in Ronald R. Aminzade etc. ed., *Silence and Voice in the Study of Contentious Politics*, Cambridge University Press, pp. 179 - 194.

Goodwin, Jeff and James M. Jasper, 1999. "Caught in a winding, snarling vine: The structural bias of political process theory", *Sociological Forum*, Vol. 14, No. 1, pp. 27 - 54.

Gotham, Kevin Fox, 1999. "Political opportunity, community identity, and the emergence of a local anti - expressway movement", *Social Problems*, Vol. 46, No. 3, pp. 332 - 354.

Gould, Kenneth, AllenSchnaiberg and Adam Weinberg, 1996. *Local Environmental Struggles: Citizen Activism in the Treadmill of Production*, Cambridge: Cambridge University Press.

Hamilton, Lawrence C., 1985. "Concern about toxic waste: Three demographic predictors", *Sociological Perspectives*, Vol. 28, No. 4, pp. 463 – 486.

Hamilton, Lawrence C., 1985. "Who cares about water pollution? Opinions in a small town crisis", *Sociological Inquiry*, Vol. 55, No. 2, pp. 170 – 181.

Hooghe, Marc. 2005. "Ethnic organizations and social movement theory: The political opportunity structure for ethnic mobilization in Flanders", *Journal of Ethnic and Migration Studies*, Vol. 31, No. 5, pp. 975 – 990.

Jenkins, J. Craig and CharlesPerrow, 1977. "Insurgency of the powerless: Farm worker movements (1946 – 1972)", *American Sociological Review*, Vol. 42, No. 2, pp. 249 – 268.

Jenkins, J. Craig and KurtSchock, 1992. "Global structures and political processes in the study of domestic political conflict", *Annual Review of Sociology*, Vol. 18, pp. 161 – 185.

Jeydel, Alana S., 2000. "Social movements, political elites and political opportunity structures: The case of the woman suffrage movement from 1890 – 1920", *Congress & The Presidency*, Vol. 27, No. 1, pp. 15 – 40.

Kitschelt, Herbert P., 1986. "Political opportunity structures and political protest: Anti – nuclear movements in four democracies", *British Journal of Political Science* Vol. 16, No. 1, pp. 57 – 85.

Klandermans, Bert. 1984. "Mobilization and participation: Social – psychological expansions of resource mobilization theory". *American Sociological Review*, Vol. 49, No. 5, pp. 583 – 600.

Koopmans, Ruud, 2004. "Migrant mobilisation and political opportunities: Variation among German cities and a comparison with the United Kingdom and the Netherlands", *Journal of Ethnic and Migra-*

tion Studies, Vol. 30, No. 3, pp. 449 – 470.

Kowalchuk, Lisa, 2003. "Peasant struggle, political opportunities and the unfinished Agrarian reform in El Salvador", *Canadian Journal of Sociology*, Vol. 28, No. 3, pp. 309 – 340.

Krauss, Celene, 1988. "Grass – root consumer protests and toxic wastes: Developing a critical political view", *Community Development Journal*, Vol. 23, No. 4, pp. 258 – 265.

Krauss, Celene, 1989. "Community struggles and the shaping of democratic consciousness", *Sociological Forum*, Vol. 4, No. 2, pp. 227 – 239.

Krauss, Celene, 1993. "Women and toxic waste protests: Race, class and gender as resources of resistance", *Qualitative Sociology*, Vol. 16, No. 3, pp. 247 – 262.

Lemos, Maria Carmen De Mello, 1998. "The politics of pollution control in Brazil: State actors and social movements cleaning up Cubatao", *World Development*, Vol. 26, No. 1, pp. 75 – 87.

Lerner, Steve, 2005, *Diamond: A Struggle for Environmental Justice in Louisiana's Chemical Corridor*, Cambridge: MIT Press.

McAdam, Doug, 1982. *Political Process and the Development of Black Insurgency*, 1930 – 1970, University of Chicago Press.

McAdam, Doug, John D. McCarthy and Mayer N. Zald, 1996. *Comparative Perspectives on Social Movements*, Cambridge, England: Cambridge University Press.

McStay, J. R. and R. E. Dunlap, 1983. "Male – female differences in concern for environmental quality", *International Journal of Women's Studies*, Vol. 6, No. 2, pp. 291 – 301.

Meyer, David S., 1993a. "Protest cycles and political process: American peace movements in the nuclear age", *Political Research Quarterly*, Vol. 46, No. 3, pp. 451 – 479.

Meyer, David S., 1993b. "Institutionalization dissent: The United States structure of political opportunity and the end of the nuclear freeze movement", *Sociological Forum*, Vol. 8, No. 2, pp. 157 - 179.

Meyer, David S., 2003. "Political opportunity and nested institutions", *Social Movement Studies*, Vol. 2, No. 1, pp. 17 - 34.

Meyer, David S. and Debra C. Minkoff, 2004. "Conceptualizing political opportunity", *Social Forces*, Vol. 82, No. 4, pp. 1457 - 1492.

Molotch, Harvey, 1970. "Oil in Santa Barbara and power in America", *Sociological Inquiry*, Vol. 40, No. 1, pp. 131 - 144.

Murphree, David W., 1996. "Toxic waste siting and community resistance: How cooptation of local citizen opposition failed", *Sociological Perspectives*, Vol. 39, No. 4, pp. 447 - 463.

Noonan, Rita K., 1995. "Women against the state: Political opportunities and collective action frames in Chile's transition to democracy", *Sociological Forum*, Vol. 10, No. 1, pp. 81 - 111.

Norris, G. Lachelle & Sherry Cable, 1994. "The seeds of protest: From Elite initiation to grassroots mobilization", *Sociological Perspectives*, Vol. 37, No. 2, pp. 247 - 268.

Piven, Frances Fox & Richard Cloward, 1977. *Poor People's Movements*. New York: Pantheon.

Ramos, Howard, 2008. "Opportunity for whom? Political opportunity and Gritical events in Canadian aboriginal mobilization, 1951 - 2000", *Social Forces* Vol. 87, No. 2, pp. 795 - 823.

Schnaiberg, Allan, 1975. "Social syntheses of the societal - environmental dialectic: the role of distributional impacts", *Social Science Quarterly*, Vol. 56, No. 1, pp. 5 - 20.

Schock, Kurt, 1999. "People power and political opportunities: Social movement mobilization and outcomes in the Philippines and Burma", *Social Problems*, Vol. 46, No. 3, pp. 355 – 375.

Selznick, Philip, 1948. "Foundations of the theory of organization", *American Sociological Review*, Vol. 13, No. 1, pp. 25 – 35.

Snow D. A., 1998. " 'Disrupting the quotidian': Reconceptualizing the relationship between breakdown and the emergence of collective action", *Mobilization: An International Journal*, Vol. 3, No. 1, pp. 1 – 22.

Suh, Doowon, 2001. "How do political opportunities matter for social movements? Political opportunity, misframing, pseudosuccess, and pseudofailure", *The Sociological Quarterly*, Vol. 42, No. 3, pp. 437 – 460.

Szasz, Andrew, 1994. *Eco – Populism: Toxic Waste and the Movement for Eco – Justice*, Minneapolis: University of Minnesota Press.

Tarrow, Sidney, 1988. "National politics and collective action: Recent theory and research in Western Europe and the United States", *Annual Review of Sociology*, Vol. 14, pp. 421 – 440.

Taylor, Bron Raymond, ed. 1995. *Ecological Resistance Movements: The Global Emergence of Radical and Popular Environmentalism*. New York: State University of New York Press.

Tierney, Kathleen, 1999. "Toward a critical sociology of risk", *Sociological Forum*, Vol. 14, No. 2, pp. 215 – 242.

Van Dyke, Nella and Ronda Cress, 2006. "Political opportunities and collective identity in Ohio's gay and lesbian movement, 1970 to 2000", *Sociological Perspectives*, Vol. 49, No. 4, pp. 503 – 526.

Varga, Mihai, 2008. "How political opportunities strengthen the far right: Understanding the rise in far – right militancy in Russia", *Europe – Asia Studies*, Vol. 60, No. 4, pp. 561 – 579.

Vyner, Henry, 1988. *Invisible Trauma: The Psychosocial Effects of the Invisible Environmental Contaminants*, Lexington Books.

Walsh, Edward, RexWarland, D. Clayton Smith, 1993. "Backyards, NIMBYs, and incinerator sitings: Implications for social movement theory", *Social Problems*, Vol. 40, No. 1, pp. 25 - 38.

Yun, Seongyi, 1997. "Democratization in South Korea: Social movements and their political opportunity structures", *Asian Perspective*, Vol. 21, No. 3, pp. 145 - 171.

附录1　N村铅中毒儿童名单及血铅含量表

序号	姓名	性别	年龄（岁）	血铅含量（ug/L）	序号	姓名	性别	年龄（岁）	血铅含量（ug/L）
1	曹　N	女	1	557	23	曹　L	女	1	457
2	王鹏 C	男	1	393	24	孙　S	男	2	394
3	陈香 Y	女	1	372	25	周　Y	男	3	372
4	庄　K	男	2	354	26	张　B	男	2	353
5	王　X	男	1	339	27	徐畅 C	女	3	326
6	谢　Y	女	4	315	28	王一 R	女	4	297
7	庄一 N	男	2	296	29	朱　X	女	6	284
8	安永 X	男	2	284	30	宋淑 J	女	2	276
9	冯雨 D	女	2	279	31	黄　K	男	3	272
10	黄　C	男	13	272	32	黄　C	女	5	272
11	黄敬 Y	男	2	263	33	王清 C	女	8	268
12	陈俊 T	男	4	260	34	孙　M	男	5	268
13	花　D	男	6	263	35	程唤 K	男	3	263
14	程振 X	男	12	254	36	宋义 S	男	1	291
15	王义 S	男	2	239	37	周恒 Z	男	6	236
16	魏子 J	男	2	245	38	常家 Q	女	2	232
17	吴尚 F	男	0.8	224	39	张楚 L	女	0.8	230
18	孙　N	男	14	224	40	黄乐 L	女	1	221
19	赵嘉 J	男	1.5	220	41	蒋文 H	男	1.5	220
20	谢　H	男	4	220	42	胡梦 C	男	6	221
21	曹健 K	男	14	221	43	葛　A	男	4	218
22	安玉 H	男	3	203	44	徐二 B	男	0.7	194

资料来源：张思明日志《中毒儿童名单（取摘于江苏省疾控中心治疗前后筛检报告）》

附录2　N村维权精英访谈摘录

1. N村的概况以及企业在村里的用工情况。

村史有接近100年了。1958年三组迁过来。1958年前称王庄，二组都姓王。形成很早，村史有100年。第一排，我刚刚几岁的时候已经形成第一排了。

人口约800人，人口结构是杂姓。尤其三组，十几个姓氏，十几家人。

一组正常每人1.6亩左右土地；二组人均1.3~1.4亩土地；三组人均1.2~1.3亩土地。自从来了企业之后，三组只剩下企业院墙后的一点点土地，每人1分多地；二组每人还有二三分地；一组也只有人均2分地左右。大多都种上树，成了绿化带了。

企业用工有两类，一是因为土地被征用而进厂的人，他们有养老金，从工资里扣，工资在1000~2000元，最低的八九百元；每个人交7000元钱风险抵押金，最高的交10000多元。如果在厂里偷盗等，这钱就不给你了。最近几年，厂里还面向社会招收了一些苦力工人，在生产车间。在村里不多，大概10多个。每个月一两千块钱，一般1500元左右。这两类工人工资水平差不多。现在土地带地工也下岗了，不合理。因为你企业虽然搬迁了，但土地你还在用。

2. N村以前有没有出现过集体维权或者集体行动的事情？

以前，人们的维权意识很低，拿征土地来说吧，老百姓以及村干部都主动出让，具体维权的事吧，以前没有发生过类似的事情，和大规模的利益上的冲突，不管是建厂，还是利益上的冲突，没有发生这种事。这次的冲突是第一次。

3. 村委会在村民与企业、政府的冲突中帮谁？村主任和村书记是大家选出来的，还是上级政府任命的？在维权过程中（征地维权和环境维权），村主任和村支书和你们站在一起吗？他们做了哪些事情？

村委会在维权过程中基本处于中性立场。不敢明确表明帮谁。上级给他们的压力是把老百姓压制下去。

我们这个村支书包括党员选举，他年龄已经到了村支书该退的线了，因为工作很好，被上级又留用了一届，下届很可能继续留用。村主任也是上面任命的。大家以前投票选过，具体选的结果，当时我不在场，所以不知道。反正上面任命的几个工作干得比较好的都干了很多年了，村支书干了30年了，村主任也干了10年了，都好几届了。工作做得都不错，上面任命了之后，大家也没什么意见。

维权是由污染导致大家想去要征地维权，污染发现之后，发现土地给他用了，把人造成污染又后悔了，又想把土地要回来，不让他在这里生产。结果上访人员到了省厅和国土资源部，都没有明确的说法要复垦。老百姓没办法，企业污染很严重，就和企业闹污染纠纷，包括就是说，你把土地还给我们，你规模扩得越大，离我们越近。原先规模没这么大，后来非法扩的地，如果离我们远了，有一定的环保距离，就不会造成现在这么大的污染。所以，老百姓在维权要回耕地的情况下，还是为了保持不污染。

企业新扩的25亩地是其中一个小组的25亩，他新扩了50多亩到60亩左右，当时土地的材料，咱们国土资源局说他违法征地100多亩。他两个厂，一个是电瓶厂，一个是冶炼厂，违法征地100多亩。国土资源局处理意见上说要处罚，包括非法占用地，把老百姓的安置补偿一次性到位，还给老百姓钱。结果他们这个企业，通过各个部门的一种地方保护，始终没拿出这个钱，就是说，耕地没有要回来，钱也没有。

以前建企业的时候，也就是在 1988 年，他曾经一次性买断过 36 亩土地。这 30 多亩之后，全是以租代征，以至于扩充到 100 多亩的一个厂。最初的那 30 多亩是合法的，后来陆续扩张，扩张了 4 次。这 4 次都是以每亩 800 ~ 1000 元不等的租金以租代征。租金是交给村里……然后分给村民兑现。而且就是在 2008 年，老百姓没有拿到 2007 年的租金土地款。2008 年 3 月份，开始围着企业讨要租地补偿款，就是 1 人 1000 元左右，这个钱很长时间没有要来。没有要来，老百姓就围着企业，一直到了 5 月份，企业才给钱。从那以后，老百姓对这个厂就有看法。你用人家的土地，这个租地金你想要赖。再加上后来发现铅中毒，老百姓对这个企业更不满。

村主任和村支书当时呢，听说小孩铅中毒，他们以前没有见过，所以一开始不太相信。等看到检查报告单，因为村民们首先拿着检查报告单到最近的一级政府去反映村里被污染了。村主任和村支书说，我们处理不了这么大的事情，我赶紧报告镇里。镇里接到报告后说也没有听说过，如果真正小孩遭到污染铅中毒了，镇里也很害怕，说这个事情我们也处理不了，要报到市里。等报到市里之后，几天都没有回应。后来村民拿着儿童的检查报告单，三级上访嘛，先到村里，再到镇里，然后到市环保局，最后一直上访到市政府办公室。是 11 月 9 日上访到市里，但是一直到 13 日还没有回应，所以老百姓就急了。都四五天了，那么多儿童铅中毒，你市里应该马上回应，过来了解情况，可是一直没有人过来。既然市里没人问，老百姓就把企业围起来不让它生产。老百姓把企业团团围住，不让人进、不让人出，没有人出，你看就没法生产了吧。但是企业不理不问，继续生产。13 日下午，老百姓把围墙推倒了。小孩子都已经中毒了，你这边还冒着黑烟生产，老百姓肯定有过激行为。

村主任出来安慰老百姓，说：不要太激动，事情慢慢处理。

你们去推围墙吧，我们反而输理。但是老百姓听不进去他们的话。村支书和镇里干部都出来劝阻。村支书说什么呢，说你们这样没用，这个问题要解决呢，这么弄也不是法子。你们要相信政府来解决它。我相信政府一定有能力解决这个问题。但是他说这个话呢，老百姓没人听他的，说：这都好几天了，政府都没人来问。如果我们没有发现小孩铅中毒，我们自己都不知道；一发现，肯定引起恐慌。村支书到了企业里面，隔着折叠门向外面讲话，说：你们不要这样，企业的事需要慢慢地解决，这样没用。但是，老百姓没有听他的。但是呢，他又不能奈何老百姓，毕竟他是最底层的父母官嘛！如果偏向老百姓，企业和上面的领导不服，他这个村支书也干不好；如果他偏袒企业方面，老百姓对他也有看法。所以，村支书在当中非常为难。

发生铅中毒这个事情呢，村支书当然不能挡住老百姓。企业认为，你村支书为什么没有强制性地把老百姓压下去？人家村支书不可能把老百姓强制性地压下去啊。如果强制性地压老百姓，他这个事情就闹大了，他的乌纱帽肯定就丢了。所以呢，企业对村支书有看法，说村支书你是一村之长，你没把老百姓压下去，这个事情你有直接责任。这是企业老总个人的意思。后来来了一个副市长，批评村支书，说村支书铅中毒这个事情没有处理好。说得村支书后来生气了，你市长怎么了？我村支书可以不干，你不能来怨我。铅中毒的事，刚刚第一个小孩查出来，我就知道。但是我有什么权力来处理？我没办法！那为什么报到你们市里，市里不处理？一个月以前就发现有小孩铅中毒，然后到企业去找，他企业为什么不处理？因为有媒体过来采访，来曝光这件事。你们为什么市里没拿出处理意见？市委宣传部都接见那个记者了，你为什么不处理？现在反而怪起我来了。你现在就撤了我，我也不能服！村支书就这样对市长讲的。确实呢，11月13日，那个媒体记者（第一个媒体记者）过来采访铅中毒事件，市委宣传部亲自接见。完了还没处理，不还是市里造成的原因嘛！那个时候就拿出处理方案，把事情处理了，把小孩检查了，治疗了，还有后来的后果吗？市里也是一意孤行，根本只讲政绩，不把老百姓的健康放在眼里，农村的事根本不放在眼里。如果市里很早就拿出处理方案，和企业协商处理，儿童中毒怎么办，处理好了，能导致后来发生的后果吗？导致这么大一个企业搬迁，虽然这个企业搁在整个国家里不算大，但在这个行业里是最大的，亚洲最大嘛！导致搬迁的后果多大啊！损失多少金额！

村支书说，如果这个事情原因在于我，我这个村支书可以不干，你也可以撤了我的党员，我几十年党龄呢；如果这个事情与我无关，那咱们又怎么说？你市里要调查清楚，我不能受这个冤枉。后来市长说："老王，别生气了，去吃饭去。""我不吃了！我今天饱了！"村里临时安置了一个审核点，做了点饭吃，人家剩了一点饭菜，过了一段时间，村支书又去吃了。市长说："哎，你刚才说不吃，你怎么又吃了？""我现在高兴！"就是不服市长。"我现在笃意，刚才我心情不好，我现在又想吃了！"就这样脾气，30 多年老支书了嘛！

4. N 村居民很复杂，有姓曹、刘、孙、王、武、张、周、庄的，是不是所有人，不管姓什么都参加了集体行动？各个家族之间有没有矛盾，这些矛盾在铅中毒事件中有没有表现？行动过程中，有没有人没有参加你们的维权行动，或者不愿参加你们的维权行动的？除了在企业上班的人有一些没有参与你们的行动，没有在企业上班的人当中有没有人不参与你们的行动？

村里各个家族之间都没有什么矛盾。发生了这个事情之后，在企业工作的人想，如果企业污染导致儿童铅中毒，真正搬迁了，或者倒闭了，我们以后工作将何去何从？他们首先想到自己的切身利益。他们自己家的孩子铅中毒了，有的呢，是中性看法，有部分人是理性看法，还有少数人给企业通风报信，哎，老百姓什么时候要出去上访了，到哪里去上告，老百姓下一步要怎么做，他们在老百姓中间听到风声，然后给企业通风报信。他们受了企业的恩典，企业曾经给过他们一定的好处，至于企业给了他们什么好处，咱也不知道。有的人家家里有人在企业工作的，说："看，你们这样和企业周旋、这样闹，闹下去，到后来，企业还是在这里生产。弄不好，你们几个都蹲监狱。等把你们几个都抓起来了，你们就不闹了。"他们在等着看笑话。有的家里有好几个人在企业工作，他们把老百姓的动向掌握得一清二楚，然后给企业通风报信。他们给企业报信不会让老百姓看到，但老百姓都能估计到是谁干的，八九不离十。后来老百姓有所警觉，谈话的时候，发现他们来了，就不谈了。当然，像这样背叛我们的人毕竟不多。

在企业工作的人，有的在观望，既不参加维权，也不会给企业通风报信，他们是中性的，像墙头草一样，随风倒。如果企业没事，我以后在企业照常上班；如果企业倒闭，我家小孩也中毒，我也要赔偿。有一种呢，是非常理性的，我虽然在企业上班，但是，哪个重要？我孩子健康重要，我也参加维权。所有在企业上班的人，大约有三成是中性，三成是理性的，还有三分之一呢，倾向于企业。牵扯进来的有三个小组，一组没人在里面工作，二组有人在里面工作，三组（就是我所在的小组）没人在里面工作，所以，中性的、理性的，以及给企业通风报信的，都在二组村民里面。

企业征用的土地多属二组、三组村民所有。原先，企业第一批用36亩土地，那属于一次性买断，也就是七八千块钱一亩吧，其中每一亩地给两个带地工，就是把二组的人带进去了。后来征的三组的土地和再征二组的土地，就没有带地工，因为是给的租金，这些都是不合理的。总共加起来，二组有70多人在企业上班。

没有在企业上班，家里没有小孩的，或者家里小孩也铅中毒的，有很少数没参加维权，胆子特别小，怕人报复。

5. 我的一个想法是：家里有未成年的小孩，并且小孩血铅超标严重的家庭会积极参加与企业的交涉，如果家里小孩都大了，他们就不大会参加，你觉得这种想法对不对？（美国学者哈密尔顿发现，女性和有 18 岁以下孩子的父母对有毒化学物品污染环境问题更为关注。）

这种想法不对，小孩子虽然大了，20 多岁了，但是结婚以后也要生孩子，所以他们想到：哎，别人家的小孩让污染了，我的孩子将来再生孩子我找什么地方去住？所以，他们也出来维权。（由此看来，哈密尔顿的结论在 N 村铅中毒事件中没有得到支持。）

6. 你觉得铅中毒事件对村子产生了什么样的影响？铅中毒事件过后，你觉得村里现在发生了哪些变化？

铅中毒对老百姓的心理造成了很大的打击。有的人现在还忧心忡忡，他们的小孩虽然排铅了，身上的微量元素排下来了，慢慢他会了解到，就算排下来了，也会对小孩身体不好。我有个侄孙女，当时在上海排铅的时候，医院已经给死亡通知书了，但是经过 4 天排铅又被抢救过来了。当时接到医院给的小孩有可能死亡的证明之后，家里人都吓哭了，小孩又被隔离起来不给大人见，后来电话打过来之后，政府这边运河镇的李镇长带着我哥连夜开车到上海去，看看具体情况。后来隔离 4 天后脱离危险了。当时去排铅排了几次，小孩健康状况受到很大影响。张英和张丽在住院过程中被开水烫了，备受折磨。张英到现在还处于弱智状态。小孩身体上的伤害无法弥补了，大人心理上的伤害也是无法弥补的。到底小孩健康受多少影响，谁都不知道，连专家也说不清楚到底能影响多少，是不是将来正常，也没有明确的说法。

在治疗过程中和过后，大概是 2009 年左右，村民提出了理赔要求，理赔包括未来的，包括治疗过程中的生理影响和心理影响。这个理赔是治疗过程中提出来的。原先我提出的理赔是走个形式，中毒了，要个说法。到后来，确实给小孩造成了健康上的影响。这种理赔肯定不会低了。智力上的影响和身体正常发育的影响。为什么 3 岁的小孩长成一副病态，这么瘦小，没有原因的肚子疼哭啼？这种理赔要求是在小孩治疗过程中和过后，大概是 2009 年。

当时要多少钱的问题我曾经说过，甘肃省徽县铅中毒事件，那边的赔偿有一个比例。这个比例是地方上适合的比例。徽县的比例肯定不适合咱们。另一个是年度上的差价。比如那时候赔 1 万，但那时候的物价是 1 块钱 1 斤，现在是 2 块钱 1 斤，你现在就要赔 2 万。加上地方上的差别，肯定赔得要比那里多。当时呢，北京有个记者说，北京有个律师负责起诉污染企业，理赔的事情。后来理赔了。村民要理赔，问要什么样的理赔结果，我说，到底应赔多少，我也说不来。小孩受到身体上的伤害，根据含铅量定。如果弱智了，终身伤残都可能，那肯定赔的要多，说不定几十万。伤害得轻，赔偿肯定就少。当时记者打电话问我要不要律师。这个律师就是当年徽县那边帮着打官司的律师。我说，律师暂时就不要了，政府还能处理不好这个问题吗？后来政府没有处理，村民问应该赔多少钱。我告诉村民说：咱们照葫芦画瓢。你们到水阳乡，有名字，网上都有，每家小孩叫什么名字，家长叫什么名字，到村里一问就知道了。从徽县找到水阳乡，水阳乡找到小牛坝村，到村里再问叫什么名字。你问他当年赔多少钱，这不就知道了吗？我说，到那的车票很便宜，到徽县车票不到 100 块钱，你去两个人问问。政府和企业对我一直有看法，说我明显有一种攻击性的心态。所以，这个事情我不愿意出面。我说你们到水阳乡去看看。他们赔了多少钱，肯定有个收条、收据一类的。

村民呢，一个意识浅，第二个呢，奔波能力差，再一个呢，怕花费，所以最后也没上水阳乡去。后来我家小孩不幸遇难了，我也没有能力再去过问这事了。本身没有小孩了，加上我经济上没有能力再帮助他们维权，到底应该赔偿多少钱。如果我家里不出这个事，小孩不遇难的话，我要出面的话，这个理赔我一定能争回来。

7. 秦坤是不是《市场信息报》的？他是怎么知道P市铅中毒事件的？在他来之前，你有没有想到过通过联系媒体来解决问题？在《市场信息报》记者来过之后，按时间先后又有哪些媒体记者来过？

《市场信息报》（法制版）的记者。在中华环保网站上看到了投诉信，然后又打我电话联系我的。

我投诉的时候，没有想到通过媒体来解决。我认为应该由环保部门派人来调查。原先我在省人民网、省党政两个政府机构的网站上投诉过。网上有回复，说：你们这事我们不能管，我们管贪污腐败之类的事情。你们这种事到环保网站上去投诉。

秦坤记者来了两次。第一次来了之后是《产经新闻》，也是在中华环保网站上看到的，叫张士祥的一个记者。后来是南京电视台教育频道，一个女记者带来两个男记者。她说他们扛着摄像机去采访镇政府，没人接。回来说："你们还是去找北京那边的媒体吧，你们这边的保护主义太强了，他们根本不理我们，我们气死了。"然后他们就走了。后来，《新华日报》记者也看到了投诉，过来了，一开始没找到我，找到我的邻居，李德明的大哥，转告我说来了一个记者，搁网上看到投诉，是你的名字。见了面之后，他把名片给我看，说："过一段时间，如果这件事情属实，我会给你曝光。我们报纸影响很大。如果他们不理不问，你就去找《中国青年报》记者，李润之。这个人非常正直。大贪官他都敢搞，胆大。如果说你跟我要认识，他就不来了。千万你别说跟我认识。"他把李润之的电话也给我了。后来我联系李润之，他问我，你是怎么知道这个号码的？我说是刘记者告诉我的。他一听说是刘记者告诉我的，果然不来了。因为刘记者是邻市人，我是P市人嘛。他怀疑刘记者跟我有亲戚关系。自己不干这个事，找他过来帮忙。后来刘记者问我怎么回事，我说电话号码是刘记者告诉我的。他一听急了，说：你不要这么说啊，就说是从网上查到了，你这么说，他就怀疑有私人关系。后来小孩到 O 市治疗过程中，另一个村民在网上投诉，《瞭望东方周刊》记者杨明怀过来了。当时小孩已经查出来铅中毒去住院治疗了，我们村里一个姑娘的对象在临出外打工之前，在网上又投诉了。这个姑娘生了娃，也中毒了。杨记者看到了这篇投诉过来的。他在哪个网上投诉的我就不知道了，也许是新华网。

《瞭望东方周刊》记者出稿之后，中国人民广播电台《中国之声》记者过来了。媒体记者来了不少，包括《江南快报》《江南时报》等，但是说不出来，不认识的很多。

《焦点访谈》记者在中央电视台 × × 频道记者后面来了，他们还没走，新华社南京分社就过来了。× × 频道两个记者在这里的时间较长，采访的东西也最多，后来，他的节目被攻关了。他有 40 分钟。新华社的采访视频原先放的也有问题，只放了 1 分钟。后来我把视频发给杨明怀，杨明怀问我，怎么放这么短？采访就采访这么少啊？采访李局长谈话那段呢？你直接打电话问总编，如果不行，我到新华总社去投诉。后来我直接打电话到南京，我说我就是村民张思明，我们的事情怎么放这么少？总编说：这事你别问我，你去问采访记者。然后就把电话挂了。我后来打刘绍清电话没打通。总编当时虽然把电话挂了，但过几天片子就放长了。

8. 当企业副总经理刘清风收买你的时候，你为什么没同意与企业合作呢？

我既然出面维权，企业私下给我点钱，表面上就过去了，没分出输赢，人家看不到吗？哎，他怎么不了了之了，肯定给他钱了。别人一下子就想到了。另一个，我已经发现十几个小孩中毒了，那你给我钱收了，别人怎么看我？我怎么做人？人家又怎么办？如果我不找你了，别的村民肯定找不起来这事，我也想到了。还有，你拒不承认，刘某当时说：“你看这个事怎么处理？

给你点生活钱，给小孩买点什么啦，给两个钱，斗什么呢？别斗了。至于那1000块钱问题我觉得赔不赔无所谓，你看你的意思，给你多两个算完了。”不是一次两次。我说：“那不行，总共合计起来，50000块钱你肯定不愿拿。包括车旅费、检查费、小孩买药费，再加上两个大人带一个小孩到其他城市检查的误工费，这18家你总共拿35000块钱。”后来电话里说，35000块恐怕多了点。给你3万块钱算了事。还曾经说过，我说这3万块钱我不接，既然村民们委托我办事，我就要办得板正点，连误工费1人50块钱一天都给补上，把小孩检查费都给补上。我初步估计35000块钱，至于精确的数字，35000块你要拿，我就给你办，不拿我不给办了。他说，补偿的事你别谈了，不可能的，你看总共你要多少算完。这是电话里说的。后来发条短信，这条短信被中央电视台记者用摄像机都照走了。我后来回了一条短信，我说，这事我不问了，我开我的饭店，你开你的企业，互不干涉。你这个钱不拿就算了。我带小孩再复查复查，没有问题就算完。

9. 你是在“国家环保总局”网站上还是在“中华环保”网站上进行投诉的？向P市国土资源局递交举报材料时的情况介绍一下。

《有色金属报》记者说：“你当时在网上投诉，你知不知道这个网站是谁设的？”我说：“这个我不知道。我认为是环保总局设的。”他说：“不对，这个网站是媒体设的。”

国土资源局的这份投诉材料是我一人带过去的。这份投诉材料后来另一个村民递送到江苏省国土资源厅，当时我和他一起去的，但是我没有出示身份证，没有说上访这件事。因为我已经在国土资源局申报过了，在处理期间内你不能重复上访。所以，国土厅由他去，我去卫生厅递交有关三院作假的材料。

P市国土资源局因为牵扯了媒体进来，所以说要秉公处理。在法定时间内国土局答复说，这事我们在三个月内结案。处理意见上写：确实存在违法征地。总计100多亩，哪一年哪一年多少亩，建议土地出让单位拿出安置补偿款。当时的接访人员说，你是一定要求复垦，还是要求他们给你们补偿款？我说，要求复垦太不合乎人情。车间都盖好了，院墙都砌好生产了，你叫他复垦，你不是难为他嘛！这个不容易做到。你叫他给安置补偿费吧！我在处理意见上也签了字了。后来，补偿费也没给。

10. 你有没有与甘肃水阳乡的人有过联系？如何联系上的？他们给你提供过什么帮助？如果没有联系过，甘肃徽县的铅中毒事件对你有什么帮助？

没有联系。后来他们讨论补偿的事，因为我家里出过事，我就没有参与。甘肃事件肯定对我有帮助。如果不是在网上发现铅中毒事件，也不会想到咱的这么严重。一个呢，自己小孩发现铅中毒了，只要在网上输入“血铅”两个字，一点击，就把那个事点出来了。

除了甘肃血铅事件外，我还知道浙江长兴的事件，中毒死人了；云南也有。在我们前面发生的是一次有14名儿童中毒的。

11. 你们有没有在一起讨论过孩子为何会血铅超标？

发现小孩异常之后，一开始没有想到是血铅超标造成的。小孩不明不白的，正睡觉呢，非常乖的，夜里起来哭什么呢？还非常生气，在屁股上打了一巴掌，叫他睡觉。后来发现小孩血铅很重，才知道小孩夜里哭的原因。后来家长有讨论。我对周成勇说：你小孩都3岁了，怎么那么瘦小的？还那么调皮？张海头上撞那么大包，不嫌痛。后来在网上一调查，小孩兴奋、失控导致智力不好，所以就越调皮。另一个，小孩身体不适可能是肚子疼、大便干。在实践中看到的，在网上了解的，一比较，就知道了。

小孩铅中毒之后，我一下子就怀疑是这个厂导致的。因为甘肃省水阳乡的企业离得近，导致小孩铅中毒；我们这里也是离得近，首先想到的是这个厂。看到了甘肃的事件，一下子就想到了。

12. 你们在与政府和企业交涉过程中一开始只要求赔偿经济

损失，后来怎么发展到要求企业搬迁的？这个要求是在什么时候提出来的？是某一个人提出来的，还是大家在一起开会反复讨论商量之后向政府和企业提出来的？

要求企业搬迁，一开始是从医生嘴里给出的，是O市三院的唐医师。因为我的小孩当时检查是正常标准，没有作假嘛，我把小孩的血检报告单给中毒科的唐医师。医生当时就说了："这个，你小孩怎么铅超标的？"我说靠那个企业近。"什么企业？""CX厂。""哦，P市有个CX厂，这没有用，你小孩超得厉害了。你的污染从哪来的？肯定从那里来的。你治没用，治了白治。你要想叫小孩好，你必须得赶它，把它弄走。"

那么大的企业，一开始不能让它搬走。发现大规模中毒之后，大家一起提出来要企业搬走。11月14日，市政府副市长郑春在村办公室召开村民代表会议，商量这事怎么办。村民说："不行，这么多人中毒，这厂不能在这开了。"郑春是副市长，说话也不能算。开会不了了之，一哄而散。村民就围着厂子："不叫它生产了。"用人围成人墙，把厂门堵起来了。

郑春来之前，大家也讨论过把厂弄走。一发现儿童铅中毒了，大家呼地全跑村里去了。首先找村支书。村里挤满了人，村支书没办法，赶紧给镇里打电话。镇里过来人，就是纪检委书记王斌。当时老百姓围着王斌。王斌也说不出来什么。后来14号那天就来了市里干部。老百姓一直要求厂搬走。要不然你叫村搬走也行，但是得合情合理。后来市里有这项决定，要搬村子，量一下1000米范围内有多少房屋，多少户居民，需要动多少房子。也是一个不小的开支。但是，村民一想，你们搬，我们以后祖祖辈辈住在这里，一家一院的，为什么我们一定要搬，搬到什么地方？后来省政府来人，要求开村民代表会议。说你们选几个村民代表，拿出个意见，是厂搬走，还是村搬走。当时去7个村民代表，1个不表态，6个人一致认为企业搬走。当时我没去，因为我是敏感人物，我是不去的。

13. 村民联合起来集体与企业交涉总共有几次？2007年，为了征地补偿款在企业门口坚持一个多月；这一次行动，大家在门口干啥？每次坚持了多长时间然后散去？

100多人在太阳底下静坐，上午去，目的是不给生产，把门堵上。大家从上午坐到下午，有时候干部来劝，说这钱马上能给。镇里干部找村支书，说这钱1星期之内肯定给。定个日子，到那天不给，你们说什么都行。过了一段时间没给，老百姓又到厂门口。连续4次，从3月份一直拖到5月份。承诺4次都没有履行。后来实在不行了，没法了，企业先拿出7万块钱。押在村里，但是不够分的。但是老百姓心里稍微安稳了，原先一直认为企业的钱给了，被村里挪用了。所以都到村里找说法。村里说这个钱确实没给，到俺这里来没用，后来才去围厂子。大家是不约而同去的，一说没有，几个人一谈话，说这钱没给就去了，然后大家跟着去。

征地维权主要是因为补偿不到位，还是因为自己的土地稀里糊涂地被政府给了企业大家不甘心？当时去主要是补偿没到位。不是连续的。因为有人来协调处理。镇里干部来给村里保证，连保几次，人都不相信了。

14. 2008年11月多名儿童检查出血铅超标后，向三级政府递交报告和书面材料，没有得到解决，村民推倒了企业围墙；当时大伙的愤怒怎么被激发起来的？哪些人参与推倒企业围墙的？这些人文化程度高吗？有没有人劝阻？有没有人牵头？

这次是连续的，从11月14日一直到12月，天天有人围着企业。先推倒一段围墙，留一部分，然后再推。连续多天。推倒企业围墙的都是中毒儿童的家长。村干部当时劝说。

愤怒情绪被激发最早是因为向三级政府递交材料，几天没人问。而且，那么多中毒名单，你企业还冒烟生产，就激发起来了。

去的时候，没人牵头，自动去的。郝市长开村民会议，没说出所以然，有村民嚷嚷，不给生产，把墙推倒。村民一哄而散，走了。去围企业去了。市长还没走呢，那边说，墙被推倒了。

15. 2008 年 12 月，村民两次进京看病被打，引发对企业的极大愤怒，导致村民集体砸碎企业设备。当时是谁打电话报告了你们在北京的遭遇？这一次，大家又是怎么聚集起来的？

一天到晚两地电话接连不断，村里跟北京都有联系：小孩住上院了吧？问候问候。还没挨打的时候，说企业停了一段时间。14 号晚上，也就是挨打的那天夜里之前，说搁北京治疗也不给治，上访也不给上访，人家厂子又生产了。14 号人又点火了。老百姓站出来看，厂子点火了。北京挨打，老百姓上火了。去砸厂子。

年轻人不敢去，企业找了一部分混混助战，容易打出人命；还有执法大队，到处都是警察。年轻人去就可能被抓起来。去的是妇女、儿童、老人，还有没什么文化的，比较过激。是这些人把企业砸了。

16. 在发现孩子血铅超标之前，你们已经意识到企业生产会带来环境污染，因为很多经济上的损失，有没有意识到会损害健康？哪些村民经济上损失最严重？他们为此怎么跟企业交涉的？

经济上三组村民最严重。刚开完花的麦子，后来全部干瘪。栽的银杏树全部死掉。大杨树也干掉了。村里上了年纪的人到企业里交涉了很多次，但是，企业说给补偿，把死亡的树数数多少棵，也有记录。负责人也去数了，但最后也没给钱。

那时候，都嫌烟味难闻，没想到会对身体有伤害。1996 年，稻子都大面积死亡。但没想到会危害人体健康。

17. 你对环境污染是什么态度？

A）不能容忍，就算企业给我点钱，我也不能忍，因为我和家人的健康受到了损害。

B）可以容忍，只要企业对我的经济损失进行补偿就行，健康受到了一点伤害就算了。

C）容忍，企业不给我进行经济补偿，我也忍了，因为企业在帮我们这个地区进行发展。

我选第一条，不能容忍。不光是我一家小孩，这么多小孩，子子孙孙以后，都要在这里居住。对他们世世代代造成污染，影响下一代，包括智力和身体健康状况。

18. 当时8名儿童在南京儿童医院检查，怎么突然又赶往西安第四军医大学医院看病的？

为了有一定的说服力，在O市查这么低，我到南京去查，虽然报告没拿来，我到西安去查。我用两家比一家，多查一点，证据更充分。西安查的报告书，当天就能拿到。南京需要观察一个星期，那边说，你一星期后来拿结果，实际上也就第二天，结果就出来了。家长在去西安的路上，南京疾控中心电话已经打到P市疾控中心。（因为P市疾控中心到村里了解这事。说南京儿童医院那边，有家长姓名，有手机号，有孩子的姓名，叫村主任到村里去了解。村主任一蒙，不知道什么事。到村民家里了解，家里没有人。家里有人的也说不知道。实际上人已经去西安了。）

疾控中心到村里了解之后，村支书打电话给我，说："我问问你，现在企业老总打电话给我，说你搞什么搞，你怎么带人家小孩去检查了？检查的小孩全部中毒了。"我说我不知道。"你不知道？那人家老总怎么说是你带人检查的。"我说："他们到南京儿童医院检查，匆匆忙忙走，我哪知道？几个人去西安了，我知道的，他们上南京去，我不知道。"后来才知道，那几个儿童，搁P市医院检查的，带到南京检查。

19. 11月，派出所所长和村民发生了冲突，打伤村民杨长荣，当时的情况是怎样的？

当时，派出所开个警车到村里，杨长荣是个老头子。他意思呢，派出所来了，我到派出所跟前说句话，问问这么多儿童中毒了怎么办。他刚到车门边上，派出所所长可能以为老头对他不利，用催泪水刺他脸上去了。刺到眼睛之后，什么也看不见了，就倒下了。其他村民赶紧去看看，又被刺倒两个村民。然后，派出所的人开车跑了。

20. 村民李蔚是怎么发现孩子血铅超标的？在你给孩子测量血铅时，村里也有十几个儿童被发现铅超标，他们是怎么发现的？是受你的影响吗？

她发现得早，是第一个发现的。在2007年，她小孩在微量元素检查中发现铅超标。至于她跟厂里怎么交涉的，我不知道。微量元素检查是医院里医生的建议。比如带小孩去看病，不长牙啊，不长头发啊，医生会建议做个微量元素检查。

李蔚的事情对村民只有言语上的影响，知道她家小孩铅超标了，但都没往心里去，因此没有产生实际影响。

我应该是第五个发现小孩铅超标的。前面还有几个也发现过，但都没上心。后来我检查了之后，大家谈起来才说，“我家也有”，这才注意。

李蔚拿着检查报告单怎么跟厂里交涉的，我也不知道。老百姓一直怀疑她是厂里的秘密通信人。所以，村民几个人在谈论有关厂里事情的时候，她一到跟前，大家就不谈了。她家里人都在厂里工作，原来因为偷点小财物被厂里开除过，拿了报告单之后，又到厂里上班去了。

受我影响的是住得离我最近，靠着我饭店的两家。常接触的人一谈话就知道了，俺的小孩也超标了，俺也查查。后来的村民被我们三家共同影响，又去检查了。

21. 你们什么时候开始搜集证据的？搜集了哪些证据？（工厂生产时浓烟滚滚的录像）

排污录像、庄稼和树木死亡录像、排水沟野草的死亡、流出水的地上起了厚厚一层白碱，再加上生产过程中热气腾腾的烟雾的照片和录像。后来主要以血铅报告为主。

22. 我注意到，你说大约有70%有能力搬迁的人都带着孩子到其他地方居住了，他们主要搬到哪里住了？他们搬走了，跟企业交涉的主要是留在村子里的人，是吗？要是他们知道村民要跟企业交涉，你觉得他们会回来参加大家的集体行动吗？

在P市城里租房，买房子的人不多。租金一年在2000元左右。除了P市之外，没有到其他地方的。搬出去的人没有参加与企业交涉。到后来维权的时候，也有参加的。他也会出来讲讲理：为什么俺小孩搁在城里没有事，在村里有事？过激行动主要是小孩受影响严重的家长。

虽然自己孩子大了，但是他想到自己孩子结婚生子，还是会受影响。还有呢，就是自己的侄子等住在村里受影响了，他们有小孩。

搬到城里住的，讨要地钱的，多数都回来交涉了。牵扯到污染的事情的，搬到城里住的有一半人回来了。因为他们老婆孩子虽然搬到城里住了，平时，他还回家。这样的人也会维权，总有一天，他还是要回来嘛，不是永远在城里住的。

23. 政府通过什么方式阻拦你们进京？

第一次到北京，政府不知道。到北京发现小孩中毒之后，医院有一方面规定，必须通知政府：你们是群体性中毒事件，通过政府同意安排治疗，不然不给接诊。因为你是公共化的，公共事件，不是私人事件，所以必须由政府委托治疗。

政府不敢委托。委托之后，医院要做鉴定，鉴定是污染中毒，厂和政府要负责任。政府不委托，个人出鉴定，没有多大意义。现在在全国都由政府出面委托鉴定，或者是法院，或者是律师。个人无法鉴定，没有用。

自从发现大规模铅中毒之后，政府就安排人家家户户看着，在第一次上北京之前就这样。派的人来自街道办事处、各个村委会、YH镇的干部、居委会干部等。他们白天一家跟两个人。估计你这个人有点小影响能力，给你两个人看着，跟你拉关系。隔一会儿就上你家来看一下，你有没有走。有的直接来跟你拉呱不走。每一户都来做工作，不要过激、不要去上访。家家户户都有人。小轿车开得满村都是。这种情况从 11 月 13 日晚一直持续到 17 日。后来，政府把小孩安排在 O 市住院之后，去的人就少了。看的人疏松了。后来镇领导开会说：在医院住不好，最好回家，叫出院。听这话，村民自己找大医院。

到北京去的时候，上火车的时候，火车站有拦访的。他拦访的是上访的人，目标没有盯着抱小孩的人身上。第二次上北京时候搁邻市上的车，从这里擦肩而过。我们到邻市去政府不知道。谁也没想到会背道而驰。外出的时候，人到……晚上知道火车的点，一个一个的，抱小孩、带着包啊，打着出租车就走了。你从你家走了一人，他从他家走了一人。

24. 你觉得在铅中毒事件中，男人和女人有没有分工？

这种分工倒是没有。

25. 介绍维权精英的情况。

维权精英：周成勇，他的小孩特别严重，还有一个李敏德，他小孩发现得比较早，和我小孩一前一后发现的。开始维权的时候，有 3 个人去维权，包括找企业协调，找企业理论。哪 3 个人呢？包括我、李敏德和张振兴。张振兴是个粗人、莽汉，像张飞一样，但是，他发现小孩中毒之后，他也积极主动去维权。他去过三院，去上访过三院。因为三院给他小孩出假嘛！他小孩中毒那么严重，三院出的证明却是特别特别正常。他小孩写得最低。后来《焦点访谈》记者到三院去采访，带了一个曾经在三院检查过的小孩，再来复查一遍，卫生厅和疾控中心都复查过了，在治疗当中，好几个医院都查过了，再到你们三院查，你原先查的，是什么结果，再到三院查。张海的爸爸把张海再带到三院，又检查了一遍，导致他三院露了马脚。三院给写的不高不低，叫你很难想象的一个数字。比他医院初次查的肯定要高些，但比疾控中心和其他医院查的要低，不然不好交差啊！他很难说，如果说他机器出了毛病，你机器出毛病你医院怎么开的？一次两次，不能老是出毛病啊！查了几个出了几个毛病，那还行吗？如果说医术不行，你医院也没法接诊。所以说他很难说。

小孩中毒的几个家长中，多数都很莽撞，该何去何从，根本不知道。相比而言，周成勇稍微好点。周成勇其实也是个粗人，也没有多少很过硬的法律意识，对于应当如何维权也没有多少主意。但是一步一步走，就逐渐形成了后来的维权过程。第一次，周成勇发现小孩中毒的时候，是在企业带着他的小孩到O市医院检查的时候，检查的报告单上写的是在正常健康范围之内。周成勇有点怀疑，就找我，说："你那小孩铅超标了，住得近，俺住得也近，为什么俺这个小孩他给写成这样，你看对不对啊!"我说："具体对还是不对，我也没有把握说，因为……除了再复查，别的也没什么办法。"他说："怎么这么巧，110的标准，我的这个是95?"他拿了几份检查报告都正常得很，"我对这个企业负责检查有怀疑了。"我说："你怀疑归怀疑，只有检查事实才能证明一切。"说完，周成勇就走了，走了之后，企业为了证明我说他污染导致中毒是假的，北京的一个媒体已经报道他了，说他污染导致中毒是假的。所以，他抽了几个小孩去检查说是正常。第二个媒体来了，是国务院新闻办产经新闻中心来了一个记者，围着企业看过了，说这个企业离村民这么近，肯定有问题。这种铅锌行业有一定的环保距离的，所以肯定有污染。《产经新闻》也要去做报道。再有一个报道出来的话，他影响力就大了。企业为了封这个报社的嘴，在离村子最近的地方抽8个儿童，检查都正常，把这8份检查报告发传真发给《产经新闻》记者。记者接到这个传真时稿子已经写出来了，版面都给排好了，但是社里不敢发，记者反而被社里狠狠批评了一顿，你采访这个新闻，版面都给你排好了，竟然不实。后来记者对我说，我只能报道一篇非法征地的事。后来，这几个被企业检查正常的儿童被家长偷偷带到南京儿童医院做血检。

周成勇是一个地地道道的农村人，初中毕业，文化程度不高。维权过程中外出闯荡过的就我一个人。在外面打工的人是有一些，但是用法律作为维权工具的，他们脑子里这种意识都很淡。他们对我说：这事怎么协调，小孩中毒要什么样的补偿，你跟企业谈，咱们要争一个理字。你说不是你的事，如果企业承认是它的事情，就是补偿也很少，每个小孩健康补偿要 1000 元。我为什么就要这么多呢，也是为企业着想。以后一旦再发现中毒的情况，企业只要花很少的资金就可以解决。如果要多了，企业也不好赔偿，人家要开支多少啊！我想想，那么大的企业，跟它要 1000 元，那是很小的数字。企业为什么不愿意拿这 1000 元？有两个原因：一个是强势思想。我再有钱，你一分钱也别想要我的；二是如果拿出 1000 元，等于认可铅污染的事实。要是你拿了 1000 元之后再来搞我怎么办？把咱想得太坏。如果你拿了，咱就是争一个理字。至于小孩会受到什么样的损伤，咱毕竟懂得还少。至于铅中毒，咱都是在网上浏览的知识，知道小孩会造成什么样的后果，但是需要什么样的治疗，多少资金治疗，咱们也不知道。当时要 1000 元买排铅药肯定够了。第二呢，你虽然默认中毒了，拿出 1000 元了，咱把小孩带隔离了，不搁这儿住了，不行了吗？远离这个企业，后来你企业随便怎么生产，咱也不问。结果呢，企业就是不闻不问不理。后来找他们老总，他面都没给见，明明在里面，老总就是不见，安排下属见见。

我是小学文化，因为家里经济特别困难，困难到没有衣服鞋子穿的地步。家里很少开支，因为非常困难，几元钱都非常艰难。所以，在小学结束时候，我考完一门试就回家了。这门试我考了全班第一名，校长、班主任都非常欣赏，上我家找了我两次。我没有回去，帮着家里做事。那时候还是生产队呢，我帮着家里攒工分，帮着村民看麻雀，一天能赚个几分。到 15 周岁的时候，在 P 市城里的建筑工地做小工，每天赚 1 元多钱。做了 3 年小工之后，慢慢学点技术，成了技术工，一天能赚到四五块钱。我到了已婚的年龄了，一天也就赚个五六块钱。结完婚之后，也还是一穷二白，一天能赚到 7 块钱。也曾经被人欺骗过，给人打工，干了一个多月，人家把工程忘了记了，也没发工资。后来成了小家庭之后，过得非常艰难。手里连个十块二十块的都没有。平时也去捕点野鱼，抓点小龙虾卖点钱。后来，日子过得稍微好点了，添了一个小孩之后，我 1997 年左右到过黑龙江打过工，时间不长，半年左右。到过上海做过工，上海去得早，当时还没有结婚，在上海也是待了几个月。在黑龙江、上海做工都是在建筑方面。虽然只有小学文化，但经常接触一些书籍，字不认识，翻翻字典查查，认识的字就越来越多了，比上学的时候认识的还多。后来我哥哥大学毕业后考上了律师，我的法律意识受他影响，但从他那里获得的法律知识不多。简单的法律知识在家里听得也很少。到 2004 年，小孩上学要用电脑，所以装了一台电脑。一开始不会用，后来慢慢摸索会用之后，在上面了解的东西越来越多。有关农村的民法一类的，搁网上都能查查看看，所以在法律上有一定的认识。认识虽然少，但比其他村民肯定要强一些。

维权过程中，我一直没有告诉我哥哥。他知道的时候，这个事件已经爆发了。有人一直认为是当律师的哥哥在幕后指使。到三院理论、到南京上访、后来到北京上访，一直认为是我那懂法律的哥哥支持。实际上，去上访企业，这个企业都是黑白两道的，去告他都是很无赖，没有办法的，去维权都是非常危险的，所以，人员我尽量少牵扯进来。后来铅中毒事件爆发之后，我到北京之后，有人对我哥哥说，很多人都说是你在背后指使，你到北京把你弟弟接回来，人家对你的看法也许会改变。所以第一次他到北京把我接了回来。市里找司法局，司法局找律师事务所律师长，律师长找他。律师长、司法局沈局长，跟他 3 个人一起到北京把我接回来。市里知道上访的人叫张思明，是张思文的弟弟，所以命令沈局长，沈局长命令张思文律师，必须把人接回来，都是带有命令性的。第一次是在 12 月 6 日。上面派的人很多，包括信访局局长、YH 镇纪检委书记等，去了不少。这些人去接我们，我们不回来。我在北京接到我哥哥电话，说“我马上到北京，我到北京去接你回来，是市里的意思，也是司法局的意思”。我说你不要来，你来也没用，我也不会跟你回去。这不是牵扯私人上的问题。他们来到北京之后，我也不想叫我哥哥在司法局局长面前为难，在这种情况下，我家三口人跟着司法局的车就回来了。其他村民后来被原先去的 20 多个人，包括混混、干部等强硬地装上车拉回来了。

司法局局长允诺，说每一个到北京来，12 月份，天气那么冷，抱娃娃带小孩不容易。为了有说服力，起码给家长意思意思。我向市里申请一人给要 1 万块钱。我一个局级干部，1 万块钱的面子，又 7 家人，我这点面子没有吗？市里有的是钱，我就要几万块钱，几万块钱的面子没有吗？结果，他给市委干部打电话。在回来的路上，我听司机说的。说：“你看这个政府吧，做事也过分吧！跟局长打电话说，一人给一万块钱？那还得了！那一人给 5000 块钱，100 个小孩中毒，就要给 50 万，那得多少！”司机跟我哥哥在车上拉呱，说：“现在 50 万事情能不能解决得了还不一定呢！”后来我听到这个事情非常气愤，哦，我们的健康受影响，1 人 5000 块钱就 50 万了，50 万能不能把小孩治好，能不能解决问题，还很难说。1 人拿 1 万块钱，你把小孩带到南京去治疗，因为北京是敏感的神经区，咱们也没有意见。南京非常发达，你就在 O 市糊弄，那肯定不行。6 号把我们拉到家之后，到 9 号，既没有安排到南京住院，也没有任何回应。所以，9 号晚上，村民们抱着小孩又返回北京朝阳医院。

司法局局长个人的允诺向市里每人要 1 万块钱，给小孩治疗补偿，并且安排到南京治疗。这已经超过他的极限了，他没有这个权力。他只是一种想法。他在打电话时说市里有人允诺安排到南京治疗，但是 1 万块钱市里没有允诺。

2001 年春天，盖了几间房子，搁地上开饭店。后来市委、市政府说，沿公路沿线，100 米内不准有建筑，房子被拆掉了，影响市容。后来我在原地方，在不影响市容的情况下，用木工板装了几间非常漂亮的房子，又开了7个月，原先开了1年半，被政府拆除，隔了2年，装了板房，开了7个月，又被政府拆除了。钱也没挣着，后来没办法，到河里政府不能再拆了吧！拆除的板材也有好几万块钱，不能浪费了，所以我就用板材做了一条船，开了一家水上餐厅。在船上开了大约3年多，发现小孩铅中毒了。在船上开餐厅，政府没有再强行阻拦，就说如果检查来人，太难看的时候，你船就开走。那时候生意还可以。虽然咱们这地方呢，农村以实惠多做生意，利润低点，但生意还可以。

26. 现在企业搬走了，很多村民也不在企业上班了，这种结果是你们真正想要的吗？

这种结果是没有预料到的。以前总认为，企业给小孩治疗，给受污染的群众一定的福利也就算了。企业老总呢，说什么就是傲慢不服……后来导致企业搬迁，也导致村民现在无法在里面上班。按理讲，村民是土地带地工带进去的，你这个企业，虽然不生产了，但是你企业占了院子，占了我们的土地还在，你有义务把原来在里面的村民继续在其他工厂留用。你应该履行这个义务，因为，我们的土地被你占用了嘛，现在还在你们占用之中，不管你转产转到什么产业，你还是用我们的土地。这是顺理成章的事，把工人带到另一个地方，或者你转产，企业生产别的东西，工人还可以在里面工作。如果他们拒绝工人，一种报复性的心理，拒绝工人在企业工作，他们就是完全不合理的。现在，企业的车间和办公楼依然存在，据听说，这块土地肯定不会出让给别人，他要转到其他产业。

后　记

早在 2006 年，我在网络上随意浏览时，有一张照片引起了我的注意。在这张照片上，十几个农民，男女老幼都有，有的戴着口罩，有的抱着婴儿，齐刷刷跪在地上，手里举着牌子，上面写着“不要污染”，“要生存”。这些农民与艰难游弋在满是油污的海洋中的海豹或者扑棱在烟粉飘飘的草地上的野雉非常相似，因为他们同样面临着生存环境遭到严重污染的困境，并且面对这种困境时显得无能为力，只能祈求外在力量的介入。我当时的心为之一颤，心想：这是何等的无助！也许下跪本身就是一种“弱者的武器”，但农民怎会沦落到被迫使用这样一种行动策略的地步？他们这样做有用吗？在采取这样的行动策略时，这些农民保持着一种什么样的心态，又拥有哪些情感呢？哪些地区的农民只能采取这种方式来改变污染现实？还有什么样的行动策略比较有效？如何在制度层面上改善农民的环境利益诉求机制，保证农民的环境权利？如果追本溯源的话，这些疑问应该是我选择环境污染与农民环境抗争作为自己研究课题的最初动因。

2008 年初，我在电视上看到了一则消息：扬州高邮市经济开发区东墩社区村民长期饱受当地的化工厂——扬州四方香精香料有限公司的污染之苦，在多渠道反映情况未果的情况下，越级来到扬州，请求媒体反映他们的情况。扬州电视台《时评新语》栏目感其精神，为他们录制并播出了节目。在节目中，村民代表感慨道：“说我鼓动百姓写的上访信万民书是假的。事实胜于雄辩。我质问环保大队长：空气、污水排放是否达标了？他含糊其辞，一笑了之。我说：你们是我们高邮这里的环保职能部门，你们是我们的权威，我们不找你们来谈找谁谈？我们不找你们给我们群众说心里话找谁去？难道这个厂开了不通过你们部门的允许吗?”节目播出之后，高邮市环保局召开了由群众代表、厂家、高邮开发区主管部门、信访局、监察局和市法制办等参加的环境信访听证会，对处理措施进行了讨论。

这则消息立刻让我想起了那张图片，因为这是两种不同的行动图景。由此，我对遭受到环境污染之苦之后的农民的行动策略与行动结果问题产生了兴趣。2009 年，我以环境污染和农民环境抗争为主题申报教育部人文社会科学青年基金项目并获得批准（项目批准号 09YJC840037），于是开始着手研究。在不断的文献搜索和阅读中，我发现近些年来关于农村环境冲突的报道屡屡出现于媒体，各种类型的环境冲突事件多次频繁上演。除了经媒体报道的之外，还有大量污染事件没有经过媒体的宣传和放大而在各地默默地发生着。

生存环境遭到污染之后，农民可以有三种选择：一是逃离，成为所谓的“环境难民”；二是沉默与忍耐，并且因为物质遭受损失、健康受到伤害而逐渐贫困化；三是采取制度内的合法途径，如交涉、谈判、信访、诉讼等，或者采取制度外的非法途径，如静坐、游行、示威、堵马路、砸围墙等奋起反抗。不同地区的农民会根据各自的情境衍生出不同的“抗议台本”（protest repertoire）[①]。那么，为什么淮河两岸一些村庄的村民在污染严重侵害了他们的身心健康之后选择了忍耐，即使有所行动，也没有激起社会波澜，而浙江东阳等地的农民却走上了大规模聚众抗争的道路呢？斯科特对东南亚农民生存与反叛的研究表明，自古以来，所有的农民反抗事件，特别是公开的、有组织的政治行动，

① “抗议台本”一词是美国学者梯利在其《抗争性的法国人》一书中发展出来的概念。见裴宜理《底层社会与抗争性政治》，阎小骏译，《东南学术》2008 年第 3 期，第 6 页。

对于农民来说都是非常危险的。既然如此，是哪些因素导致农民舍弃了其他的行动选择而实行“以暴制暴”呢？只有弄清楚农民环境抗争的内在动力机制以及影响抗争的外在条件，才能对这些问题做出合理的回答。

本书对于农民环境抗争问题的讨论只是一个开始，许多问题，比如农民在抗争过程中的心态特征、农民环境维权的动员机制等，因为没能直接参与抗争过程并做详细观察与记录，因而只能粗浅探讨。对于农民环境抗争的外部政治环境的解说也只是在学习西方社会运动理论的过程中个人所获得的一些感悟，国内的相关研究非常欠缺，这使得笔者的个人想法因为没有参照也许显得较为幼稚。

本书是在本人博士论文基础上修改完成的。在书稿完成之际，我首先必须向两个人表达敬意和感谢之情。第一个是 N 村村民维权代表张思明。没有他的配合及与我的倾心交谈，绝不会有论文的出炉。尤其是在他失去次子不久的时候，我要求他讲述铅中毒的过程无疑会强行唤起他及家人极力想忘却怎么也忘却不了的痛苦回忆。这对他们而言是一种残忍。笔者感谢他的宽容，能让我这个陌生的外地人接近他和他的同村人；感谢他的谈吐能力，没有这种能力，我对整个事件过程的把握有可能很不到位，对维权过程的一些细节更是无法掌握；感谢他的勤奋，在维权过程中，他能将自己经历过的一些事情及时做回顾和记录，虽然不是很全，数量上也不多，但对于一个农民而言已经是难能可贵了。我欣赏他的睿智和能力，更欣赏他遇到挫折不屈不挠的精神，以及为了维护自己和村民的合法权益而斗争的勇气。如果我处于他的情境，在经历丧子之痛之后绝不会千里迢迢跑到北京为了一个记者的一篇报道而提起名誉侵权的诉讼。

第二个需要感谢的是我的导师童星教授。是童老师引领我关注风险、预警、社会管理、社会建设等学术前沿的话题，使我感悟到一个学者需要具备一点点现实关怀的情操。我一直秉持这样一个观点：现实关怀是不断学习的动力，也是很多学习乐趣的重要源泉。如果读书没有任何现实目的，我们往往感到枯燥乏味，但如果想从理论书籍中寻找解决现实问题的答案，一旦有所收获，我们必定会心潮起伏、激动不已。恩师的睿智和对问题的洞察力有口皆碑，在南大读书期间，我不仅在恩师的课堂上获得了很多有关社会问题和社会发展的知识，而且感受到了一种勇于质疑的精神，比如：当前能否再反复强调“发展就是硬道理”以及“不管白猫黑猫，抓到老鼠就是好猫”？能否再提“率先”“提前”进入小康社会？能否再搞大型职业招聘会？等等。这些看起来似乎没有问题的说法和做法很可能因为社会的快速发展而变得不合时宜了。学术不能人云亦云，而是应该根据社会现实与时俱进。在南京期间，由于我的懈怠，没有能够及时毕业。恩师没有责备，而是更多地给予关心和鼓励。回到扬州大学之后，我虽然一直想着恩师“又好又快”的博士论文写作原则，但因能力所限，在“好”“快”两个方面都做得很不够。愧疚之余，我只能更多地将这一原则作为勉励自己不断进步的动力。

除此之外，我还要感谢南京大学这个学术精英汇聚之地，给了我进一步学习和深造的机会，给了我与师长和同学进行讨论与交流的空间。她不仅提升了我的学识，而且提升了我的身价，我以在南大读过三年书为荣。除了恩师的课程之外，我还在成伯清教授、风笑天教授、庞绍堂教授、宋林飞教授、汪和建教授、翟学伟教授、张鸿雁教授、周晓虹教授、周怡教授、朱国云教授等的课堂上聆听过教诲。每位老师的渊博学识和独特的授课风格都给我留下了深刻印象，也是作为一名高校老师的我终生学习和效仿的楷模。

感谢南京农业大学欧名豪教授，河海大学杨文建教授，南京大学林闽钢教授、周沛教授、朱国云教授，他们在我的论文答辩会上提出了许多有针对性和建设性的意见，使我认识到论文存在很多不足之处，受益匪浅，终生难忘！

远在澳大利亚的杭健先生和黄碧玲女士为笔者提供了大量英文资料。没有他们在麦夸利大学（Macquarie University）图书馆数据库中的查找，我绝不会尽数获得想要的英文文献。在德国慕尼黑大学求学的尹凌女士也为我提供了一些国内所缺乏的英文书籍和文章。在此对于他们的帮助致以诚挚的谢意！

朱海忠

2012 年 11 月

图书在版编目（CIP）数据

环境污染与农民环境抗争：基于苏北 N 村事件的分析 / 朱海忠著 .
—北京：社会科学文献出版社，2013.5
（风险灾害危机管理丛书）
ISBN 978 - 7 - 5097 - 4545 - 8

Ⅰ. ①环…　Ⅱ. ①朱…　Ⅲ. ①农业环境污染 - 研究 - 中国
Ⅳ. ①X5

中国版本图书馆 CIP 数据核字（2013）第 080373 号

· 风险灾害危机管理丛书 ·
环境污染与农民环境抗争
——基于苏北 N 村事件的分析

著　　者 / 朱海忠

出 版 人 / 谢寿光
出 版 者 / 社会科学文献出版社
地　　址 / 北京市西城区北三环中路甲 29 号院 3 号楼华龙大厦
邮政编码 / 100029

责任部门 / 皮书出版中心 （010） 59367127　　责任编辑 / 周映希　单远举
电子信箱 / pishubu@ ssap. cn　　责任校对 / 尤　雅
项目统筹 / 周映希　　责任印制 / 岳　阳
经　　销 / 社会科学文献出版社市场营销中心 （010） 59367081　59367089
读者服务 / 读者服务中心 （010） 59367028

印　　装 / 三河市尚艺印装有限公司
开　　本 / 787mm × 1092mm　1/20　　印　　张 / 16.6
版　　次 / 2013 年 5 月第 1 版　　字　　数 / 277 千字
印　　次 / 2013 年 5 月第 1 次印刷
书　　号 / ISBN 978 - 7 - 5097 - 4545 - 8
定　　价 / 59.00 元